国家出版基金项目
NATIONAL PUBLICATION FOUNDATION

中国果树科学与实践

菠　萝

主　　编　孙光明

副主编　朱世江　何业华

编　　委　(按姓氏笔画排序)

　　　　　朱世江　刘业强　刘传和　孙光明

　　　　　吴青松　何业华　张　劲　张秀梅

　　　　　林壁润

陕西新华出版传媒集团
陕西科学技术出版社
Shaanxi Science and Technology Press
————西　安————

图书在版编目(CIP)数据

中国果树科学与实践 . 菠萝/孙光明主编. —西安：陕西科学技术出版社，2019.8

ISBN 978-7-5369-7579-8

Ⅰ.①中… Ⅱ.①孙… Ⅲ.①菠萝－果树园艺
Ⅳ.①S66

中国版本图书馆 CIP 数据核字(2019)第 140236 号

中国果树科学与实践 菠萝

孙光明 主编

出 版 人	孙　玲
责任编辑	杨　波
责任校对	秦　延
封面设计	曾　珂
监　制	张一骏

出 版 者	陕西新华出版传媒集团　陕西科学技术出版社
	西安市曲江新区登高路 1388 号陕西新华出版传媒产业大厦 B 座
	电话(029)81205187　传真(029)81205155　邮编 710061
	http://www.snstp.com
发 行 者	陕西新华出版传媒集团　陕西科学技术出版社
	电话(029)81205180　81206809
印　刷	陕西博文印务有限责任公司
规　格	720mm×1000mm　16 开本
印　张	15.75
字　数	291 千字
版　次	2019 年 8 月第 1 版
	2019 年 8 月第 1 次印刷
书　号	ISBN 978-7-5369-7579-8
定　价	80.00 元

总　序

中国农耕文明发端很早，可追溯至远古 8 000 余年前的"大地湾"时代，华夏先祖在东方这块神奇的土地上，为人类文明的进步作出了伟大的贡献。同样，我国果树栽培历史也很悠久，在《诗经》中已有关于栽培果树和采集野生果的记载。我国地域辽阔，自然生态类型多样，果树种质资源极其丰富，果树种类多达 500 余种，是世界果树发源中心之一。不少世界主要果树，如桃、杏、枣、栗、梨等，都是原产于我国或由我国传至世界其他国家的。

我国果树的栽培虽有久远的历史，但果树生产真正地规模化、商业化发展还是始于新中国建立以后。尤其是改革开放以来，我国农业产业结构调整的步伐加快，果树产业迅猛发展，栽培面积和产量已位居世界第一位，在世界果树生产中占有举足轻重的地位。2012 年，我国果园面积增至约 1 134 万 hm^2，占世界果树总面积的 20% 多；水果产量超过 1 亿 t，约占世界总产量的 18%。据估算，我国现有果园面积约占全国耕地面积的 8%，占全国森林覆盖面积的 13% 以上，全国有近 1 亿人从事果树及其相关产业，年产值超过 2 500 亿元。果树产业良好的经济、社会效益和生态效益，在推动我国农村经济、社会发展和促进农民增收、生态文明建设中发挥着十分重要的作用。

我国虽是世界第一果品生产大国，但还不是果业强国，产业发展基础仍然比较薄弱，产业发展中的制约因素增多，产业结构内部矛盾日益突出。总体来看，我国果树产业发展正处在由"规模扩张型"向"质量效益型"转变的重要时期，产业升级任务艰巨。党的十八届三中全会为今后我国的农业和农村社会、经济的发展确定了明确的方向。在新的形势下，如何在确保粮食安全的前提下发展现代果业，促进果树产业持续健康发展，推动社会主义新农村建设是目前面临的重大课题。

科技进步是推动果树产业持续发展的核心要素之一。近几十年来，随着我国果树产业的不断发展壮大，果树科研工作的不断深入，产业技术水平有了明显的提升。但必须清醒地看到，我国果树产业总体技术水平与发达国家相比仍有不小的差距，技术上跟踪、模仿的多，自主创新的少。产业持续发展过程中凸显着各种现实问题，如区域布局优化与生产规模调控、劳动力成本上涨、产地环境保护、果品质量安全、生物灾害和自然灾害的预防与控制等，都需要我国果树科技工作者和产业管理者认真地去思考、研究。未来现代果树产业发展的新形势与新变化，对果树科学研究与产业技术创新提出了新的、更高的要求。要准确地把握产业技术的发展方向，就有必要对我国近几十年来在果树产业技术领域取得的成就、经验与教训进行系统的梳理、总结，着眼世界技术发展前沿，明确未来技术创新的重点与主要任务，这是我国果树科技工作者肩负的重要历史使命。

陕西科学技术出版社的杨波编审，多年来热心于果树科技类图书的编辑出版工作，在出版社领导的大力支持下，多次与中国工程院院士、山东农业大学束怀瑞教授就组织编写、出版一套总结、梳理我国果树产业技术的专著进行了交流、磋商，并委托束院士组织、召集我国果树领域近 20 余位知名专家于 2011 年 10 月下旬在山东泰安召开了专题研讨会，初步确定了本套书编写的总体思路、主要编写人员及工作方案。经多方征询意见，最终将本套书的书名定为《中国果树科学与实践》。

本套书涉及的树种较多，但各树种的研究、发展情况存在不同程度的差异，因此在编写上我们不特别强调完全统一，主张依据各自的特点确定编写内容。编写的总体思路是：以果树产业技术为主线和统领，结合各树种的特点，根据产业发展的关键环节和重要技术问题，梳理、确定若干主题，按照"总结过去、分析现状、着眼未来"的基本思路，有针对性地进行系统阐述，体现特色，突出重点，不必面面俱到。编写时，以应用性研究和应用基础性研究层面的重要成果和生产实践经验为主要论述内容，有论点，有论据，在对技术发展演变过程进行回顾总结的基础上，着重于对现在技术成就和经验教训的系统总结与提炼，借鉴、吸取国外先进经验，结合国情及生产实际，提出未来技术的发展趋势与展望。在编写过程中，力求理论联系实际，既体现学术价值，也兼顾实际生产应用价值，有解决问题的技术路线和方法，以期对未来技术发展有现实的指导意义。

本套书的读者群体主要为高校、科研单位和技术部门的专业技术人员，以及产业决策者、部门管理者、产业经营者等。在编写风格上，力求体现图文并茂、通俗易懂，增强可读性。引用的数据、资料力求准确、可靠，体现科学性和规范性。期望本套书能成为注重技术应用的学术性著作。

在本套书的总体思路策划和编写组织上，束怀瑞院士付出了大量的心血和智慧，在编写过程中提供了大量无私的帮助和指导，在此我们向束院士表示由衷的敬佩和真诚的感谢！

对我国果树产业技术的重要研究成果与实践经验进行较系统的回顾和总结，并理清未来技术发展的方向，是全体编写者的初衷和意愿。本套书参编人员较多，各位撰写者虽力求精益求精，但因水平有限，书中内容的疏漏、不足甚至错误在所难免，敬请读者不吝指教，多提宝贵意见。

编著者

2015 年 5 月

前　言

　　菠萝是世界第三大热带水果，也是世界七大水果之一。其果实香气诱人、风味独特，深受消费者喜爱，国际贸易非常活跃，全球生产总量约有40％进入国际市场。菠萝罐头能保持原有鲜果的色香味而且富含膳食纤维，被誉为"罐头之王"，是全球产量最大、品质最好的水果罐头之一。由菠萝叶片提取的纤维，经脱胶改性处理后纺纱，可与棉、毛、蚕丝等天然纤维或合成纤维混纺，生产具有杀菌除臭功能的高档纺织品。由茎和果实加工残渣抽提的菠萝蛋白酶可用于食品和医药行业。最新研究发现，菠萝叶酚具有抗癌和促进胆固醇降解的功能。

　　我国是世界菠萝生产大国，从栽培到加工产业链条完整，加工率约为30％，是加工比例最高的大宗热带水果，菠萝产业是我国华南热区的特色产业，是热区农业经济的支柱产业之一。菠萝是CAM植物，气孔夜开昼闭，蒸腾作用小，抗旱节水；其植株矮小，叶片柔韧，抗风力强；菠萝病虫害少，易行绿色、有机生产；可与甘蔗、香蕉等作物轮作，也可在荔枝、龙眼等木本果树和橡胶、桉树等林下间种，发展空间与发展潜力巨大。但是，菠萝原产南美，我国缺少种质资源，加上长期以来研究经费投入不足，育种工作停滞不前，在栽培管理和加工利用方面也仅是断断续续做了一些零星研究。直到2007年，在公益性行业科研专项"十一五""十二五"项目经费的支持下，才在种质资源收集与评价、品种改良、优质栽培、采后保鲜与综合利用等方面开展了较为系统的研究。然而，目前我国菠萝产业仍存在品种结构单一、栽培与保鲜技术落后、产期过于集中、综合利用技术尚未成熟配套等突出问题。为了加快产业科技发展，补齐产业技术短板，促进产业优化升级，保障产业可持续发展，在加大产业技术研发力度的同时，引进消化吸收国外先进实用技术也是菠萝科技工作者的重要任务。

　　根据《中国果树科学与实践》套书的编写要求，按照"总结过去、分析现状、着眼未来"的基本思路，本书以菠萝产业技术为主线，总结了菠萝产业发展过程中的技术变革与经验教训，介绍了有关领域国内外最新的研究成果，明确了产业技术的发展趋势。希望能为高校、科研单位和行业技术部门的专业技术人员，菠萝生产的经营者、管理者和决策者，以及有关专业的在校学生提供有益参考。

　　本书共9章。第一章由孙光明编写，第二章由何业华编写，第三章由吴青松编写，第四章由张秀梅编写，第五章由刘业强与刘传和共同编写，第六章由孙光明、陈菁共同编写，第七章由林壁润、沈会芳共同编写，第八章由朱世江编写，第九章由焦静、张劲共同编写。编写过程中得到了何衍彪、张红娜等同事的大力协助，在此一并表示衷心感谢！

　　《中国果树科学与实践·菠萝》的各位作者力求系统归纳、突出重点、体现特色、精益求精，但因水平有限，难免会有疏漏与谬误，敬请读者和同行不吝指正。

孙光明

2019 年 4 月

前言

目　录

第一章　菠萝的起源与发展概况

菠萝是世界第三大热带水果，是我国热区极具特色和竞争力的热带水果之一。其风味独特、营养丰富，而且富含粗纤维、膳食纤维和菠萝蛋白酶，具有肠道保健作用，深受消费者青睐。菠萝国际贸易非常活跃，全球贸易量占总产量的 40%，菠萝罐头是世界上最受欢迎的水果罐头之一，年国际贸易量保持在 100 万 t 以上。美国、泰国、菲律宾和哥斯达黎加等国菠萝产业发展的成功经验值得我们借鉴。随着人们消费水平的提高和消费需求的多元化，菠萝产业面临良好的发展机遇，同时也将面对激烈的国际竞争。品种更新换代、优质安全栽培、冷链物流、周年应市、多元加工和综合利用将是我国菠萝产业的发展方向。

第一节　历史回顾

一、菠萝的起源与传播

菠萝［*Ananas comosus*（L.）Merr］，又名凤梨、王梨、黄梨，为凤梨科凤梨属多年生草本植物，是世界第三大热带水果，也是世界第七大水果。菠萝在人类文明史中占有独特地位。虽然其确切的起源地域和驯化利用时间尚未有定论，但人们普遍相信菠萝起源于南美洲的巴西、阿根廷、巴拉圭、哥伦比亚、圭亚那和委内瑞拉，在那里发现了 4 个菠萝野生种 *A. bracteatus*、*A. ananassoides*（Bak.）L. B. Smith、*A. erectifolius* L. B. Smith 和 *Pseudananas sagenarius*（Arudda）Camargo。菠萝最早由创造了古代美洲文明的印第安人群中以原始农业、渔猎和采集为生的图皮-瓜拉尼语人驯化，并作为一种农作物栽种，成为当地一种季节性食物。此后，加勒比人视其为极妙的水果（加勒比语为 Anana），在南美和加勒比海地区广为栽培。他们带着菠萝向北迁徙达到安的列斯群岛、安第斯山北部及中美洲。除了当鲜果食用，印第安人还发现了菠萝的药用价值，将菠萝用于调经、堕胎、驱虫，治疗肠胃不适，甚至用于箭毒的治疗。他们还利用菠萝叶片纤维织造衣服、渔网等。在菠萝的长期利用过程中，印第安人还形成了一套驯化、栽培和选种技术。有些野生菠萝有许多芝麻大小的种子，吃起来既不方便又不舒服，印第安人发现了从野生菠萝变异而来的无籽菠萝，并根据果实大小和品质分出不同类型。经过漫长的品种筛选，在变异的野生土种中选出了 Perolera、Manzana 等品种，近、现代园艺专家和育种工作者经历 5 个多世纪的努力选育出来的品种也未能明显超越这些优选的土种。因此，与玉米、大豆、马铃薯、花生、棉花等作物一样，菠萝是美洲热带地区献给全世界的又一个礼物。

1493 年，哥伦布第二次航海探险到达新大陆，在瓜得路普发现了菠萝，海员们品尝到它的芳香风味，被这种奇特的果实所吸引。航海家把它当作一种抗坏血病的食品整株带上船，还把它作为名贵的礼物馈赠给沿途的头人或贵客，并在其非洲殖民地不断介绍和展示这种果实。自从被哥伦布等人发现后，菠萝在有意无意中被引入许多国家。西班牙人于 16 世纪初将菠萝引入菲律宾、夏威夷和关岛；葡萄牙人从墨鹿加群岛将菠萝的种子带入印度，他们还将菠萝引至非洲的东西部沿岸；英国人在 1637 年将种苗运到了马来西亚；法国人则在 1602 年以前就将菠萝种苗输入到了法属几内亚等地；荷兰人也将已在爪哇生长的种苗运到南非去栽种。目前，全球有 80 多个国家与地区种植菠萝，分布于南北纬 30°以内的地区，以南北纬 25°以内为多。

在南美洲，菠萝受到印第安人的特别喜爱，它不仅是一种食物，还成为一种深含寓意的文化符号：在喜庆节日和重要的部落活动中，菠萝都是不可或缺的物品；招待来宾时，安排客人的座位正对着上面摆有菠萝的食物，以示尊重；在居住处入口外放置菠萝或者菠萝冠芽，以示热情与友好。在相当长的一段时间内，南美洲的欧洲移民后裔也传承了这一习俗，在门楼、走廊上雕刻菠萝果实，并把菠萝当作炫耀性的消费物品和珍贵的礼品。

二、世界菠萝生产历史

早在 16 世纪初，欧洲人被菠萝的外观与美味深深吸引，将其引入欧洲。17 世纪末，温室栽培的菠萝被成功诱导开花结果，到 18～19 世纪，温室栽培菠萝在欧洲流行，成为贵族生活中的一种时尚。当时，种植菠萝并使其结果是财富与技艺的体现。此时开始大量收集、引进菠萝品种，筛选出无刺卡因和皇后两个优异品种。随着欧洲温室栽培菠萝的降温，其他品种逐渐流失，而表现优异的无刺卡因和皇后则被推广到热带、亚热带地区种植。

　　1872 年，阿速尔群岛兴起温室菠萝商业化栽培，1874 年偶然发现在温室内熏烟可诱导菠萝开花，熏烟成为温室诱导菠萝开花和调节产期的原始技术。20 世纪 20 年代，波多黎各人将这一技术应用到大田生产。他们用薄细棉布盖住菠萝并熏烟，以此诱导菠萝开花。Rodriguez 1932 年提出乙烯是烟雾诱导开花技术中的有效成分。自 1936 年以后，夏威夷菠萝研究所研发出一系列采用乙炔、乙烯气体和溶液诱导菠萝开花的技术，这是现代菠萝产期调节技术的重要基础。

　　由于果实容易腐烂、货架期短，早期菠萝贸易仅限于路途短的地区和保存期长的产品。菠萝果酱和甜品在西印度群岛、巴西及墨西哥等地成为最早的菠萝商品。从西印度群岛运往欧洲的菠萝果实需带着整个植株。因此，早期商业栽培的首选条件是运输路途短而不是最佳的生产环境。直至 20 世纪 50 年代，低温船运技术的发展打破了鲜果运输的瓶颈，使得夏威夷、科特迪瓦、我国台湾地区和菲律宾生产的菠萝鲜果得以销往北美、欧洲和日本市场。

　　在菠萝商业化生产早期，因没有冷藏运输技术，菠萝长距离运输时的腐烂损失很大，严重制约了菠萝鲜果贸易，菠萝罐头产业应运而生。19 世纪末开始菠萝商业加工，美国马里兰州的巴尔的摩最早进行菠萝罐头生产。20 世纪初 Dole 公司的 Henry Ginaca 发明了菠萝削皮去心机，促进了菠萝罐头业的机械化、规模化发展。自 1933 年以后，菠萝果汁成为一种主要的副产品，也开始批量生产。

　　19 世纪初，夏威夷实现菠萝商业化栽培。涌现出 Dole、Del monte、Maui 等菠萝经营大公司，并联合成立了菠萝研究所，开展菠萝种质资源收集、品种改良和栽培技术研究。通过品种选育，筛选出抗枯萎病的无刺卡因变种，研发出通过防治蚂蚁有效防治枯萎病、叶面施肥矫正缺铁退绿病、覆盖控制杂草和提高冬季地温、合理密植等一系列栽培技术，大大提高了夏威夷菠萝的产量。由于夏威夷菠萝生产在初始阶段便重视产业联盟，重视栽培与加工技术创新，规范产品包装与销售，从而能够引领全球菠萝生产、加工和贸易长达半个世纪之久。

　　到 20 世纪 60 年代，因劳动力短缺和劳动力价格过高，美国菠萝产业逐渐失去竞争优势，其大公司纷纷向亚洲转移加工厂，夏威夷菠萝产业由以罐头、果汁生产为主转为以鲜果生产为主，菠萝的种植面积和产量也大幅减少。美国菠萝加工产业的战略性转移，给亚洲菠萝加工业提供了很好的发展空间。泰国、菲律宾、马来西亚和我国台湾地区利用这一时机，在菠萝栽培与加工方面均取得了不菲的成绩。

　　第二次世界大战后，菠萝、香菇、蔗糖、茶叶、香蕉成为我国台湾地区最主要的出口产品，菠萝产业在台湾经济中占有重要的地位。台湾选育出台农 4 号（剥粒菠萝）、台农 11 号（香水）、台农 13 号（冬蜜）、台农 16 号（甜蜜蜜）、台农 17 号（金钻）、台农 18 号（金桂花）、台农 19 号（蜜宝）、台农 21 号（黄金）等一系列菠萝优良品种，在菠萝加工技术方面也取得了较大改进，使得菠萝产业得以长足发展。20 世纪 70 年代初期，台湾菠萝种植与加工达到高峰，成为世界菠萝生产的引领者。1971 年产量为 35.85 万 t，达到高峰，菠萝罐头出口也达到最多的 7.88 万 t。随着产业结构的调整，台湾菠萝生产与罐头加工逐渐衰退，1986 年菠萝产量仅为 15.79 万 t。此后，台湾以生产鲜食菠萝为主，生产面积与总产量也逐渐恢复，2008 年的总产量为 45.21 万 t。

菲律宾是菠萝传统种植国，但其菠萝产业的快速发展主要得益于美国大公司的产业转移。1961 年菲律宾菠萝收获面积仅有 1.7 万 hm^2，单产不足 7 t/hm^2，20 世纪 90 年代后期快速增加，1999 年单产高达 40.9 t/hm^2。从 60 年代开始，菲律宾一直是菠萝罐头的主要出口国，2001 年出口量达到最高的 25.4 万 t；1966 年开始菠萝果汁加工出口，2003 年出口量达到 17.3 万 t；70 年代菲律宾的菠萝鲜果开始出口，2005 年出口量达到 21.49 万 t，其鲜果出口的主要市场为日本。目前，菲律宾菠萝生产以大型跨国公司经营为主，Dole Philippines 和 Del Monte Philippines 公司的合同性生产占菲律宾菠萝总产量的 90%。其中 Dole Philippines 公司种植菠萝 5.8 万 hm^2，拥有美国菠萝罐头市场 57.8% 的份额。

自 20 世纪 70 年代末开始，泰国取代美国夏威夷和我国台湾地区，成为世界菠萝生产与出口的领头羊。1980 年泰国的菠萝产量最高达到 370 万 t，此后 30 多年虽有起伏，但平均总产量仍超过 200 万 t，长期占据世界首位。泰国菠萝 90% 以上用于加工。早期加工企业多、规模小、分布广，后来随着企业的兼并，企业规模越来越大，逐渐发展成以合同生产为主。目前，Tipco、Saico、Malee 和 Dole 这 4 家大公司的菠萝加工生产总量占泰国菠萝加工总量的 50%，泰美合资公司 Dole 的年加工能力达到 45 万 t。泰国作为世界最大的菠萝罐头出口国，国际市场占有率一直在 40% 以上。

泰国政府对菠萝产业的发展起到了极其重要的作用。他们非常重视菠萝产业技术研究，在新品种选育、栽培技术、植保技术和质量安全等方面给予的支持力度非常大，同时加强农村基础设施建设，为菠萝产业发展打下了生产性基础，在税收、信贷、财政等政策上也给予菠萝产业优惠政策，从而使泰国菠萝产业的国际竞争力大大提升。

近 20 年，巴西特别重视菠萝病虫害防治和综合栽培技术的研究与推广。通过栽培技术的改进，年产量由 110 万 t 上升到 260 万 t，增长速度是世界平均增速的 1.5 倍。2001—2005 年巴西菠萝总产量为世界第一。巴西生产的菠萝以国内鲜果消费为主，但果品加工及国际贸易也越来越受到重视。

马来西亚研究推出了世界上独一无二的在酸性有机土壤种植菠萝的技术。

印度尼西亚的巨人公司集基地、加工、市场和研发于一体，菠萝单产居世界首位，多样化加工产品畅销全球。

这些成功经验均值得我们学习与借鉴。

三、我国菠萝产业发展历史

据史料记载，我国菠萝是由葡萄牙人经澳门传入的，传入时间一说是 1605 年，另一说法是 1594 年。以后传入福建省，1650 年前后才传到台湾地区，因其粗生易长，很快发展起来。康熙二十六年(1687 年)林谦光的《台湾纪略》就有王梨的记述。咸丰元年(1851 年)施鸿保所著的《闲杂志》对黄梨描述甚详，并引"台湾有吃黄梨少吃鸡"等话，同年的《文昌县志》也有菠萝的记载，称其"甘香无核，叶刮麻作布"。吴其浚在 1846 年所著的《植物名实通考》上说"露兜子产于广东，一名菠萝"，又说"在云南别名为打锣锤，顶有丛芽，分生之无不生者"。台湾大规模种植菠萝，始于日本侵略者在彰化等地划地开场，并将成熟后的菠萝运回日本，后来又设厂加工。福建泉州、漳州也在 20 世纪初开荒种植，成为农家副业。广东的中山、湛江、潮州和海南的海口、文昌等地，先后引入红西班牙、神湾、巴厘、卡因等品种，并广为种植，当时产量仅有数万担，但因其适应性广，很受山区农民欢迎，至抗日战争始中断发展。

新中国成立后我国菠萝生产得到快速发展。特别是 20 世纪 70 年代末至 90 年代初期，菠萝种植和加工发展迅速，1988 年全国栽培面积最高，达到 8.86 万 hm²，总产量达到 58.4 万 t。由于国内外市场看好，加上国家鼓励发展乡镇企业，菠萝罐头的生产与出口也达到高峰。广西 1984 年菠萝罐头年产量为 3.0 万 t，1986 年一跃高达 8.3 万 t。然而，由于无序发展，加工企业数量多、规模小，仅海南省在册的菠萝加工企业就多达 40 多家，但加工技术落后、加工产品单一、抗风险能力差、竞争力低，因此逐步出现产品积压、大批加工企业倒闭，菠萝产业受到严重打击，产量急速下滑。90 年代中后期，经过产业结构与产业布局的优化调整，菠萝产业迎来了新的发展机遇。近年来，菠萝的专业化种植、标准化生产受到重视，菠萝种植由专业户经营的比例不断提高，主要菠萝种植乡镇还组建了菠萝协会(合作社)或技术协会等合作组织，菠萝产业开始走上综合利用和产业化经营的道路。

第二节 菠萝产业发展现状与展望

一、世界菠萝生产与贸易

1. 世界菠萝生产概况

世界菠萝产业一直处于较强的发展态势。半个世纪以来，全球菠萝收获面积增长了 2.5 倍，单产提高了 2.1 倍，总产量增加了 5.1 倍。近 20 年世界菠萝总产量年均增长约 5%，2016 年全球菠萝收获总面积 104.7 万 hm²，总产量 2 580.9 万 t。

目前，全球有 80 多个国家和地区生产菠萝，98% 产自亚洲、美洲和非洲。其中，最主要的 10 个国家的产量占全世界总产量的 68%。美洲是菠萝的起源地，多数国家菠萝单产较高，1961 年美洲菠萝收获面积占全球的 21.5%，总产量占 41.2%；2016 年收获面积占 23.6%，总产量占 37.7%；1961 年亚洲菠萝总产量仅占世界的 32.5%，此后迅速发展，从 1976 年开始，亚洲菠萝总产量一直占世界总产量的半壁江山。非洲菠萝收获面积长期占世界收获面积的 30% 以上，由于多数国家单产较低，2016 年非洲总产量仅占全球的 18.6%。

全世界 10 大菠萝生产国，美洲占有 4 席，非洲仅有 1 个，其余均在亚洲（表 1-1）。自 20 世纪 70 年代中期以后的相当长一段时期，泰国菠萝生产长期雄踞世界首位，但进入新世纪以后，多数年份被巴西超越。20 世纪 80 年代后期，美国大公司进入哥斯达黎加大面积种植菠萝，使该国菠萝面积和单产迅猛增长，2012 年以后，哥斯达黎加的菠萝总产量一直稳居世界第一。

表 1-1　2016 年菠萝总产量最高的 10 个国家的收获面积与产量

国家	收获面积 /万 hm²	占世界收获面积/%	总产量 /万 t	占世界总产量/%	单产 /(t/hm²)
世界	104.7	100	2580.9	100	24.7
哥斯达黎加	4.3	4.1	293.1	11.4	68.2
巴西	6.9	6.6	269.5	10.4	39.1
菲律宾	6.5	6.2	197.7	7.7	30.4
印度	11.0	10.5	196.4	7.6	17.9
泰国	7.5	7.2	181.2	7.0	24.2

续表

国家	收获面积/万 hm²	占世界收获面积/%	总产量/万 t	占世界总产量/%	单产/(t/hm²)
尼日利亚	19.6	18.7	159.1	6.2	8.1
中国	6.6	6.3	155.1	6.0	23.5
印度尼西亚	1.1	1.1	139.6	5.4	126.9
墨西哥	1.9	1.8	87.6	3.4	44.9
哥伦比亚	1.8	1.7	75.6	2.9	41.1

注：数据引自 FAO 统计数据库。

表 1-2 列出了菠萝单产前 10 名的国家与地区。印度尼西亚的菠萝以巨人公司的生产为主，2012—2016 年平均单产达到 118 345 kg/hm²，是世界平均水平的近 5 倍。美洲菠萝单产较高，有 4 个国家单产位列前 10。非洲虽有 3 个国家进入前 10，但多数国家的单产远低于世界平均水平。全球 10 个菠萝主产国中，印度尼西亚、哥斯达黎加、墨西哥和哥伦比亚的单产进入前 10 名，巴西和菲律宾的单产虽在前 10 名之外，但仍远高于世界平均水平，而尼日利亚的单产则远低于世界平均水平，我国与泰国菠萝单产处于世界中等水平。

表 1-2 2012—2016 年平均单产较高的国家与地区 （单位：t/hm²）

国家	2012 年	2013 年	2014 年	2015 年	2016 年	平均
印度尼西亚	104.8	115.3	114.7	124.7	132.1	118.3
哥斯达黎加	58.8	60.4	72.0	69.3	68.2	65.7
加纳	60.0	61.8	63.0	63.0	63.0	62.2
贝宁	66.4	66.4	57.5	47.5	56.6	58.9
科特迪瓦	59.4	55.6	52.8	52.1	51.6	54.3
中国台湾	47.9	47.8	51.0	52.2	52.5	50.3
巴拿马	46.6	47.5	46.2	45.8	45.5	46.3
澳大利亚	41.3	50.8	53.3	40.5	44.6	46.1
墨西哥	42.9	43.2	43.1	44.6	44.9	43.7
哥伦比亚	37.9	44.4	43.2	44.2	44.1	42.1
世界平均	23.9	24.5	25.3	25.4	24.7	24.8

注：数据引自 FAO 统计数据库。

2. 菠萝国际贸易

菠萝是国际水果贸易中极其活跃的热带水果，全世界生产的菠萝约有40%进入国际市场。半个世纪以来，世界菠萝贸易的品种结构发生了较大的变化，菠萝鲜果和菠萝汁所占的份额在不断增加，而罐装菠萝所占的份额则大幅度下降，但贸易总量均大幅增加。菠萝罐头能较好地保持果实的原有风味，而且富含食用纤维，是销量最大的水果罐头，出口量长期稳定在100万t左右，2008年达到136.5万t。菠萝果汁香味浓郁，为中性果汁，适合与其他果汁混合形成混合果汁，从而改善其他果汁的风味，提高附加值，因此市场需求日增。20世纪90年代菠萝浓缩果汁出口量不足10万t，2003年后迅猛增加，2008年高达45.0万t，2002—2004年世界普通菠萝汁加工出口上升较快，2004年达到44.7万t，2013年菠萝果汁出口量达74.7万t。菠萝鲜果出口由20世纪90年代初的54万t剧增至2008年的288.5万t，交易量增加5倍多(图1-1，数据引自FAO统计数据库)。2013年全球菠萝鲜果出口量为341.1万t，占菠萝总产量的14%，占热带新鲜水果国际贸易量(不含香蕉)的47%。

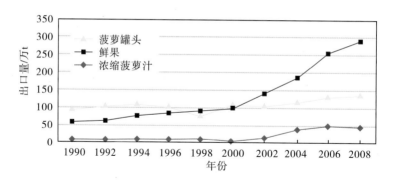

图 1-1 1990—2008 年菠萝罐头、浓缩果汁与鲜果出口量

20多年来，菠萝鲜果国际贸易量价齐升、快速增长，与新品种金菠萝(MD-2)的育成和推广密不可分，然而，随着金菠萝品种专利的解除，这一统治菠萝鲜果市场的品种在全球范围内被广为引种，致使其供应源由单一变为多元，果实品质也变得参差不齐，市场竞争更加激烈，导致国际市场菠萝鲜果价格走低，金菠萝开始由奢侈水果变为一般水果。此外，由于经济危机，欧洲市场对菠萝鲜果的需求量略为减少，今后菠萝鲜果市场的走向值得关注。

哥斯达黎加在菠萝鲜果国际贸易中一枝独秀，2013年出口量高达196.1万t，占全球出口量的57%，占美国市场的82%，占欧盟市场的65%。菲律宾则是亚洲菠萝鲜果市场最主要的供应国，占日本市场的99%。泰国是世界菠萝加工产品第一生产国和第一出口国。2009 年泰国菠萝罐头和菠萝浓缩果汁出口量分别为 50.9 万 t 和 14.1 万 t，2011 年罐头出口更是高达 64.1 万 t。泰国、菲律宾和印度尼西亚菠萝罐头出口量占世界出口总量的 77%，泰国、菲律宾、哥斯达黎加和印度尼西亚菠萝浓缩果汁出口量占全球出口总量的 73%。我国虽为世界菠萝生产大国，但菠萝果汁及菠萝鲜果少有出口，2009 年出口菠萝罐头 6.5 万 t，因国内需求旺盛，近年出口量不增反减。

3. 主要消费市场

80% 以上的菠萝国际贸易在美洲和欧洲进行。2008 年，美洲的菠萝贸易量占世界的 49.7%，贸易额占世界的 35.3%；欧洲的菠萝贸易量占世界的 37.2%，贸易额占世界的 53.4%。2013 年欧洲国家共进口菠萝罐头 48.1 万 t，占全球总进口量的 43.5%，主要进口国为德国(10.6 万 t)、俄罗斯(7.3 万 t)、西班牙(5.0 万 t)、英国(3.8 万 t)、荷兰(3.1 万 t)、法国(3.0 万 t)；美洲国家共进口菠萝罐头 41.7 万 t，占总进口量的 37.7%，主要进口国为美国(34.0 万 t)、加拿大(2.5 万 t)，墨西哥(1.6 万 t)、阿根廷(1.6 万 t)；亚洲进口菠萝罐头 14.4 万 t，占总进口量的 14%，主要进口国为日本(3.5 万 t)、阿联酋(2.0 万 t)。

美洲进口菠萝浓缩果汁最多，2009 年共 25.4 万 t，占市场份额的 48%，其中美国进口 23.9 万 t，加拿大进口 0.6 万 t。其次为欧洲，进口 22.4 万 t，占总进口量的 42%，进口最多的国家依次为荷兰(8.0 万 t)、西班牙(2.7 万 t)、意大利(2.4 万 t)、俄罗斯(1.6 万 t)、法国(1.5 万 t)、德国(1.4 万 t)。亚洲仅占市场份额的 8%，进口量最大的是日本(1.0 万 t)，其次是以色列(0.5 万 t)。

菠萝鲜果以欧洲市场最大，2013 年共进口 136.6 万 t，占全球总进口量的 45.8%，主要进口国依次为：荷兰(29.5 万 t)、比利时(16.1 万 t)、德国(15.3 万 t)、意大利(14.2 万 t)、英国(14.0 万 t)、西班牙(11.5 万 t)和法国(10.4 万 t)。美洲进口量排第 2 位，共有 115.6 万 t，占市场份额的 38.7%。其中美国进口量最大，为 96.9 万 t，其次是加拿大(12.3 万 t)。亚洲进口 44.6 万 t，占进口市场的 14.9%，进口量最大的是日本(18.1 万 t)，其次是韩国(7.6 万 t)。

4. 菠萝鲜果贸易的奇迹

自 20 纪 90 年代开始，哥斯达黎加菠萝总产量和出口量飞速增长(图 1-2，数据引自 FAO 统计数据库)。该国菠萝的生产和贸易主要靠美资公司的带动，通过品种改良、栽培技术改进和市场管理的完美结合，创造了菠萝鲜果国际贸易的奇迹。美国的 Del Monte 公司于 20 世纪 80 年代后期将菠萝新品种金菠萝引入哥斯达黎加，进行大规模的标准化生产，实行陆地与海上冷藏运输，注重包装和品质，推行人性化市场管理，打出了超甜金菠萝的品牌。哥斯达黎加菠萝鲜果在国际市场的占有量，由 1997 年的不足 7％上升到 2003 年的 36％，一跃成为全球最大的菠萝鲜果出口国。2004 年出口 69.3 万 t，比 2003 年增长 24％；2005 年出口量达 90.5 万 t，占世界菠萝鲜果出口总量的 41％；2006 年出口 117.0 万 t，2013 年达到 196.1 万 t。该国菠萝鲜果出口的飞快增长，也带动了世界菠萝鲜果市场的快速增长，这一成果非常惊人。

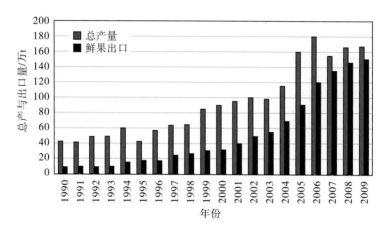

图 1-2　1990—2009 年哥斯达黎加菠萝总产及鲜果出口量

　　纵观世界菠萝产业的发展，我们可以得到几点启示：①先进的技术与先进的市场管理相结合可促进产业快速发展，而优良品种是提高产业竞争力的基础。实现品种更新换代是我国菠萝产业发展的迫切要求。②大型化、综合化加工可提高市场竞争力，原料生产基地化或订单生产是加工业发展的根本保障。我国亟须在综合加工及原料生产基地化或订单生产方面进行大胆探索。③合适的产业发展政策是产业长期稳定发展的动力和保障。

二、我国菠萝生产现状与存在的问题

1. 我国菠萝生产概况

　　我国大陆菠萝生产区域主要在广东、海南、广西、云南、福建等省（自治区），尤其是广东省，2012—2016 年平均收获面积为 3.02 万 hm²，年均产量为 92.61 万 t（表 1-3），分别占全国的 46.4％和 64.8％。广东菠萝绝大部分种植在湛江市的徐闻和雷州，珠三角地区的中山、广州以及潮汕地区也有一定规模的栽培。海南菠萝主要集中种植在万宁、琼海、文昌、定安、澄迈和昌江等地。广西菠萝大多数分布在南宁及其周边地区。福建菠萝种植主要分布在漳州、泉州等地。云南菠萝种植以红河、西双版纳居多。我国菠萝平均单产与世界平均水平相当，但不同地区差别很大。广东、海南的单产高于世界平均水平，而其他产区的单产却远远低于世界平均水平。我国为世界菠萝生产大国，但菠萝产品少有出口，全国菠萝出口量在 20 世纪 80 年代快速增长之后，30 年来基本没有增长。

表 1-3　2012—2016 年我国菠萝主产区种植面积与产量

	种植面积/万 hm²	年均产量/万 t	单产/(t/hm²)
广东	3.02	92.61	30.67
海南	1.21	37.37	30.88
云南	0.53	6.36	12.00
福建	0.23	3.93	17.09
广西	0.29	3.32	11.45

2. 我国菠萝生产的比较优势

我国发展菠萝产业具有土地资源和气候条件的优势。我国热带、南亚热带地区地域辽阔，达 48 万 km²，复杂的自然地貌和气候条件，使得我国菠萝栽培分布较广。海南岛地处热带地区，四季无冬，光照充足，属热带季风气候和海洋气候，年平均气温为 22.8～25.8℃，最冷月平均气温为 17.1～21.6℃，年日照时数为 1 832.0～2 558.2 h，年降雨量为 961.3～2 438.8 mm，海南充足的光、温、热、水条件特别适宜菠萝生长，果实一年四季均可收获应市。雷州半岛地处南亚热带，属亚热带海洋季风气候区，年平均气温 23℃，有效积温为 8 000℃，极少霜冻，年降雨量为 1 600～1 800 mm，光热资源丰富、雨量充沛，生产出的菠萝鲜果糖度高、香味浓。20 世纪 60 年代，雷州半岛的"寓公楼"菠萝曾经在我国的香港和东南亚地区享有盛名。菠萝种植业的经济效益仅次于香蕉，但比香蕉抗风险(特别是抗台风)，是雷州半岛的优势经济作物产业。西双版纳地处北回归线以南的热带北缘，属热带季风气候，终年温暖，阳光充足，热量丰富，湿润多雨，全年日照时间为 1 700～2 300 h，年辐射总量平均值达到 547.7 kJ/cm²，年降水量在 1 200 mm 以上，年平均气温为 18～20℃，年温差小(10℃左右)，日温差大(18℃左右)。西双版纳菠萝品质特佳，一年四季均可收获。而且可以在幼龄橡胶和木本果树林下间种，具有较大的发展空间。

3. 我国菠萝产业存在的问题

(1)良种比例小，品种结构不合理。我国菠萝产业是在引种的基础上发展起来的，种质资源少，加上科研资金投入不足，育种工作缺乏连续性和稳定性，无法满足菠萝生产对优新品种的需要。目前，皇后类的巴厘种占全国栽培面积的 80%，而无刺卡因等加工品种极少，无法进行品种合理配置，而且品种退化、老化严重，与国外优良品种相比，已有很大的差距。

（2）农业产业化经营水平不高，生产与加工脱节。其表现一是龙头企业少而小，目前带动力比较强的只有广东农垦丰收公司，该公司的罐头厂年出口罐头 15 000 t，菠萝汁 8 000～10 000 t，带动农户 18 000 户。目前多数企业的带动作用比较有限。二是种植集约化水平低，绝大部分农户的种植面积在 $0.1～0.3 hm^2$，分散的种植户没有市场开拓能力，造成很大的价格波动。以海南为例，2008 年菠萝价格从最低的 0.6 元/kg 上升到 2 元/kg，2010 年价格奇高，达到甚至超过了 4 元/kg，2012 年春节期间的售价仅在 0.6 元/kg 左右。明显的价格波动，让果农无所适从，产业难以稳定发展。三是种植户与加工企业脱节，种植户与加工企业缺乏有效的联系，以自发种植为主，在种植面积、品种、收获时间等方面缺少计划，盲目性大，加工原料不能长期稳定供应，不少加工企业每年只能正常生产 3～5 个月，加工企业的经济效益受到极大影响。而在收获高峰期原料过剩，价格急剧下跌，又严重影响了果农的种植积极性。

（3）菠萝加工业落后，抗风险能力弱。菠萝生产的发展有赖于加工业的发展。2005 年之前，我国菠萝加工量不足鲜果生产总量的 15%，多数厂家生产的罐头在质量上缺乏竞争力，仅靠低价来竞争。主要原因有 3 点：一是没有理想的加工原料。我国菠萝多为鲜食品种，果小、眼深、汁少、酸度低，肉质疏松，加工罐头时不但不能生产出档次最高的全圆菠萝圈，而且下脚料多，不仅造成产品档次较低，还使得原料成本过高。二是机械化水平低。捅芯、去皮、去丁、切片、装罐等几乎全是人工操作，不但加工效率低、成本高，而且使产品质量尤其是卫生指标受到较大影响。三是综合利用率低，产品单一，增加了生产成本、降低了总体效益，也增加了市场风险。

（4）保鲜及运输技术和设备落后。菠萝采收时的成熟度对贮运保鲜寿命和品质有很大的影响。成熟度高时，风味虽好，但不耐贮运；成熟度太低时，虽然较耐贮运，但品质差，不能表现出菠萝应有的色香味。由于缺乏保鲜技术和设备，我国菠萝采收后一般不经分级和保鲜处理，仅用粗糙的箩筐包装，甚至是散装，并用货车在常温条件下运输，因而损耗大、品质差。在菠萝的销售上，还是采用传统的"一个箩筐、一把刀"的削果皮的落后销售方法，降低了菠萝的商品档次和经济效益。菠萝本是美味的热带名果，但由于没有保鲜和贮运技术保障，为了降低损耗，鲜果上市时间集中在品质最差的低温季节，并降低采收成熟度，所以大多数消费者未能品尝到菠萝的特有风味，仅将它当作开胃果来吃，使其消费量和价格受到了极大的影响。

（5）技术研发落后。长期以来，我国缺乏对菠萝产业的足够重视，2006 年之前的近10年间全国仅有3项省级以上科研项目支持与菠萝产业有关的研究，导致科研队伍不稳定，技术进步停滞。在"十一五""十二五"行业科技项目的支持下，我国菠萝产业科技创新有了稳定的经费资助，建立了全国范围内的研究团队，但由于研究人才断代，许多领域需从头开始，与菠萝种植发达国家相比，我国还有较大的差距。

三、菠萝产业发展趋势与展望

1. 世界菠萝产业的发展趋势

近年来世界菠萝鲜果贸易增长迅速，而鲜果市场竞争的基础是果实品质。巴西正在推行综合栽培技术，使杀虫剂、灭菌剂、除草剂的用量分别减少37％、20％和47％。南非和法国通过植株抗逆机制研究、种质改良和植物提取剂的应用，建立了零化学农药健康栽培体系。

随着速冻、低温真空干燥等技术的发展与应用，速冻菠萝、鲜切菠萝、菠萝脆片等菠萝新产品不断涌现，利用菠萝的特有香气调味增香的混合果汁、混合罐头也日益增多。

2. 我国菠萝产业发展展望和建议

（1）生产能力挖潜。调整种植布局，向优势区域发展。广东、海南两省菠萝的单位面积产量已超过世界平均水平，福建省菠萝的单位面积产量约为世界平均水平的2/3，而云南、广西两省的单位面积产量不足世界平均水平的1/2。据张德生等分析，海南菠萝产业具有规模优势和综合优势，广东具有效率优势、规模优势和综合优势。进一步调整产业布局，使菠萝种植向优势区域转移将有助于提高产业竞争力。

西双版纳12万多 hm² 胶园中约有2万 hm² 可间种菠萝。挖掘间种潜力，既可节省土地资源，又可缓解菠萝加工企业原料不足的困局。

（2）品种改良。我国菠萝品种单一，皇后类品种约占栽培面积的80％。品种老化、退化严重，当家品种巴厘于1926年引进，神湾于1915年引进，卡因于20世纪70年代引进。近年引进的鲜食品种金菠萝，在国际菠萝鲜果市场占统治地位，在广东湛江试种2年单产大于60 t/hm²，比巴厘增产23.5％。加工品种粤引澳卡，出汁率在73％以上，比传统加工品种高10％左右，单产接近80 t/hm²，比对照品种增产约24％。加快新品种的推广，是菠萝产业的一项重要工作。

（3）改善品质，实行精品生产。果农增收不仅要靠提高产量，更需提高品质、创建品牌。美国迈阿密的 Frank Lam 在总结其公司精品热带水果生产与销售的经验时说："我们不卖香蕉和菠萝，我们卖香蕉和菠萝背后的故事。"菠萝病虫害少，容易进行有机栽培。我国南亚热带地区温度适中，生产的菠萝香气浓郁，我们应该利用这种有利条件，通过精细管理提高果实品质，同时打造著名品牌和产品文化，提高经济效益。我国台湾地区结合旅游来介绍菠萝传统文化、推销菠萝酥等特色产品的成功经验也值得借鉴。

(4)拓宽市场，延长上市时间。目前我国菠萝销售的高峰期是在菠萝品质最差的冬春季节，而菠萝品质最好的4～6月则少有产品应市。造成这种局面的原因是多方面的，比如缺乏保鲜贮运技术，生产者无力组织产品销售、过度依赖外来客商，等等。应该支持发展多样化的生产合作组织，根据市场反馈信息来加强生产计划与品质管理，增强市场开拓与产品营销能力。根据各地环境条件，合理安排鲜果上市时间，保证鲜果周年供应。同时，树立现代市场营销观念，根据不同地区、不同人群的消费水平和消费需求，明确产品的市场定位，运用现代营销手段，建立完善的销售网络。

我国菠萝采后处理粗糙，少有包装。需要加强低温冷库、运输冷链体系建设，提升采后处理及贮运技术，减少采后损失，保证果实品质，保障长距离运输，扩大销售范围，拓展市场空间。

(5)推广综合利用，拉长产业链条。实现菠萝蛋白酶、菠萝叶纤维的综合加工利用，以及叶渣的医药化、能源化、饲料化和肥料化利用。废弃物的综合利用既可减少环境污染，又拉长了产业链条，增加了产业效益。

(6)加快科技创新，支撑产业升级。要实现产业的发展并保持长盛不衰，就需要不断地进行技术创新。只有稳定产业创新队伍，尽快提高创新能力，培育出一批有自主知识产权的优良品种，在栽培与加工技术研发方面取得重大突破，才能促进菠萝产业升级，形成特色强势产业。

参 考 文 献

[1]陈富桥，祁春节，易干军. 全球菠萝贸易与消费市场分析[J]. 世界农业，2003(7)：22-24.

[2]董定超. 世界菠萝的出口概况[J]. 世界热带农业信息，2007(12)：5-11.

[3]董定超，李玉萍，梁伟红，等. 近十年世界菠萝的生产贸易现状[J]. 热带农业科学，2008，28(2)：59-63.

[4]董定超，李玉萍，梁伟红，等. 中国菠萝产业发展现状[J]. 热带农业工程，2009，33(4)：13-17.

[5]柑橘与亚热带果树信息编辑部. 台湾菠萝产业现状[J]. 柑橘与亚热带果树信息，2005，21(5)：25-27.

[6]官满元，许忠海，蔡夏影，等. 海南菠萝反季节种植的气候特征分析[J]. 气象研究与

应用，2009，30(4)：56-59.

[7]广东省农业科学院果树研究所. 菠萝及其栽培[M]. 北京：轻工业出版社，1987.

[8]贺军虎，梁李宏，陈业渊，等. 海南菠萝产业发展现状、存在问题和对策[J]. 热带农业科学，2012，32(11)：114-117.

[9]柯佑鹏，过建春，方佳，等. 中国菠萝生产及贸易的发展趋势分析[J]. 中国热带农业，2008(2)：34-35.

[10]李端奇，孙光明. 世界菠萝产业发展状况[J]. 热带农业科学，2012，32(9)：72-75，89.

[11]梁侠. 广西菠萝产业的主要问题及发展对策[J]. 福建果树，2006(139)：34-36.

[12]刘荣光，苏伟强，梁侠，等. 恢复广西菠萝产业的建议[J]. 广西园艺，2006，17(1)：10-11.

[13]尚华. 世界菠萝产业发展形势[J]. 中国热带农业，2006(1)：20-21.

[14]孙光明，赵维峰，魏长宾，等. 菠萝生产技术[M]. 昆明：云南教育出版社，2013.

[15]伍丽朝，谭砚文. 泰国的菠萝产业[J]. 世界农业，2009(5)：41-44.

[16]许海平，郑素芳，傅国华. 海南菠萝产业发展现状分析[J]. 中国热带农业，2008(6)：10-13.

[17]徐一菲，周灿芳，万忠，等. 2010年广东菠萝产业发展现状分析[J]. 广东农业科学，2011(5)：21-23.

[18]张德生. 中国菠萝产业发展研究[M]. 北京：经济科学出版社，2011.

[19]张德生，傅真晶. 海南省菠萝生产的比较优势分析[J]. 农业研究与应用，2011(1)：63-65.

[20]张箭. 菠萝发展史考证与论略[J]. 农业考古，2007(4)：172-178，193.

[21]张赛丽. 世界菠萝贸易格局分析[J]. 农业研究与应用，2011(5)：37-41.

[22]Almeida C O de, Reinhardt D H R C. Pineapple Agribusiness in Brazil[J]. Acta Hort，2009，822：301-312.

[23]Balito I P. The Philippine Pineapple Industry[J]. Acta Hort，2011，902：53-62.

[24]Bartholomew D P, Paull R E, Rohrbach K G. The Pineapple：Botany，Production and Uses[M]. CAB International，2003：1-12.

[25]Bartholomew D P, Hawkins R A, Johnny A L. Hawaii Pineapple：The Rise and Fall of an Industry[J]. Hort Science，2012，47(10)：1390-1398.

[26]Bartholomew D P. History and Perspectives on the Role of Ethylene in Pineapple Flowering[C]/The 40th Annual PGRSA Conference and the ISHS XII International Symposium on Plant Bioregulators in Fruit Production. July 28-August 1，2013，Orlando，Florida.

[27]Chan Y K. Status of The Pineapple Industry and Research ang Development in Malaysia[J]. Acta Hort，2000，529：77-83.

[28]Chen S J, Shu Z H, Kuan C S, et al. Current Situation of Pineapple Production in Chinese Taipei[J]. Acta Hort. 2011，902：63-67.

[29]Johanna Lausen-Higgins. A Taste for the Exotic- Pineapple cultivation in Britain. http://www. buildingconservation. com/articles/pineapples/pineapples. 2010.

[30]Kenneth G R. The Hawaiian Pineapple Industry[J]. Acta Hort, 2000, 529: 73-76.

[31]Levins H. Social History of The Pineapple. http://levins. com/pineapple.

[32]Lin C H, Chang C C. Pineapple Production and Industry in Taiwan[J]. Acta Hort. 2000, 529: 93-97.

[33]Loeillet D, Dawson C, Paqui T. Fresh Pineapple Market: From The Banal to The Vulgar[J]. Acta Horticulturae, 2011, 902: 587-594.

[34]Matos A P de, Reinhardt D H. Pineapple in Brazil: Characteristics, Research and Perspectives[J]. Acta Hort, 2009, 822: 25-36.

[35]Morton J. Pineapple. In: Fruits of warm climates[M]. Julia F. Morton, Miami, FL, 1987: 18-28.

[36]Okihiro G Y. Pineapple Culture: A History of Tropical and Temperate Zones[M]. University of California Press, 2009.

[37]Othman M H, Buang L, Mohd Khairuzamri M S. Rejuvenating the Malaysian Pineapple Industry[J]. Acta Hort, 2011, 902: 39-51.

[38]Prasert A, Pornprome C, Aporn K. etc. The pineapple Industry in Thailand[J]. Acta Hort, 2000, 529: 99-107.

[39]Purseglove J W. Tropical crops. Monocotyledons. Purseglove, J. w. eds[M]. London: Longman, 1972.

[40]Reinhardt D H, Souza J da S. Pineapple Industry and Research in Brazil[J]. Acta Hort, 2000, 529: 57-71.

[41]Reinhardta A, Rodriguez L V. Industrial Processing of Pineapple-Trends and Perspectives[J]. Acta Hort, 2009, 822: 323-328.

[42]Sun G M. Pineapple Production and Research in China[J]. Acta Hort. 2011, 902: 79-85.

[43]USDA. Pineapple Production Concentrated In Tropical Regions of the World[J]. Fruit and Tree Nuts Outlook/ FTS, 2003, 307(11): 12-17.

第二章　种质分类与评价

　　菠萝为凤梨科凤梨属植物，原产中南美洲热带地区，有 3 000 多年的栽培历史。由哥伦布(1493 年)从加勒比海岛屿带到欧洲，约 17 世纪初又从中南半岛引入我国广东。多数分类学者认为凤梨属约有 7～8 个种，分为凤梨组($2n=2x=50$)和长齿凤梨组($2n=4x=100$)。虽然凤梨属植物的果实均可食用，但是主要用作果树栽培的只有菠萝 1 种，其他种类主要供观赏。全世界已有数百个菠萝栽培品种，但对其栽培品种的分类存在争议，常分为 3～5 个类群，而随着一些由类型间杂交产生的新品种出现，又给分类增加了变数。随着菠萝育种工作的开展，特别是借助现代生物技术的助推作用，将会不断有新的种质涌现，同时也促进了其种质资源评价工作的开展。我国目前还没有制定菠萝 DUS 测试指南，国际植物新品种保护联盟、日本农林水产省等制定的《菠萝 DUS 测试指南》具有较高的参考价值。近年来，国内外在菠萝体细胞胚发生、功能基因鉴定、基因组、转录组和蛋白组等方面的研究工作取得了显著进展，但菠萝基因组重测序、基因精细定位化、主要性状的遗传机理等研究工作刚刚起步。目前国内外菠萝种质资源研究者间的交流相对较少，种质交换少、重复研究多、数据共享难、资源浪费严重。因此，建立共享平台和有效合作机制对推动我国菠萝种质资源创新具有极其重要的意义。

第一节　凤梨类植物的特征与分类

　　凤梨类植物归属于凤梨科(Bromeliaceae)，该科分为沙漠凤梨(Pitcairnioideae)、凤梨(Bromelioideae)和空气凤梨(Tillandsioideae)3 个亚科，约有 56 属 2 656 种、342 个变种。原产于北美加勒比海沿岸至南美洲，仅有 1 种 [*Pitcairnia feliciana* (Aug. Chev.) Harms & Midbr.]分布在非洲西海岸的几内亚等国。在园艺学上，根据其在原产地的生活方式，可分成附生、地生和岩生 3 大类；依据凤梨的生态习性，还可分为地生型凤梨、积水型凤梨和空气型凤梨这 3 个类型；根据其用途，可分为食用凤梨和观赏凤梨等（何业华等，2009 年）。食用凤梨都集中在凤梨亚科。

凤梨亚科的特点是整个花序形成 1 个聚花果。菠萝是凤梨亚科凤梨属（*Ananas*）植物，也是凤梨科中最重要的经济作物。凤梨亚科的另外 2 个属（蜻蜓凤梨属 *Aechmea* 和 *Bromelia*）植物的果实也可食。如蜻蜓凤梨属中的 *A. bracteata*（Swartz）Grisebach、*A. kuntzeana* Mez、*A. longifolia*（Rudge）L. B. Smith & M. A. Spencer、*A. nudicaulis*（L.）Grisebach；*Bromelia* 属中的 *B. antiacantha* Bertoloni、*B. balansae* Mez、*B. chrysabtha* Jacquin、*B. karatas* L.、*B. hemisphaerica* Lamarck、*B. nidus-puellae*（André）André ex. Mez、*B. pinguin* L.、*B. plumieri*（Morren）L.、*B. Smith* 和 *B. trianae* Mez（Rios 等，1998 年）；这些植物在原产地是小果树，当地称其为 cardo、banana-do-mato（布什香蕉），pin-uela（小菠萝）、karatas、gravata、croata（当地一般俗称为地面凤梨）。此外，还有许多作为栽培植物用于观赏、纤维提取和医药。

一、凤梨属植物的主要特征

凤梨属（*Ananas*）植物为多年生草本植物。叶莲座式排列，全缘或有刺状锯齿。两性花，花茎短或略延长，直立，其上有叶；头状花序顶生；小花为完全花，无花柄，生于 1 枚红色的苞片腋内，花谢后苞片转绿，至果熟时又变红黄色；小花基部有 3 枚三角形萼片紧包着，萼片短，覆瓦状排列；花瓣分离，直立，基部有舌状的小鳞片 2 枚；花瓣基部白色，顶部蓝紫色或紫红色，先端 3 裂，基部重叠为筒状；雄蕊 6 枚，花药 2 裂，内曲，侧生；子房下位，3 室，每室约有 14～20 个胚珠；子房肉质，基部阔，与花序轴合生或藏于其内；花柱线状、中空，柱头 3 裂，几乎与花瓣、雄蕊等长，有时长于雄蕊；3 个腺体大量分泌花蜜，吸引了包括蜂鸟在内的一些潜在的传粉者。聚花果肉质，球果状，是由肉质增厚的花序轴、肉质的苞片、宿存花萼、螺旋状排列的花托及其中不发育的子房联合构成的；每个聚花果由 50～200 个无果柄的小果（浆果）螺旋环绕多纤维花序轴而成，叶序为 5/13（小型聚花果）或 8/21（大中型聚花果），花梗长度不一。聚花果顶部冠以退化、旋叠状的叶。

凤梨属植株的主要形态学名称见图 2-1。

与凤梨科其他属植物相比，凤梨属植物有很多干旱适应性特征：景天酸植物代谢；叶形、叶排列方式（叶序）有利于雨水收集，可由气生根吸收叶腋集聚的雨水和空气中的水分；有一层厚厚的角质层；气孔分布在叶背向纵沟中，并覆盖着浓密的盾形毛状体。此外，像其他以附生为主的凤梨科植物一样，其根系不发达。

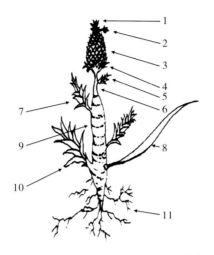

1. 冠芽；2. 小冠芽；3. 果实；4. 果基芽（裔芽的一种）；5. 花序梗（果梗）芽（裔芽的一种）；6. 花序梗（果梗）；7. 空中吸芽（cloves）；8. 叶片；9. 茎；10. 地面吸芽（块茎芽、蘖芽或地下芽）；11. 根

图 2-1　凤梨属植株的主要形态学名称

二、凤梨属植物的分类

在国际植物名称索引网（The International Plant Names Index）上共有 120 条凤梨属（*Ananas*）植物记录，经合并同名者后，还有 40 种，40 个变种、6 个变型（表 2-1）。巴西研究者曾将凤梨属植物整理为 17 个种、18 个变种，美国人 Harry E. Luther（2008 年）整理后认为是 7 个种、2 个变种，Smith 和 Downs（1979 年）认为是 7 个种（合并了 *A. fritzmuelleri*，增加了 *A. monstrosus*），他们均将长齿凤梨从凤梨属分离，成立拟蜻蜓凤梨属 *Pseudananas*。而比利时人 Coppens d'Eeckenbrugge 和 Leal（2003 年）则将以上 2 人所说的凤梨属植物合并为 1 个物种，再将拟蜻蜓凤梨属（*Pseudananas*）合并到凤梨属中，这样凤梨属就只有凤梨（*Ananas comosus*）和长齿凤梨（*Ananas macrodontes*）2 种。3 种分类方法的比较见表 2-2。现在，多数分类学者认为凤梨属约有 7~8 个种，可分为菠萝组（原凤梨属）和长齿凤梨组（包括原拟蜻蜓凤梨属 *Pseudananas* 植物，一般认为仅有 *Ananas macrodontes* 1 个种）2 个组，主要形态见图 2-2。

表 2-1　国际植物分类网已收录凤梨属植物名录

1. *Ananas ananas* （L.）Karst.——Vilm. Blumengärtn. ，ed. 3. 1：964. 1895 （IK）

2. * *Ananas ananassoides* （Baker）L. B. Sm.——Bot. Mus. Leafl. 7：79. 1939 （IK）

　　Ananas ananassoides var. *nanus* L. B. Sm.——Bot. Mus. Leafl. 7；79, tab. 3. 1939 （GCI）

　　Ananas ananassoides var. *typicus* L. B. Sm.——Bot. Mus. Leafl. 7：79. 1939 （GCI）

3. *Ananas arvensis* Steud.——Nomencl. Bot. ［Steudel］, ed. 2. 1：83. 1840 （IK）

4. *Ananas bracamorensis* Hort. Lind. ex Baker——Handb. Bromel. （1889）23. （IK）

5. * *Ananas bracteatus* Baker——Handb. Bromel. （1889）23. （IK）

　　Ananas bracteatus var. *albus* L. B. Sm. ——Bot. Mus. Leafl. 7：76. 1939 （GCI）

　　Ananas bracteatus var. *hondurensis* Bertoni——Anales Ci. Parag. ser. 2, no. 4：258. 1919 （GCI）

　　Ananas bracteatus var. *macrodontes* Bertoni——Anales Ci. Parag. ser. 2, 4：256. 1919 （GCI）

　　Ananas bracteatus var. *paraguariensis* Bertoni——Anales Ci. Parag. ser. 2, no. 4：259. 1919 （GCI）

　　Ananas bracteatus var. *rudis* Bertoni——Anales Ci. Parag. ser. 2, no. 4：256. 1919 （GCI）

　　Ananas bracteatus var. *sagenarius* Bertoni——Revista Agron. （Puerto Bertoni）4 （5-6）：43. 1910 （GCI）

　　Ananas bracteatus var. *sagenarius* （Arruda）Bertoni （GCI）

　　Ananas bracteatus var. *striatus* M. B. Foste——Bull. Bromeliad Soc. 8：97. 1959 （GCI）

　　Ananas bracteatus subvar. *tricolor* Bertoni——Anales Ci. Parag. ser. 2, no. 4：258. 1919 （GCI）

　　Ananas bracteatus var. *tricolor* （Bertoni）L. B. Sm. ——Bot. Mus. Leafl. 7：76. 1939 （GCI）

　　Ananas bracteatus var. *typicus* L. B. Sm.——Bot. Mus. Leafl. 7；76. 1939 （GCI）

6. * *Ananas comosus* （L.）Merr.——Interpr. Rumph. Herb. Amboin. 133 （1917）. （IK）

　　Ananas comosus var. *albus* （L. B. Sm. ）Camargo——Proc. Eighth Amer. Sci. Congr. 3：186. 1942 （GCI）

　　Ananas comosus var. *ananassoides* （Baker）Coppens ＆ F. Leal——Pineapple：Bot. ，Prod. ＆ Uses 25 （2003 publ. 2002）. （IK）

　　Ananas comosus var. *bracteatus* （Lindl. ）Coppens ＆ F. Leal——Pineapple：Bot. ，Prod. ＆ Uses 28 （2003 publ. 2002）. （IK）

　　Ananas comosus f. *debilis* Mez （GCI）

　　Ananas comosus var. *erectifolius* （L. B. Sm. ）Coppens ＆ F. Leal——Pineapple：Bot. ，Prod. ＆ Uses 26 （2003 publ. 2002）. （IK）

　　Ananas comosus f. *lucidus* Mez——Pflanzenr. （Engler）［Heft 100］, 4, Fam. 32：103. 1934 （GCI）

Ananas comosus var. *microstachys* L. B. Sm.——Contr. Gray Herb. 104：72. 1934 (GCI)

Ananas comosus var. *parguazensis* (Camargo & L. B. Sm.) Coppens & F. Leal——Pine-apple：Bot. , Prod. & Uses 26 (2003 publ. 2002). (IK)

Ananas comosus var. *rudis* (Bertoni) Camargo——Proc. Eighth Amer. Sci. Congr. 3：187. 1942 (GCI)

Ananas comosus f. *sativus* Mez——Pflanzenr. (Engler) [Heft 100], 4, Fam. 32：102. 1934 (GCI)

Ananas comosus var. *tricolor* (Bertoni) Camargo——Proc. Eighth Amer. Sci. Con-gr. 3：187. 1942 (GCI)

Ananas comosus var. *variegatus* (Lowe) Moldenke——Cult. Pl. 38. 1938 (GCI)

7. *Ananas cubensis* (Moral) M. Gómez——Dicc. Bot. Nombres Vulg. Cub. Puerto-Riq. 90. 1889 (GCI)

8. *Ananas debilis* Schult. f. ——Syst. Veg. , ed. 15 bis [Roemer & Schultes] 7 (2)：1287. 1830 [Aug-Dec 1830] (IK)

9. * *Ananas erectifolius* L. B. Sm. ——Bot. Mus. Leafl. 7：78. 1939 (IK)

10. * *Ananas fritzmuelleri* Camargo——Bol. Tecn. Inst. Agron. N. No. 1, 16 (1943). (IK)

11. *Ananas genesio-linesii* Reitz——Bull. Bromeliad Soc. 18：109, figs. 1968 (GCI)

12. *Ananas glaber* Mill. ——Gard. Dict. , ed. 8. n. 3 (et corr.). 1768 [16 Apr 1768] (IK)

13. *Ananas guaraniticus* Bertoni——Anales Ci. Parag. ser. 2, no. 4：274. 1919 (GCI)

14. * *Ananas lucidus* Mill. (GCI)

15. * *Ananas macrodontes* E. Morren——Belgique Hort. xxviii. (1878) 140. t. 4 et 5. (IK)

16. *Ananas magdalenae* Standl. ——Standley & Calderon, Lista Prelim. Pl. Salvad. 45 (1925). (IK)

17. *Ananas mensdorfiana* Hort. ex Baker——Handb. Bromel. (1889) 64. (IK)

18. *Ananas microcarpus* Hort. ex C. Chev. ——in Bull. Soc. Nat. Hort. France, 1935, Ser. VI. ii. 195, in syn. (IK)

19. *Ananas microcephalus* Linden ex Baker——Handb. Bromel. 23. 1889 (GCI)

Ananas microcephalus var. *major* Bertoni——Anales Ci. Parag. ser. 2, no. 4：252. 1919 (GCI)

Ananas microcephalus var. *minor* Bertoni——Anales Ci. Parag. ser. 2, no. 4：252. 1919 (GCI)

Ananas microcephalus var. *missionensis* Bertoni——Anales Ci. Parag. ser. 2, no. 4：252. 1919 (GCI)

Ananas microcephalus var. *mondayanus* Bertoni——Anales Ci. Parag. ser. 2, no. 4：252. 1919 (GCI)

Ananas microcephalus var. *robustus* Bertoni——Anales Ci. Parag. ser. 2, no. 4：253. 1919 (GCI)

20. *Ananas microstachys* Lindm. ——in Kongl. Svensk Vet. Akad. Handl. xxiv. 8. (1891) 39 t. 7. fig. 20-23. (IK)

21. *Ananas microstachys* Lindm. var. *nanus*（L. B. Sm.）Camargo——Proc. Eighth A-
mer. Sci. Congr. 3：189. 1942（GCI）

Ananas microstachys Lindm. var. *typicus* Camargo——Proc. Eighth Amer. Sci.
Congr. 3：189. 1942（GCI）

22. *Ananas monstrosus* Hort. ex Baker——Handb. Bromel.（1889）23.（IK）

23. *Ananas mordilona* Hort. Linden ex E. Morren——in Belg. Hortic. xxix.（1879）302.（IK）

24. *Ananas muricatus* Schult. f.——Syst. Veg., ed. 15 bis［Roemer & Schultes］7(2)：
1287. 1830［Aug-Dec 1830］(IK)

25. * *Ananas nanus*（L. B. Sm.）L. B. Sm.——in Bromel. Soc. Bull. xii. 54（1962）；cf.
Gray Herb. Card Cat.（IK）

26. *Ananas ovatus* Mill.——Gard. Dict., ed. 8. n. 1. 1768［16 Apr 1768］(IK)

27. *Ananas pancheanus* André——Bromel. Andr. 5. 1889（GCI）

28. *Ananas parguazensis* Camargo & L. B. Sm.

29. * *Ananas penangensis* Hort. ex Baker——Handb. Bromel.（1889）23.（IK）

30. *Ananas pinguin* Gaertn.——Fruct. Sem. Pl. i. 30. t. 11（1788）.（IK）

31. *Ananas porteanus* Hort. Veitch ex K. Koch——Wochenschr. xiv.（1871）130.（IK）

32. *Ananas proliferus* Hort. ex Baker——Handb. Bromel.（1889）23.（IK）

33. *Ananas pyramidalis* Mill.——Gard. Dict., ed. 8. n. 2. 1768［16 Apr 1768］(IK)

34. *Ananas sagenaria* Schult. f.——Syst. Veg., ed. 15 bis［Roemer & Schultes］7(2)：
1286. 1830［Aug-Dec 1830］(IK)

35. *Ananas sativus* Schult. f.——Syst. Veg., ed. 15 bis［Roemer & Schultes］7(2)：
1283. 1830［Aug-Dec 1830］(IK)

Ananas sativus var. *bracamorensis*（Linden ex Bertoni）(GCI)

Ananas sativus var. *bracteatus* Mez（GCI）

Ananas sativus var. *hispanorum* Bertoni——Anales Ci. Parag. ser. 2, no. 4：273.
1919（GCI）

Ananas sativus var. *lucidus* Baker——Handb. Bromel. 23. 1889（GCI）

Ananas sativus var. *macrodontes* Bertoni——Agronomia（Puerto Bertoni）5, no. 7：
256. 1913（GCI）

Ananas sativus var. *microstachys* Mez——Fl. Bras.（Martius）3, pt. 3：294. 1892（GCI）

Ananas sativus f. *mordilona* Bertoni（GCI）

Ananas sativus f. *mordilona* Linden——Anales Ci. Parag. ser. 2, 4：271. 1919（GCI）

Ananas sativus var. *muricatus* Mez——Fl. Bras.（Martius）3, pt. 3：293. 1892（GCI）

Ananas sativus var. *pyramidalis* Bertoni——Agronomia（Puerto Bertoni）5, no. 7：
257. 1913（GCI）

Ananas sativus var. *sagenarius*（Arruda）Bertoni（GCI）

Ananas sativus var. *sagenarius* Bertoni——Anales Ci. Parag. ser. 1, 9：7. 1911（GCI）

Ananas sativus f. *typicus* Bertoni——Anales Ci. Parag. ser. 2，4：271. 1919 (GCI)

Ananas sativus var. *variegatus* Lowe (GCI)

Ananas sativus var. *viridis* Bertoni——Anales Ci. Parag. ser. 2，no. 4：272. 1919 (GCI)

36. *Ananas semiserratus* Schult. f.——Syst. Veg.，ed. 15 bis [Roemer & Schultes] 7 (2)：1286. 1830 [Aug-Dec 1830] (IK)

37. *Ananas serotinus* Mill.——Gard. Dict.，ed. 8. n. 5. 1768 [16 Apr 1768] (IK)

38. *Ananas silvestris* (Vell.) Fritz Muell.——Ber. Deutsch. Bot. Ges. xiv. 4，in obs.，7 (1896). (IK)

39. *Ananas strictus* Bertoni——in Agronomia, v. No. 7, 257 (1913), nomen; cf. Gray Herb. Card Cat., Issue 142. (IK)

40. *Ananas viridis* Mill.——Gard. Dict.，ed. 8. n. 6. 1768 [16 Apr 1768] (IK)

× 表示为多数分类学者认可的物种。

1. 野凤梨 *Ananas ananassoides* (Baker) L. B. Smith；2. 矮凤梨 *Ananas nanus* L. B. Smith.；3. 立叶凤梨 *Ananas erectifolius* L. B. Smith.；4. 光凤梨 *Ananas lucidus* Mill.；5. 巴拉圭凤梨 *Ananas parguazensis* Camargo & L. B. Smith；6. 菠萝（凤梨）*Ananas comosus* (L.) Merr.；7. 红苞凤梨 *Ananas bracteatus* Baker；8. 长齿凤梨 *Ananas macrodontes* Morren

图 2-2　凤梨属主要种类的形态

表 2-2　目前凤梨属 3 种不同分类方法的对应种类比较

Harry E. Luther (2008 年)	Smith 和 Downs (1979 年)	Coppens d'Eeckenbrugget 和 Leal(2003 年)
1. 野凤梨 *A. ananassoides* (Baker) L. B. Smith	同左	1. *Ananas comosus* (L.) Merril 将 *A. ananassoides* 和 *A. nanus* 合并为凤梨的 1 个变种。*A. comosus* var. *ananassoides* (Baker) Coppens & Leal
2. 矮凤梨 *A. nanus* (L. B. Smith) L. B. Smith	同左	
3. 光叶凤梨 *A. lucidus* Miller	同左	立叶凤梨 *A. comosus* var. *erectifolius* (L. B. Smith) Coppens & Leal
4. 巴拉圭凤梨 *A. parguazensis* Camargo & L. B. Smith	同左	*A. comosus* var. *parguazensis* (Camargo & L. B. Smith) Coppens & Leal
5. 菠萝 *A. comosus* (Linnaeus) Merrill	同左	*A. comosus* var. *comosus*
斑驳凤梨 *A. comosus* var. *variegatus* (E. Lowe) Moldenke	未列为变种	未列为变种
缺	*A. monstrosus*	缺
6. 红苞凤梨 *A. bracteatus* (Lindley) Schultes f.	同左	*A. comosus* var. *bracteatus* (Lindl.) Coppens & Leal
三色红苞凤梨 *A. bracteatus* var. *tricolor* (Bertoni) L. B. Smith	未列为变种	未列为变种
7. 弗里茨凤梨 *A. fritzmuelleri* Camargo	缺	缺
8. 长齿凤梨 *Pseudananas sagenarius* (Arruda da Camara) Camargo(拟蜻蜓凤梨属，从凤梨属分出)	同左	2. *Ananas macrodontes* Morren 合并在凤梨属中

三、菠萝栽培品种的主要类群

经过长期的人工选育，菠萝已有数百个栽培品种。早期的菠萝品种以有刺无刺进行分类，分为卡因类(Cayenne group)、皇后类(Queen group)、黑色安提瓜（Black antigua）；后来有学者根据果的特性，将菠萝分为 4 个类群：卡因类、皇后类、西班牙类（Spanish group）和杂类（包括 *A. ananossoides* 基因型在内）；1956 年，Py 和 Tisseau 将 Singapore Spanish 并入西班牙类，增加了伯南布哥类（Pernambuco group）；1977 年，Leal 和 Soule 根据叶片光滑程度，增加第 5 个园艺类——迈普尔类（Maipure）；1984 年，Py 等又将该类重新命名为佩罗莱拉类（Perolera group）。

尽管园艺学分类由于统计数量不全面、同名异种或同种异名等原因而存在一定的局限性，但目前多数人仍按 5 个大类来分类，即无刺卡因类（Smooth cayenne group）、皇后类、西班牙类、伯南布哥类、佩罗莱拉类。

1. 无刺卡因类

无刺卡因类又称卡因类，于 1819 年由 Perrotet 在委内瑞拉和法属圭亚那（French Guiana）的 Cayenne 一带首次发现（Perrotet，1825 年）。后经欧洲传到世界各地并不断得以改进，是许多国家的主栽品种及主要的罐藏加工品种，成品率高，世界上 70％的菠萝产品及 95％的罐头菠萝品种来自无刺卡因类，代表品种无刺卡因（Smooth Cayenne），也称 Cayenne、Cayena Lisa。因为其具有圆柱状（又称筒形）、果眼浅、肉色黄、温和的酸味和高产量，是加工的标准品种。在不同地区的名称主要选择与其地名关联，例如在马来西亚称"沙捞越（Sarawak）"，在印度称"Champaka"和广泛种植在夏威夷的"夏威夷（Hawaii）"。该类品种对粉蚧和线虫敏感。在印度西孟加拉邦、果阿和梅加拉亚邦生长的"Giant Kew"属于这个群体（Paull 等，2011 年）。

植株特性：植株高大健壮。叶片长，无刺或仅在叶片尖端叶缘有少许刺，叶肉厚，浓绿。叶面彩带明显，白粉比较少。冠芽和裔芽 1～2 个，萌发迟。生产周期比其他品种长，对许多病虫害敏感，但耐受疫霉，田间管理比较简便，对肥水要求较高。

果实特性：果较大，长圆筒形，平均果重 1.8～4.5 kg。有短而强壮的花梗，不易裂果。小果大而扁平，苞片短宽而扁平，果眼较浅。成熟时果皮橙黄色，果肉淡黄色，低纤维。多汁，果汁黄色芳香，可溶性固形物含量一般为 14％～16％，高的可达 20％以上，可滴定酸含量 0.5％～0.6％，白利糖度 13°～19°，香味稍淡。抗裂果，但果实容易受烈日灼伤，不耐贮运。

2. 皇后类

皇后类是最古老的栽培品种，有 400 多年的栽培历史，分布广泛，特别是在南半球较多，为南非、越南、中国、澳大利亚和菲律宾的主栽品种之一。该类群植株和果实通常较小，叶多刺，比卡因类矮。该品种长势强健，其品种/品系也较多。果实较小，果肉色泽金黄，货架期较长，以鲜食为主，价格昂贵。有些品种/品系的果较大，也用来加工制罐。

代表品种是皇后（Queen），又称 Victoria、Moris、Malacca、uitenzorg、Alexandria、McGregor、Common Rough，是南非、澳大利亚昆士兰州、印度和菲律宾最主要的鲜食菠萝品种。据报 ZQueen 或 James Queen 是 Natal Queen 的突变体，是一个天然的四倍体。皇后类的"毛里求斯（Mauritius）"广泛种植于印度南部的喀拉拉邦，用于加工和出口（Paull 等，2011 年）。

我国的主栽品种巴厘、神湾等都属于皇后类，目前占我国菠萝栽培面积的 80% 以上。

植株特性：植株矮小、密集而多刺，呈波浪形，排列整齐，刺细而密。叶两面被白粉，叶片中央有红色彩带，叶面呈黄绿色，叶背中线两侧有 2 条狗牙状粉线。每株有吸芽 2～4 个，花淡紫色。对猝死病菌敏感，比无刺卡因类抗冷害和病害。

果实特性：果较小，呈筒形、微圆锥形或球形，平均果重 0.5～1 kg，少数达 2.5 kg，早熟。小果细小呈锥状突起，果眼深。熟时果皮金黄色，果心小而嫩，果肉色泽金黄美观，爽脆而奇甜，汁多味美，香气浓郁优雅，白利糖度 14°～18°，可溶性固形物含量 12%～15%，可滴定酸含量 0.4%～0.5%，品质好。比无刺卡因纤维少、更香，适合鲜食，国际上很少用于制罐，但是为我国湛江地区的主要制罐品种。

3. 西班牙类

南美主要的商业品种，在西印度群岛、委内瑞拉、墨西哥及东南亚地区广泛栽培，占波多黎各商业种植的 85%，产品供应鲜果市场。植株一般小到中，多叶，健壮和抗粉蚧，但容易受到由 Batrachedra 蛾幼虫引起的流胶病。适合鲜食，但因果眼深和肉色差而不太适宜制罐头。红色西班牙（Red Spanish 或 Espanola roja）是加勒比地区的主要栽培品种。新加坡西班牙（Singapore Spanish 或新加坡罐头 Singapore Canning 和 Nanas Merah）是马来西亚西部的主要制罐品种，肉亮黄色且适合在泥炭土上种植。其他马来西亚品种：Masmerah 是一个具有大果实的无刺类型；Nanas Jabor 则是卡因类和西班牙类的杂交种，容易受到果实花纹病和软斑病的影响；Cabezona 是一个例外，它是一个天然三倍体，植株大，果实重（4.5～6.5 kg）。

植株特性：植株大，叶片阔长，薄而软，叶色深绿，叶缘多尖而硬的红刺，也有个别品种无刺或少刺，常出现复冠，易生吸芽和茎芽，耐高温和干旱，对线虫和土壤高锰含量敏感，对果腐病具很高抗性，易受流胶病侵染，易发生褐变及裂果。植株寿命长，成熟期较迟。

果实特性：果中等，稍圆，果重 0.9～2.7 kg，小果大而扁平，小果苞片基部呈大小不等瘤状突起，果眼深；熟时果皮橙红色，果心大，淡黄至金黄色果肉，果肉纤维较多，肉质较韧，果汁少，品质高，酸含量低，白利糖度

10°～12°，果汁质量高，香味较浓。果成熟时硬，易收获及运输，供制罐头和果汁。

4. 伯南布哥类

伯南布哥类又称 Abacaxi group，是非常著名的重要鲜食类型，在中南美洲的巴西、巴哈马，美国的佛罗里达州和菲律宾广泛种植。果肉软嫩，多肉多汁，香气极优雅，入口即化，因其太软嫩，收成低，不适于商业运输和罐头加工，供鲜食。代表品种 Pérola，又名 Pernambuco、Branco de Pernambuco、Eleuthera、Abacaxi、Jupi、English、Abakka、Abachi、White Abacaxi of Pernambuco。

植株特性：植株中型、健壮、叶长、直立有刺，暗绿色，发芽时淡紫红色，吸芽多需疏薄；有些品种的果基有长而直立的叶片；植株抗疫霉，抗病虫害，耐旱，对珠镰孢菌高度易感。

果实特性：果小到中型，果重 0.9～5 kg，果圆锥形，绿色，成熟的果眼中心稍黄；果肉白色或淡黄色，软嫩，多肉多汁，有优雅的甜香，只有较细小的残余果心；白利糖度 13°～16°，维生素 C 含量高，被誉为最美味菠萝。

5. 佩罗莱拉类

该类菠萝主要种植在哥伦比亚、委内瑞拉、巴西、象牙海岸，是中南美最重要的商业品种，仅次于红色西班牙，品质上乘，味美，适宜鲜食。代表品种佩罗莱拉(Perolera)，又名 Tachirense、Capachera、Motilona、Lebrija。

植物特性：植株高 1 m 左右，有许多长的暗绿色叶，嫩时红色，叶管状完全光滑无刺。吸芽 4～11 个，多冠芽，易受果寄生虫为害和太阳灼伤（特别是在热的低地）。植株抗珠镰孢菌，易感果心腐病及菠萝果蝇。

果实特性：果大，不规则圆柱形，重 1.5～4.0 kg，果有种子，果眼深且向上，果皮黄色到橙色，果肉浅黄色到黄色，硬而甜，白利糖度 12°，易受机械损伤。

第二节 菠萝种质的收集、保存

菠萝原产地为中南美洲，虽然我国栽培历史已近 400 年，但除一些栽培品种外，种质资源较少，遗传基础狭窄，影响种质的创新。因此，我国菠萝种质资源的收集尤其应注重国外资源。

收集种质资源的途径有 4 种，即直接考察收集、征集、交换、转引。由于菠萝通常无种子，以收集吸芽和冠芽繁殖更为方便。

直接考察收集是获取种质资源的最基本的途径，收集野生近缘种、原始栽培类型与地方品种，重点是收集近缘野生种。除到菠萝起源中心和野生近缘种众多的地区去考察采集外，还可到不同生态条件地区及主产区考察收集。

征集是指通过通信方式向外地或外国有偿或无偿索求所需要的菠萝种质材料，是获取种质资源花费最少、见效最快的途径。但受知识产权保护的影响，由菠萝业内同行进行种质资源交换，或通过第三方转引有时更能获取所需要的种质资源。

我国早期菠萝引种主要是由东南亚华人华侨带回零星种植，20 世纪初开始有企业、研究单位和政府牵头从国外规模收集。这方面尤其以中国台湾地区所做的工作最为系统和连续，现在的主要研究单位是台湾农业试验所嘉义农业试验分所和台湾凤梨协会等。在大陆方面，20 世纪 50 年代华南农业大学和广东省农科院果树研究所等单位开始菠萝杂交育种及品种引进。近年来，中国热带农科院南亚热带作物研究所已引进国外菠萝品种资源 100 余份，广东省农科院果树研究所收集了 60 余份菠萝种质，华南农业大学从国外收集保存了凤梨属的全部 7 个种及其他属的 28 个种。

菠萝种子在干爽条件下至少能保存 2 年。应该建立菠萝种子库，优化保存方法和过程，尝试研究种子的低温保存方法。野生资源和当地品种的保存需要更加经济有效的保存技术，目前主栽品种的优良特性有限，资源保存就是为了融合各优良性状。

菠萝可通过离体方式进行保存，也可将茎尖在预处理后通过冷冻保护剂保存于液氮中。组织培养常引起突变，在菠萝组织培养中尤为明显（Collins，1960 年）。这种组培过程中的突变难以检测和控制，因此要保存种质资源，传统的繁殖方法仍然不能摒弃。

第三节　凤梨属主要种类性状评介

一、菠萝组

1. 野凤梨 Ananas ananassoides (Baker) L. B. Smith

原产于巴西、巴拉圭、圭亚那和委内瑞拉，是凤梨属中个体最小的物种之一。果长椭圆形，径 3～5 cm，重 50～80 g，但有很多种子、果眼深、可食率较低。以吸芽繁殖。

野凤梨在巴拉圭原产地被称为"yvira（纤维）"，在巴西的原产地被称为"gravatáde rede（渔网凤梨）""gravatáde cerca brava（野生栅栏凤梨）"或"nana caçaba(硬刺凤梨)"，因此它最初被利用的是其长而强韧的纤维。

野凤梨与常见的野生菠萝(果大肉多)不同，目前的菠萝栽培品种最初也是由野凤梨经人工选择演化而来。在南美安第斯山脉东部的大草原或砍伐过的森林中都有野凤梨，生长在持水能力差的(沙、石)土壤中，分布不均匀。在圭亚那也有少量野凤梨生长在繁茂的热带雨林。亚马孙沿岸及其主要支流成了分隔北部和南部的自然屏障。

野凤梨的多数类群是单克隆的，但也有些是多克隆的，它可能起源于一个有性事件(Duval 等，1997 年)。野凤梨的特点是叶子狭长，叶长可达 2 m、叶宽不到 4 cm，锯齿稀疏向上。花序轴长细(通常长超过 40 cm，径小于15 mm)。中小型花序，花序球状或圆柱状，花期过后聚花果几乎停止生长(但冠芽仍生长迅速，从花期不足聚花果长度的一半到成熟时的 2 倍以上)，因此果肉很少。果肉呈白色或黄色，硬而纤维化，含糖量较高，酸甜，风味佳，但种子多。相比之下，冠芽生长快，果实成熟后仍继续生长，常比聚花果长 1倍以上。在圭亚那奥里诺科河(Orinoco)流域种植了一些果实更大、肉质更好的野凤梨，一般种植在庭园中被逐步驯化。近年来，一些低矮品种在鲜切花市场作为一种观赏植物栽培。

在哥伦布发现美洲大陆前，野凤梨曾被作为助消化、杀虫、抗菌、堕胎、治疗痛经等药物使用(Leal 等，1996 年)。在巴西奥里诺科河沿岸(Patino，2002 年)及圭亚那，人们仍在食用其果实。

主要用作观赏，抗逆性强，亦可作为育种材料。

2. 矮凤梨 *Ananas nanus* (L. B. Smith) L. B. Smith

原产于巴西、秘鲁等南美国家。叶细长(长约 50 cm，宽约 1.5 cm)，有刺状锯齿，叶边缘向外弯曲，莲座状着生。叶肉厚、边缘锯齿显著。聚花果椭圆形，果小，长 3～5 cm，食用价值较低。无种子，较耐寒。

Coppens d'Eeckenbrugge 和 Leal(2003 年)将其合并在野凤梨(*Ananas ananassoides*)中。

3. 立叶凤梨 *Ananas erectifolius* Smith

植株中等大小，嫩茎多，常呈丛生状；冠芽粗大，基部叶繁密；叶多而竖立，富含纤维；果实小而纤维化，不宜食用，有些类型几乎没有果实。与野凤梨非常类似，但与野凤梨的本质区别是叶片光滑，这一性状是由单基因控制的(Collins，1960 年)。

不是野生种类，历来在西印度群岛栽培。由于其长而韧的纤维，现在圭亚那包括奥里诺科河盆地、北部的亚马孙河流域仍有种植。

立叶凤梨是凤梨属中叶生纤维含量最多、质量最好的种类。纤维含量达6%，中美洲地区的人们一直用其纤维编成吊床和渔网(Leal 等，1991 年)，但逐渐被合成纤维和尼龙代替。

叶缘没有刺，并且直立生长，这是人们对野凤梨长期进化选择的结果，因为这一性状更容易得到纤维。人们已从栽培品种中收集到一些倒刺和少刺的类型。

遗传多样性研究表明，立叶凤梨是由野凤梨在不同时空条件下驯化而来（Duval 等，2001 年，2003 年）。立叶凤梨在鲜切花市场有很好的发展前景。

4. 光凤梨 *Ananas lucidus* Miller

叶有光泽，叶缘无锯齿，果小。主要供观赏，也适于作纤维原料。

Harry E. Luther（2008 年）认为其与立叶凤梨（*Ananas erectifolius* Smith）为同一个种。

5. 菠萝(凤梨) *Ananas comosus* (Linnaeus) Merrill

茎短。株高 0.8～2 m，冠幅主要取决于叶长。叶多数（40～80 枚），莲座式排列，剑形，长 40～90 cm，宽 4～7 cm，顶端渐尖，全缘或有锐齿，腹面绿色，背面粉红色，边缘和顶端常带褐红色，生于花序顶部的叶变小，常呈红色。花序于叶丛中抽出，状如松球，长 6～8 cm，结果时增大；苞片基部绿色，上半部淡红色，三角状卵形；萼片宽卵形，肉质，顶端带红色，长约 1 cm；花瓣长椭圆形，端尖，长约 2 cm，上部紫红至蓝紫色，下部白色。花序发育为聚花果。聚花果肉质，长 15 cm 以上。花期夏季至冬季，但生产上常通过使用乙烯或乙烯类物质人工诱导开花。

原产美洲热带地区。广东、海南、台湾、福建、广西、云南有栽培。为著名热带水果之一，其可食部分主要由肉质增大的花序轴、螺旋状排列于外周的小花发育而成，花通常不结实，宿存的花被裂片围成一空腔，腔内藏有萎缩的雄蕊和花柱。叶的纤维甚坚韧，可供织物、制绳、结网和造纸。

主要靠茎上的吸芽、地面的块茎芽、花梗上的裔芽、果顶的冠芽进行营养繁殖。受品种和温度影响，童期通常为 12～24 个月不等。果实成熟后，也可以保留 1 个吸芽或裔芽继续生长结实，这样可节省成本和缩短生产周期，但果实会变小且大小不一，所以商业栽培留芽生产时一般限于 2 个或 3 个生产周期（即 2～3 茬）。

野生菠萝被驯化后，其对开花诱导敏感性降低，形成大量短而宽的叶，花多，果大，种子少，由于无性繁殖以及自交不亲和性造成产量降低。低产品种的雌蕊多不育。由于主要都是通过无性繁殖来完成生长周期，这样就不能产生适应环境的野生类型了。

在哥伦布发现美洲大陆时，该种在当地随处可见，果实用来鲜食或做成饮料（Patino，2002 年）；其他用途与 *A. ananassoides* 一样，腐烂的菠萝可用作箭或茅枪头上的毒物（Leal 等，1996 年）。

6. 巴拉圭凤梨 *Ananas parguazensis* Camargo & L. B. Smith

分布在哥伦比亚、委内瑞拉、巴西北部,生长在热带雨林边缘。植株矮小,株高约为 50 cm,冠径约为 50 cm。叶缘常呈波状,向外弯曲(与菠萝区别),有锐锯齿;叶中央有淡红斑。该种 1966 年在委内瑞拉玻利瓦尔州被发现。观赏用。

野生巴拉圭凤梨和野凤梨也很相似,只是叶片更宽,叶基部窄,刺(锯齿)更大,有些是倒刺。主要分布在奥里诺科河(Orinoco)盆地和尼格罗河(Rio Negro)上游盆地,以及哥伦比亚和亚马孙平原东北东部(Coppens d'Eeckenbrugge 等,1997 年)。它生长在不同密度的树阴下,从空地或河岸到茂密的森林中均能生长。与野凤梨相比,因其水分利用率低,所以限于生长在较阴的环境中(Leal 等,1995 年)。

7. 红苞凤梨 *Ananas bracteatus* Baker.

原产巴西。叶多而密、坚硬,叶缘有长而锋利的锯齿,故常用作绿篱。莲座状,株高及冠幅可达 1～1.2 m。果、苞叶均为红色,果比菠萝稍小,重 500～1 000 g。果可食,稍酸,有种子(有些栽培品种已无种子)。

红苞凤梨与长齿凤梨(*A. macrodontes*)相似,它来源于地理分布相同的两个栽培变型。最常见的类型(*A. bracteatus sensu* Smith & Downs)用作围篱、纤维植物、果汁、医药。其叶片长而宽,生长密集,而且叶缘布满了刺状锯齿,能起到很好的隔离作用。虽然其生长旺盛,但没有侵占性。聚花果中等大小(0.5～1 kg),花序轴大。花和果上覆瓦状苞片螺旋排列,这些苞片花期亮粉红色到红色,花序颜色鲜艳。一个斑叶突变体在热带观赏植物园中被广泛应用,其形态学和基因突变非常小,暗示其是单一的基因型(Duval 等,2001 年,2003 年)。

第二个类型的形态与弗里茨凤梨(*A. fritzmuelleri* Camargo)一致。因此,在 Smith 和 Downs(1979 年)、Coppens d'Eeckenbrugge 和 Leal(2003 年)等分类中都把弗里茨凤梨划入红苞凤梨中,而不单独作为 1 个种类。该类型与长齿凤梨(*A. macrodontes*)比还有一个相同特点是叶基部有倒刺。这个类型比较罕见,仅在巴西有 1 份种质材料保存在巴西农业研究院和里约热内卢的公园里。该类型也用作篱笆。

根据核 DNA 和叶绿体 DNA 数据分析,证实红苞凤梨与长齿凤梨(*A. macrodontes*)是近缘种。但其染色体数目为 $2n=2x=50$(Camargo,1943 年)。

较菠萝稍耐寒,在冬天 0℃ 以下的地区需入室内盆栽。主要为观赏用,也作鲜切花或绿篱,一些叶片边缘或中间有白色嵌合体(斑叶)的品种,观赏价值更高。日本等将其与菠萝杂交,培育出一些食用和观赏兼用的品种。

二、长齿凤梨组

长齿凤梨(*Ananas macrodontes* Morren)原产于阿根廷、玻利维亚、巴西、厄瓜多尔、巴拉圭。叶缘有长锯齿，聚花果红色，苞片大，无冠芽。供观赏用。

一些分类学者认为应把它单列拟蜻蜓凤梨属(*Pseudananas*)，学名为 *Pseudananas sagenarius*(Arruda da Camara) Camargo。由于花序和聚合果为红色到粉红色，亦有人错将其列为红苞凤梨(*Ananas bracteatus*)的变种。

与菠萝组种类的主要区别是聚花果上无冠芽，茎上也罕有吸芽，依靠匍匐茎无性繁殖；叶基部及以上倒刺状锯齿。果实肉质化程度低，酸，含大量的种子；是高度自花授粉植物，四倍体。

第四节 菠萝种质资源评价

一、果实品质评价

菠萝果实品质性状主要有单果重、果眼深浅、可食率、香气以及可溶性固形物、总糖、可滴定酸、维生素 C 和纤维的含量等项。

陆新华等(2011 年)对从泰国引种的 12 个菠萝品种进行了果实品质分析比较，以品种的单果重、可溶性固形物含量、可溶性总糖含量、可滴定酸含量和维生素 C 含量等 5 个指标作为评价内容，采用"合理-满意度"和多维价值理论的合并规则进行综合比较分析，分别得出各品种品质的合成"合理-满意度"，筛选出适合广东湛江及其周边地区栽培的鲜食品种 Phetchaburi♯2 和 Puket，加工品种 Nanglae 和 Chantaburi。

张秀梅等(2009 年)采用顶空固相微萃取技术-气质联用技术(HS-SPME-GC-MS)对巴厘、卡因和台农 11 号 3 种菠萝成熟果实香气成分进行分析测定，3 种果实中分别检测出 46、40 和 29 种香气成分，各占总峰面积的 99.04%、84.11%和 92.43%。主要成分为酯类、烃类、苯类、萘类化合物。在巴厘、卡因和台农 11 号果实中，酯类物质含量最高，分别达 90.87%、59.92% 和 82.54%；烃类次之，苯类和萘类物质含量较小。3 种果实有 11 种相同的香气成分；独有的香气成分：巴厘为 16 种、卡因为 16 种、台农 11 号为 7 种。3 种菠萝果实香气成分的种类和含量之间存在差异：巴厘的重要特征香气成分为癸酸乙酯、己酸乙酯和 2-甲基丁酸乙酯，卡因的重要特征香气成分为己酸乙酯、辛酸乙酯和乙酸异戊酯，台农 11 号的重要特征香气成分为己酸乙酯、辛酸乙酯和 2-甲基丁酸乙酯。

李苗苗等（2012 年）利用高效液相色谱法分析了 11 个菠萝品种果实中 5 种维生素的含量。维生素 C 含量在 $99.9 \sim 230.9$ $\mu g/g$，维生素 A 的含量在 $1.6 \sim 3.8$ $\mu g/g$，维生素 B_3 的含量在 $3.8 \sim 23.5$ $\mu g/g$，维生素 B_6 的含量差异较大，在 $4.5 \sim 67.1$ $\mu g/g$，巴厘、台农 11 号、Golden Winter Sweet、New Phuket、Phuket 5 个品种未检测到维生素 B_{12}，其他品种维生素 B_{12} 的含量在 $2.0 \sim 12.1$ $\mu g/g$。巴厘维生素 A 的含量显著高于其他品种，台农 11 号维生素 C 的含量显著高于其他品种，Golden Winter Sweet 维生素 B_3 和维生素 B_6 的含量最高，台农 19 号维生素 B_{12} 的含量最高。

二、其他重要经济性状的评价

菠萝蛋白酶是从菠萝植株中提取的一类蛋白水解酶的总称，主要存在于菠萝的茎和果实中，根据提取部位的不同，分为茎菠萝蛋白酶和果菠萝蛋白酶，在食品、医药、化妆品等行业有广泛的应用。韩志萍等（2011 年）以巴厘、卡因、台农 17 号、台农 16 号、粤脆、香水等品种为对象，研究了菠萝蛋白酶的含量，发现不同的菠萝品种间蛋白酶的得率及酶活力有显著差异（表 2-3），并随果实的成熟而减少。

表 2-3 不同品种菠萝蛋白酶得率及酶活力的差异

指标	品种					
	台农 17	台农 16	粤脆	香水	巴厘	卡因
酶得率/(g/t 汁)	653.4	1 214.9	451.1	527.5	358.7	1 363.1
酶活力/(U/g)	107.8	162.9	157.9	91.2	85.2	119.6

菠萝除收获聚花果外，其叶纤维质地细致，纤维强度高于棉纤维，并容易与其他纤维混纺，近年来已成为纺织界普遍关注的一种天然纺织原料，一些国家已加快对其开发利用的研究。我国菠萝纤维资源丰富，菠萝纤维的充分利用势在必行。目前种植的菠萝品种主要以采果为主，纤维含量水平尚未准确测定，而且品种不同，其叶纤维含量等特性也有差异。周文钊（2003 年）测定了巴厘、无刺卡因、香水、甜蜜蜜、冬蜜等 5 个品种的叶片产量及纤维含量、纤维拉力等，结果见表 2-4。其中，甜蜜蜜的叶纤维单位面积产量最高，纤维质量较好，纤维较细；巴厘的叶纤维拉力最强，纤维质量最好，叶

纤维含量较高，单位面积纤维产量仅次于甜蜜蜜。

表 2-4　不同品种纤维主要产量和性状比较

内容	品种				
	巴厘	无刺卡因	香水	甜蜜蜜	冬蜜
叶数/(枚/株)	28.3	25.7	37.5	28.0	32.5
叶产量/(kg/株)	1.46	1.25	1.43	2.04	1.42
纤维含量/%	1.1	0.87	0.78	0.90	1.09
纤维拉力/N	425.8	293.4	276.8	280.4	262
纤维支数/(m/g)	69.4	68.2	58	76.5	51

第五节　菠萝种质资源研究

一、驯化过程

人类在 3 500 多年前就开始栽种菠萝；古植物学的记载可以追溯到公元前 1 200—前 800 年(Pearsall，1992 年)，同源语言演变分析表明，在 2 500 多年的时间里，菠萝是中美洲地区的主要农作物(布朗，2010 年)。野生凤梨和栽培凤梨之间的时间差为 6 000～10 000 年之间，但这并没有导致凤梨组中的种类在形态上的变化以及遗传隔离，因此，有人将凤梨组的所有种类划为同一物种(Coppens d'Eeckenbrugge 等，2003 年)。

分子研究和形态观察表明，菠萝栽培品种的驯化和分化过程经历了两个阶段。在圭亚那以东地区，森林中常见的野生 A. comosus 和野生 A. ananassoides 二者的中间类型多样性丰富，可以通过其果实大小区分这些中间类型，这就说明这一地区是菠萝的主要驯化中心。亚马孙上游地区是农业多元化的中心地带，同时也是菠萝驯化的中心，在这一地区并没发现野生型和中间型(Schultes，1984 年；Clement，1989 年)。为了驯化的需要，人们从偏远地区引来材料，造成了野生型的基因漂移。

立叶凤梨(A. erectifolius)主要作纤维植物栽培，除叶光滑外，其他形态与野凤梨(A. ananassoides)非常相似。立叶凤梨具有遗传多样性、系统发育树和丰富的表型，与各种野凤梨基因型相似，这说明立叶凤梨是在不同地方由野凤梨直接进化而来的。

第三大栽培种是红苞凤梨(*A. bracteatus sensu* Smith & Downs)，主要生长在次大陆的东南部，主要以绿篱形式栽植。这一类型的同源性很高，与凤梨组种类具有同样的胞质单倍型，而相同的细胞核标记显示它与长齿凤梨(*A. macrodontes*)和弗里茨凤梨(*A. fritzmuelleri* Camargo)构成南部群落，这说明红苞凤梨是长齿凤梨与弗里茨凤梨的杂交种。

二、染色体组的变化

一些重要的商业品种都是三倍体的(Lin 等，1987 年)，如波多黎各的 Cabezona。二倍体植物中有 0～6.5％的合子发育成种子，主要原因是自发形成三倍体或个别出现四倍体。四倍体通过减数分裂 90％的花粉是可育的，而当与二倍体杂交时形成健康有活力的四倍体种子就很少(Collins，1960 年)。无活力的多倍体种子对于菠萝的繁殖并无益处。无刺卡因是同源四倍体，比二倍体生长周期长 5 周，果实都比较大，小果数减少，小果含糖量低；但不影响自交不亲和性(Collins，1960 年)。

用菠萝组的种类和长齿凤梨杂交，种子中有 5％～10％可育，杂种是四倍体，具有生活力，高度可育，能够自花授粉；产生三倍体的概率很小，三倍体一般很小，不育；也会出现一些超越双亲的四倍体(Collins，1960 年)。

三、有性生殖、基因组和细胞学研究

长齿凤梨是高度自花授粉的，其后代同质性强，这表明该物种是纯合子和自花受精的。而凤梨属其他种类具有配子体自交不亲和性，表现在花粉管生长被抑制 1/3(Kerns，1932 年；Majumder 等，1964 年；Brewbaker 等，1967 年)。一些重要栽培种类的自交不亲和性很强，但有些栽培品种的自交不亲和性较弱，能够产生少量种子(Coppens d'Eeckenbrugge 等，1993 年；Muller，1994 年)。

菠萝组种类为二倍体，有 50 条染色体。很少有三倍体(75 条染色体)，如 *A. comosus* 和 *A. ananassoides*。二倍体正常的减数分裂形成 25 个正常的四联体(Heilborn，1921 年；Collins 等，1931 年；Capinpin 等，1937 年；Lin 等，1987 年；Dujardin，1991 年；Brown 等，1997 年；Gitaí 等，2005 年)。三倍体不能进行正常的减数分裂形成配子体，造成花粉败育或形成四倍体(Collins，1933 年；Collins，1960 年)。花粉的育性在种类、品种甚至是无性繁殖的品种间也有很大差别(Coppens d'Eeckenbrugge 等，1993 年；Muller，1994

年)。种子数量与雌配子体和雄配子体的育性相关，菠萝的育性更低，每花有0～5粒种子，其他种类每个子房中可有多达18粒种子(Coppens d'Eeckenbrugge等，1993年；Leal等，1996年)。

长齿凤梨组(如 *A. macrodontes*)是四倍体($n=100$)(Collins，1960年；Lin等，1987年)，能与菠萝组种类杂交，后代多为可育的四倍体，部分为小而不育的三倍体，其表型介于父本和母本之间(Collins，1960年)。Arumuganathan 和 Earle(1991年)预测 *A. bracteatus* 和 *A. comosus* 的单倍体基因组大小分别为 444 Mbp 为和 526 Mbp。

第六节 菠萝品种 DUS 测试

日本农林水产省于 1982 年公布了菠萝 DUS 测试[特异性(distinctness)、一致性(uniformity)和稳定性(stability)的栽培鉴定试验]指南(《パインアップル品種特性分類審查基準》)，国际植物新品种保护联盟 2012 年 7 月在北京公布了菠萝品种 DUS 测试指南。这些 DUS 测试指南规定了测试方法，明确了特异性、一致性和稳定性的判定，品种分类和组织生长测试，各种特征的规定，特征表格等。

这些指南还特别对性状特性进行了下列规定(括号内为参照品种和性状的程度记录)。

(1)植株生长特性：直立(Perola；1)，半直立(Smooth Cayenne；3)，开张(Perolera；5)。

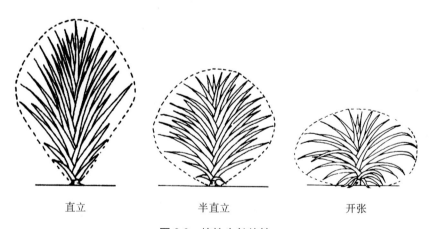

直立　　　　　　半直立　　　　　　开张

图 2-3　植株生长特性

(2)叶片数量：少(Perola；3)，中等(BRS Imperial，Gold，Smooth Cayenne；5），多(Gomo de Mel；7)。

（3）叶长：短(Queen；3)，中等(Smooth Cayenne；5)，长(Aus-Carnival，Perola；7)。

（4）叶宽：窄(Queen；3)，中等(Smooth Cayenne；5)，宽(Perola；7)。

（5）叶正面颜色：浅绿(BRS Vitoria；3)，绿色(Smooth Cayenne；5)，深绿(Jupi，MD-2，Perola；7)。

（6）叶片花青素着色：无或非常少(Aus-Jubilee，BRS Vitoria，MD-2，Selangor Green；1)，弱(Potàeau；3)，中等(Smooth Cayenne；5)，强(Rondon；7)，很强(Roxo de Tefe，73-50；9)。

（7）叶背毛状体密度：没有或非常稀疏(1)，中等(Smooth Cayenne；2)，浓密(Queen；3)。

（8）叶缘凸起状况：没有(Queen，Samba；1)，有(Perolera，Singapore Canning；9)。

（9）叶刺：没有(BRS Imperial，Perolera，Samba，Singapore Canning；1)，有(Queen；9)。

（10）叶刺密度(仅限于带刺品种)：稀疏(MD-2，Smooth Cayenne；1)，中等(Red Spanish，Tainon 17；2)，密集(Abacaxi special amarelo，Perola，Queen，Tainon 4；3)。

（11）叶刺在边缘的位置(仅限于带刺品种)：叶仅在基部(1)，仅在顶端(Smooth Cayenne；2)，在基部和顶端(MD-2；3)，在整个边缘(Queen；4)。

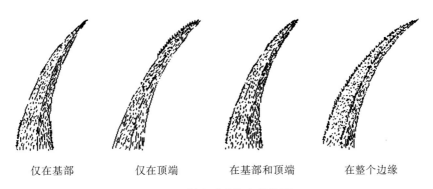

仅在基部　　　　仅在顶端　　　　在基部和顶端　　　　在整个边缘

图2-4　刺在叶边缘上的位置

（12）叶刺的颜色(仅限于带刺品种)：黄绿色(Gold，MD-2；1)，橙色(2)，红色(Gomo de Mel；3)，紫色(4)。

（13）叶刺的大小(仅限于带刺品种)：小(Gold，MD-2，Perola，Smooth Cayenne；1)，中等(Singapore Canning；3)，大(Gomo de Mel，Queen；5)。

(14)花苞片大小：小(Perola；1)，中(Queen，Smooth Cayenne；2)，大(Singapore Canning；3)。

(15)花瓣顶端颜色：蓝紫色(Perola；1)，红紫色(Smooth Cayenne；2)。

(16)花瓣长度：短(Singapore Canning；1)，中等(Smooth Cayenne；2)，长(Rondon；3)。

(17)雄蕊长度：短(Smooth Cayenne；1)，中等(Rondon；2)，长(Perolera；3)。

(18)雌蕊长度：短(Singapore Canning；1)，中等(Red Spanish；2)，长(Perolera；3)。

(19)未成熟果实颜色：灰色(Perola；1)，中等绿色(Smooth Cayenne；2)，深绿色(MD-2；3)，粉红色(4)，红色(5)，紫色(6)，褐紫色(Roxo de Tefe；7)，深褐色(8)。

(20)果实基部高度：矮(Queen，Rondon；3)，中等(BRS Imperial，Perolera，Smooth Cayenne；5)，高(7)。

(21)花梗/果柄的长度：短(BRS Victoria，Smooth Cayenne；1)，中等(BRS Imperial，Singapore Canning；2)，长(Perola；3)。

(22)花梗/果柄的直径：小(Singapore Canning；1)，中等(Perola；2)，大(Smooth Cayenne；3)。

(23)地下吸芽数目：没有或非常少(Perola；1)，很少(Perolera；2)，中等(Aus-Jubilee，MD-2，Red Spanish，Smooth Cayenne；3)，很多(Queen，Singapore Canning；4)。

(24)茎上气生吸芽数目：没有或很少(Perola，Smooth Cayenne；1)，很少(2)，中等(Aus-Carnival，Smooth Cayenne；3)，很多(Queen；4)。

(25)茎上气生吸芽大小：小(1)，中等(Smooth Cayenne；2)，大(Aus-Carnival，Fils de Chalvet；3)。

(26)裔芽的数目：没有或很少(Smooth Cayenne；1)，很少(Aus-Carnival，MD-2；3)，中等(Queen，Red Spanish；5)，很多(BRS Imperial，Perola，Perolera；7)。

(27)裔芽大小：小(3)，中等(Queen；5)，大(Smooth Cayenne；7)。

(28)冠芽数目：一个(Smooth Cayenne；1)，多于一个(Queen，Red Spanish；2)。

(29)冠芽姿势：直立(Perola；1)，半直立(BRS-Imperial，MD-2，Smooth Cayenne；2)，开散(BRS Vitoria，Perolera；3)。

(30)冠芽大小：小(Rondon；3)，中等(Perola，Queen；5)，大(Smooth Cayenne；7)。

（31）果实形状：窄卵圆形（Gomo de Mel，Perola；1），中等卵圆形（BRS Imperial，BRS Vitoria；2），长方形（圆柱形）（MD-2，Perolera；3），椭圆形（Smooth Cayenne；4），圆形（Red Spanish；5）。

（32）果实长度：短（Singapore Canning；3），中（BRS Imperial，Perolera，Smooth Cayenne；5），长（Perola；7）。

（33）果实直径：窄（Perola；1），中等（BRS Imperial，Singapore Canning；3），宽（Perolera，Smooth Cayenne；5）。

（34）果实主要颜色：乳白色（1），黄绿色（2），绿色（Perola 3），灰绿色（4），浅黄色（BRS Vitoria；5），中等黄色（Smooth Cayenne；6），橙色（MD-2；7），橙红色（Manzana，Roxo de Tefe；8），红色（9），棕色（10）。

（35）果实大小：很小（Victoria；1），小（Aus-Jubilee，Singapore Canning；3），中等（Aus-Carnival，Red Spanish；5），大（Smooth Cayenne；7），很大（Cabeza de Onca，Pouco conhecida，Sugiro Cabezona；9）。

（36）果眼大小：小（Black Antigua；3），中等（Perola，Smooth Cayenne；5），大（Red Spanish；7）。

（37）果眼剖面：凹陷（Singapore Canning；1），平坦（Perola，Smooth Cayenne；2），微凸起（Rondon；3），凸起（BRS Imperial，Queen；4）。

（38）果眼颜色的均匀性：均匀或有点不均匀（Queen；1），适度的不均匀（MD-2；2），很不均匀（BRS Imperial，Perola，Smooth Cayenne；3）。

（39）果肉颜色：黄白色（Perola；1），浅黄色（Smooth Cayenne；2），黄色（Perolera；3），橙黄色（Queen；4）。

（40）果心的直径：小（BRS Victoria，Singapore Canning；3），中等（Queen；5），大（Smooth Cayenne；7）。

（41）果肉颜色的均匀性：均匀或微不均匀（MD-2，Queen；1），适度不均匀（Smooth Cayenne；2），很不均匀（73-50；3）。

（42）果肉密度：松散（Queen；1），中等（Smooth Cayenne；2），密实（Perolera；3）。

（43）果肉硬度：柔软（Perola，Rondon；3），中等（Smooth Cayenne；5），结实（BRS Imperial，erolera；7）。

（44）果肉纤维含量：低（Perola；1），中等（Smooth Cayenne；2），高（BRS Imperial，MD-2，Singapore Canning；3）。

（45）果肉芳香：微弱（1），中等（Perola，Smooth Cayenne；2），强（Perola，Smooth Cayenne；3）。

（46）果肉汁液性：低（BRS Imperial，Pomare；1），中等（Queen，Smooth Cayenne；2），高（Perola；3）。

（47）果肉酸度：低（Perola，Queen；3），中等（Rondon；5），高（Red Spanish，Smooth Cayenne；7）。

（48）果肉甜度：低（Singapore Canning；3），中等（Perolera，Smooth Cayenne；5），高（BRS Imperial，Queen；7）。

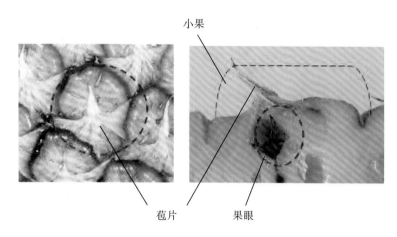

图 2-5　苞片、小果及果眼

参 考 文 献

［1］何业华，胡中沂，马均，等. 凤梨类植物的种质资源与分类［J］. 经济林研究，2009，27（3）：102-107.

［2］何业华，吴会桃，罗吉，等. 根癌农杆菌介导 CYP1A1 转化菠萝的研究［J］. 华南农业大学学报（自然科学版），2010，36（1）：34-38.

［3］何业华，方少秋，胡中沂，等. 菠萝体细胞胚发育过程的形态学和解剖学研究［J］. 园艺学报，2012，39（1）：57-63.

［4］Anjana R. Evolution of pineapple，ResearchGate，2016，https：//www. researchgate. net/publication/ 295858780.

［5］UPOV. Pineapple Upov Code：Anana＿Com Ananas comosus（L.）Merr. Guidelines for the conduct of tests for distinctness，uniformity and stability. 2013. http：//www. upov. int/genie/en/details.

［6］農林水産省. パイナップル品種特性分類審査基準，1982. http：//www. hinsyu. maff. go. jp/info/sinsakijun/ botanical＿taxon. html

［7］Baker K F，Collins J L. Notes on the distribution and ecology of Ananas and Pseudananas in South America［J］. Am J Bot，939，26：697-702.

［8］Botella J R，Smith M. Genomics of pineapple，crowning the king of tropical fruit. In：Moore PH，Ming R(eds) Genomics of tropical crop plants［J］. Springer，New York，USA，2008：441-451.

［9］Brewbaker J L，Gorrez D D. Genetics of self-incompatibility in the monocot genera，Ananas(pineapple) and Gasteria［J］. Am J Bot，1967，54：611-616.

［10］Cabral J R S，de Matos A P，Coppens D′Eeckenbrugge G. Segregation for resistance to fusariose，leaf colour and leaf margin type from the EMBRAPA pineapple hybridization programme［J］. Acta Hortic，1997，425：193-200.

［11］Camargo F. Vida e utilidade das Bromeliá ceasá［C］/Bol Tec Instituto Agronó mico do Norte，Belem，Pará，Brazil Capinpin J H，Rotor G B. A cytological and morphogenetic study of some pineapple varieties and their mutant and hybrid derivatives［J］. Philip Agric，1937，943，26：139-158.

［12］Carlier J D，Reis A，Duval M F，et al. Genetic maps of RAPD，AFLP and ISSR markers in Ananas bracteatus and Ananas comosus using the pseudo-testcross strategy［J］. Plant Breed，2004，123：186-192.

［13］Carlier J D，Coppens D′Eeckenbrugge G，Leitaō J M. Pineapple. In：Kole C(ed) Genomic mapping and molecular breeding in plants，vol 4，Fruits and nuts［M］. Berlin：Springer，2007：331-342.

［14］Chan Y K. Hybridisation and selection in pineapple improvement. The experience in Malaysia［J］. Acta Hortic，2006，702：87-92.

［15］Clement C R. A center of crop genetic diversity in western Amazonia［J］. Bio Science，1989，39：624-631.

［16］Collins J L. Morphological and cytological characteristics of triploid pineapples［J］. Cytologia，1933，4：248-256.

［17］Collins J L. Review of breeding for resistance to heart rot and root rot［J］. PRI News，1953，1：73-78.

［18］Collins J L，Kerns K R. Genetic studies of the pineapple［C］/A preliminary report upon the chromosome number and meiosis in seven pineapple varieties(Ananas sativus Lindl.) and in Bromelia pinguin L J Hered，1931，22：39-142.

［19］Collins J L，Kerns K R. Inheritance of three leaf types in the pineapple［J］. J Hered，1946，37：123-128.

［20］Coppens D′Eeckenbrugge G，Leal F. Morphology，anatomy and taxonomy［C］/Bartholomew D P，Paull R E，Rohrbach K G(eds). The pineapple：botany，production and uses. CABI，Wallingford，Oxford，UK，2003：13-32.

［21］Coppens D′Eeckenbrugge G，Duval M F，Van Miegroet F. Fertility and self-incompatibility in the genus Ananas ［J］. Acta Hortic，1993，334：45-51.

［22］Coppens D′Eeckenbrugge G，Leal F，Duval MF. Germplasm resources of pineapple［J］. Hortic Rev，1997，21：133-175.

［23］Coppens D′Eeckenbrugge G，Duval M F．The domestications of pineapple：context and hypotheses［J］．Pineapple News，2009，16：15-26.

［24］Coppens D′Eeckenbrugge G，Leal F．Morphology，anatomy and taxonomy［C］/Bartholomew D P，Paull R E，Rohrbach K G（eds）．The pineapple：botany，production and uses．CABI Publishing，New York，2003：13-32.

［25］Duval M F，Coppens D′Eeckenbrugge G，Fontaine A，et al．Ornamental pineapple：perspective from clonal and hybrid breeding［J］．Pineapple News，2001，8：12.

［26］Duval M F，Coppens D′Eeckenbrugge G．Genetic variability in the genus Ananas［J］．Acta Hortic，1993，334：27-32.

［27］Duval M F，Coppens D′Eeckenbrugge G，Ferreira F R，et al．First results from joint EMBRAPA-CIRAD Ananas germplasm collecting in Brazil and French Guyana［J］．Acta Hortic，1997，425：137-144.

［28］Duval M F，Noyer J L，Perrier X，et al．Molecular diversity in pineapple assessed by RFLP markers［J］．Theor Appl Genet，2001b，102：83-90.

［29］Duval M F，Buso G C，Ferreira F R，et al．Relationships in Ananas and other related genera using chloroplast DNA restriction site variation［J］．Genome，2003，46：990-1004.

［30］Duval M F，Coppens D′Eeckenbrugge G，Ferreira F R，et al．First results from joint Embrapa-Cirad Ananas germplasm collecting Brazil and French Guyana［J］．Acta Hortic，1997，425：137-144.

［31］Duval M F，Noyer J L，Hamon P，et al．Study of variability in the Genus Ananas and Pseudananas using RFLP［J］．Acta Hortic．2000，529：123-131.

［32］Everton Hilo de Souza，Fernanda Vidigal Duarte Souza，Maria Angélica Pereira de Carvalho Costa，et al．Genetic variation of the Ananas genus with ornamental potential［J］．Genet Resour Crop Evol．2012，59：1357-1376.

［33］Geo Coppens D′Eeckenbrugge，Garth M Sanewski，Mike K Smith．Marie-France Duval，and Freddy Leal．Wild Crop Relatives：Genomic and Breeding Resources，Chapter 2：Ananas［M］．Berlin Heidelberg：Springer-Verlag，2011：21-41.

［34］Guedes N M P，Maria J，Zambolin L，et al．Protoplast isolation of Ananas comosus （L.) Merr. cv'Perolera'［J］．Acta Hortic，1996，425：259-265.

［35］Heilborn O．Notes on the cytology of Ananas sativus Lindl．and the origin of its parthenocarpy［J］．Ark Bot，1921，17：1-7.

［36］Hepton A，Hodgson A S．Pineapple：processing［C］/Bartholomew D P，Paull R E，Rohrbach K（eds）．The pineapple，botany，production and uses．CABI，Wallingford，UK，2003：281-290.

［37］Hernández M S，Montoya D．Recolección de pinã y otras especies de Ananas en Colombia［C］/Memorias Primer Simposio Latinoamericano de Piñicultura，Cali，Colombia，1993：25-29.

[38]IBPGR. Descriptors for pineapple. International Board for Plant Genetic Resources, Rome Leal F, Amaya L (1991) The curagua (Ananas lucidus, Bromeliaceae) crop in Venezuela[J]. Econ Bot, 1991, 45: 216-224.

[39]Johannessen G A, Kerns K R. Screening and classifying new varieties for resistance to P. cinnamomi and P. parasitica[J]. PRI Res Rep, 1964, 111: 96-100.

[40]Kerns K R. Concerning the growth of pollen tubes in pistils of Cayenne flowers[J]. Pineapple Quart, 1932, 1: 133-137.

[41]Leal F, Amaya L. The curagua(Ananas lucidus, Bromeliaceae) crop in Venezuela[J]. Econ Bot, 1991, 45: 216-224.

[42]Leal F, Medina E. Some wild pineapples in Venezuela[J]. J Bromel Soc, 1995, 45: 152-158.

[43]Leal F, Coppens D'Eeckenbrugge G, Holst B. Taxonomy of the genera Ananas and Pseudananas-an historical review[J]. Selbyana, 1998, 19: 227-235.

[44] N Baker K F, Collins J L. Notes on the distribution and ecology of Ananas and Pseudananas in South America[J]. Am J Bot, 1939, 26: 697-702.

[45]Pearsall D M. The origins of plant cultivation in South America[C]/Cowan C W, Watson P J(eds). The origins of agriculture: an international perspective. Smithsonian Series in Archaeological Inquiries. Smithsonian Institution Press, Washington D C, USA, 1992: 173-205.

[46]Reyes-Zumeta H. Breve nota taxonómica sobre pinas cultivadas Ananas comosus(L.) Merr. con mención de dos nuevas variedades silvestres[J]. Rev Fac Agron(Maracay), 1967, 39: 131-142.

[47]Rios R, Khan B. List of ethnobotanical uses of Bromeliaceae[J]. J Bromel Soc, 1998, 48: 75-87.

[48]Rohrbach K G, Johnson M W. Pests, diseases and weeds[C]/Bartholomew D P, Paull R E, Rohrbach K G, et al. The pineapple: botany, production and uses. CABI, Wallingford, UK, 2003: 203-252.

[49]Sanewski G M. Breeding Ananas for the cut-flower and garden markets[J]. Acta Hortic, 2009, 822: 71-78.

[50]Reyes-Zumeta H. Breve nota taxonó mica sobre piñas cultivadas Ananas comosus(L.) Merr. con mención de dos nuevas variedades silvestres[J]. Rev Fac Agron(Maracay), 1967, 39: 131-142.

[51]Rios R, Khan B. List of ethnobotanical uses of Bromeliaceae[J]. J Bromel Soc, 1998, 48: 75-87.

[52]Rohrbach K G, Johnson M W. Pests, diseases and weeds[C]/Bartholomew D P, Paull R E, Rohrbach KG, et al. The pineapple: botany, production and uses. CABI, Wallingford, UK, 2003: 203-252.

[53]Sanewski G M. Breeding Ananas for the cut-flower andgarden markets[J]. Acta Hor-

tic，2009，822：71-78.

[54]Souza F V D，Cabral J R S，dos Santos-Serejo J A，et al．Identification and selection of ornamental pineapple plants[J]．Acta Hortic，2006，702：93-97.

[55]Sugimoto A，Yamaguchi I，Matsuoka M，et al．In vitro conservation of pineapple genetic resources[J]．Research Highlights，Tropical Agricultural Center，1991：14-16.

[56]UPOV．Pineapple Upov Code：Anana _ Com Ananas comosus(L.) Merr．Guidelines for the conduct of tests for distinctness，uniformity and stability．2013．http：//www．upov．int/genie/en/details.

[57]Williams D D F，Fleisch H．Historical review of pineapple breeding in Hawaii[J]．Acta Hortic，1993，334：67-76.

第三章 品种选育与改良

优良品种对菠萝产业的持续发展至关重要，美国、澳大利亚、马来西亚、巴西等国以及中国台湾地区都十分重视优良新品种的选育，长期开展菠萝的杂交育种工作，选育出了一些优良杂交品种（系）。由于菠萝自交不亲和，同类型品种间杂交也常常不能产生种子，另一方面菠萝体细胞高度杂合，这些都严重制约着菠萝的种质创新。随着现代生物技术的发展和对菠萝农艺性状遗传机制的揭示，将为原始育种材料的选择、杂交亲本的选配和育种后代个体鉴定等提供新的技术方法，将显著提高育种效率。未来在菠萝原生质体培养、体胚发生、单倍体培育等生物技术上的突破，将实现诱变技术、基因工程技术等在菠萝育种上的应用，促进菠萝新品种的培育。

第一节 菠萝品种改良概况与育种目标

一、菠萝品种改良概况

菠萝原产地为中南美国家，其他各地种植的菠萝均为引种，在通过长期的驯化种植后，形成了当地的菠萝栽培品种。20世纪以来，美国、巴西、法国、泰国、澳大利亚、马来西亚等国家以及中国台湾地区根据菠萝生产和消费的需求，开展了杂交育种等品种改良工作，但全球多数的菠萝育种项目取得的进展十分有限（Soneji 等，2009 年），至今各国均未能选育出综合性状超越无刺卡因（Smooth Cayenne）的加工型优良新品种。目前全球菠萝品种有100多个，主栽品种有 70 个左右，全球菠萝加工业依然长期依赖于单一的加工型品种——无刺卡因（Eeckenbrugge 等，2011 年）。

美国夏威夷菠萝研究所（PRI）20 世纪在菠萝育种上做了较为全面的研究

工作，通过杂交育种培育的菠萝品种金菠萝，具有口味品质佳、高糖、高酸及高维生素 C 等特性，综合性状优良，在全球的种植面积和份额逐年上升，成为国际鲜果市场最主要的品种，它的出现改变了菠萝国际贸易长期以来以加工业为主的格局，体现了培育优良新品种对产业发展的重大贡献。金菠萝的选育历经 30 多年，其培育历程表明了菠萝品种改良的难度。巴西、马来西亚、法国、澳大利亚、古巴、泰国等国家和中国台湾地区在 20 世纪也积极开展菠萝育种，21 世纪以来，随着国际鲜食菠萝市场的稳定增长，全球菠萝主产国对菠萝育种的兴趣也在增长，各国的育种工作更注重鲜食品种的选育。

中国大陆目前所使用的菠萝鲜食型主栽品种巴厘（Comte de Paris）和加工型品种无刺卡因，是 20 世纪民众自发从境外引种并成功商业化种植的品种。近年中国大陆有一些菠萝品种相继通过省级审定或认定，2005 年广东审定了中国大陆第一个杂交选育的菠萝品种粤脆，2014 年广西审定了芽变选育品种金香菠萝。2010 年广东审定了引进品种"粤引澳卡菠萝"，2013 年海南认定了引进品种台农 11 和台农 16，2014 年广西审定了引进品种台农 16。这些优良新品种的选育和逐步推广，对我国菠萝品种的优势布局、调整产业品种结构和提高产业竞争力具有重要的意义。

二、菠萝育种目标

菠萝主要以果实鲜食和加工为主要用途，其育种目标的制定应有利于最终产品产量和质量的形成，满足消费者的需求。由于菠萝从种植者到达消费者，还需要经过包装、运输和销售等中间环节，因此菠萝育种需要综合考虑种植者、储运商、销售商和消费者整个完整市场链条对品种的要求（Chan，2011 年）。种植者一般要求优良品种应具有易繁殖、叶缘无刺、抗病虫、耐寒、高产稳产、早熟、具有较高的果实、植株重量比等特点；考虑到人工成本，还应适应机械化操作。储运商则要求果实外形对称、方肩、小冠芽、耐运输等易于包装、储藏、运输的特性。销售商则要求成熟性状好、货架期长、适应进口国家或地区的卫生与检疫消毒方法等。消费者的需求则多在果实外观颜色、取食的方便性、可食率、果肉的甜度、糖酸比、质地、香气以及营养成分或特殊功能成分等。作为加工用途的菠萝品种应考虑加工企业的要求。加工型品种应具备加工利用率高的特点，加工制罐品种需要果肉较硬、圆柱形、果眼浅等适于机械加工工艺要求的特性，榨汁用的品种则要求出汁率高。

不同的国家或地区由于环境条件与生产习惯的差异，以及市场用途的不同，育种的重点目标也有差异。巴西致力于培育抗镰刀菌枯萎病的优良品种，以应对当地严重的病害。澳大利亚则以耐寒、抗根腐病、品质好为主要目标选育优良品种，以解决低温季节果实品质低的问题和生产上面临的严重病害（Sanewski 等，2015 年）。近年来开展的以观赏为目的的育种则注重植株和花果的观赏性(de Souza 等，2014 年)。随着菠萝综合利用技术的开发，以利用菠萝叶纤维为目的的品种，其育种目的还应包括菠萝叶纤维含量高、叶纤维质量好、易于提取等新的要求。

三、我国菠萝育种方向

我国目前的主栽鲜食品种巴厘，果肉黄色、香气浓而丰富、风味足，但其果眼深，不利鲜食去皮，更不利于加工制罐；其叶缘有刺不利于田间管理，同时不抗凋萎病和黑心病。主栽加工型品种无刺卡因，虽然果眼浅、果实圆筒形、叶片无刺，但其果肉白色、香味不浓、风味欠佳，另外其吸芽芽位较高而且数量少，不利于繁殖。

随着经济全球化，我国菠萝产业面临境外优质菠萝的冲击，特别是东南亚的菲律宾、越南、泰国、马来西亚等国。这些国家气候条件良好，适宜菠萝生产种植，同时劳动力成本低，而且这些国家的生产能力还会逐渐提高，其竞争力将越来越强。我国适宜种植菠萝的区域有限，广西南宁、福建漳州等偏北产区时常受到寒害影响。此外，我国劳动力成本逐年增长，国产菠萝的价格优势将逐步减弱。因此，菠萝育种首先应选育适合我国各产区气候特点的优良新品种，形成各地的特色品种；其次，应选育适应机械化生产的品种，以减少劳动成本，适应规模化大型种植企业生产，这也是我国菠萝产业的发展趋势。

1. 选育各产区最适宜的优良品种

我国菠萝各产区的生态气候差异明显，海南岛和云南西双版纳基本不受寒害影响，而北纬 21.5°以北地区常有不同程度冷害发生；云南菠萝产区与其他产区相比昼夜温差大。因此，根据各产区的气候特点，选育适应当地条件的 2～3 个主栽品种，通过安排品种的熟期使其品质得到最佳表现，通过品种熟期调整错开成熟期，避免集中上市，延长菠萝的全年上市时间。

2. 便利型加工品种

菠萝果实不耐贮运，但将菠萝加工成果汁、果丁等果品后既能贮存较长时间，也方便食用，省去了消费者去皮、切块或榨汁等操作。美国人年均消费菠萝果品 12 kg，其中有 11 kg 是菠萝果汁等加工品，而我国人年均消费菠萝果品不及世界平均水平的一半，生产果汁、果丁等开罐(袋)即可食用的便利型菠萝产品的市场潜力巨大。除了菠萝育种所要求的常规性状外，果汁专用品种要求风味足、出汁率高，果丁专用品种则要求果肉硬度较高。

3. 宿根性能好的品种

菠萝收获后靠母株低节位腋芽生长成新的植株，直至其成熟收获。如此种植一次收获多次，可减少大田整地和种植等用工，特别是采用田间铺设管道方式进行肥水管理的菠萝果园，田间肥水管道不受影响。再生型品种要求宿根性能好，其再生腋芽节位低，发根能力强，再生腋芽数量较少(1~2个)。另外，再生植株在产量和品质上应与原母株没有差异或差异不大。

4. 适应机械化生产的品种

机械化生产能提高劳动效率，降低劳动成本。雷州半岛和海南是我国菠萝的最大产区，也是我国菠萝最适宜种植的区域。该区域内菠萝园土地较平整，适于机械化生产。选育适宜机械化种植、采收作业的品种，要求株形整齐，具有根系再生性强、耐压性能好等特性。

5. 生育期短的品种

菠萝从大田移植至果实成熟收获，一般需要14~18个月，选育苗期生长快、果实成熟期短的品种有利于缩短生长周期、提早上市，降低生产成本。

第二节　引种选种与无性系选择育种

收集种质资源，经过鉴定和评价，选择出符合育种目标或具有育种目标优良性状的种质作为育种基础材料，再经选择直接应用或作为原始材料用于杂交育种、诱变育种等。

一、引种选种

引种选育种直接利用境外或外地的种质资源，在本地进行性状鉴定和评价后，将在本地表现优良的种质经过严格的选育种程序进行鉴定评价，再商业化推广应用。早在15世纪哥伦布发现菠萝以前，美洲的菠萝已经过了选择和驯化，成为栽培品种，并在美洲传播和广泛种植，随后菠萝由美洲逐步向全球各地传播和商业化种植，这一从原产地向全球传播的过程就是一个不断引种和选种的过程。其中引种最为成功的当属加工型品种无刺卡因和鲜食型品种金菠萝。

欧洲人在美洲发现菠萝后，引进了许多品种，但仅筛选和保留了无刺卡因(Cayenne Lisse)和皇后(Queen)。其中无刺卡因由Perrotet于1819从法属圭亚那引种至欧洲，其综合性状优良，从众多菠萝品种中筛选出并保存下来，再传播至全球热带和亚热带地区。商业化加工技术兴起后，特别是1911年自动去皮机和去心机的发明与制造，使得大规模制罐加工企业发展壮大，无刺卡因的种植面积迅速扩大（Rohrbach 等，2003 年），目前，无刺卡因仍然是国际贸易中的重要品种。

美国企业在中美洲的哥斯达黎加种植无刺卡因时，同时引种了夏威夷菠萝研究所杂交选育的一些杂交品种（系）。无刺卡因在哥斯达黎加试种没有成功，而杂交品种金菠萝（MD-2）却表现优良。随后，金菠萝在哥斯达黎加替换原有品种大面积种植，21 世纪初该国成为全球菠萝鲜果的最大出口国，金菠萝也成为全球菠萝贸易中最主要的鲜食品种，该品种目前已推广至巴拿马、菲律宾、越南、尼日利亚、马来西亚等热带国家规模化种植，全球种植面积不断增加。

其他一些菠萝品种也在不同国家或地区间进行引种，巴西曾引进哥伦比亚和委内瑞拉山区种植的品种佩罗莱拉，引进过中国台湾育成的杂交品种Gomo-de-Mel（剥离菠萝，台农 4 号），并成功进行商业化种植（Cabral 等，2009 年）。澳大利亚成功引进美国夏威夷菠萝研究所育成的菠萝杂交品系 73-50，该品系已成为澳大利亚主要的鲜食品种（Sanewski，2007 年）。

我国现有的主栽品种巴厘（Comte de Paris）、神湾（Yellow Mauritius）、无刺卡因（Smooth Cayenne）等品种，均为我国民间自发引进试种并成功商业化种植的品种。近年来，国内科研机构和企业陆续引进境外的优良品种，通过多年试种，澳大利亚卡因、台农 11、台农 16、台农 17、金菠萝等相继通过了省级品种认（审）定。

二、无性系选择育种

世界上广泛栽培的菠萝品种，多是野生菠萝性状变异后经历长期的自然选择和人工对符合人类需求的变异进行选择的结果。菠萝从野生有刺驯化为无刺，从能结籽驯化为无籽，这个过程中自然变异起主要作用。

品种在栽培过程中依然会不断产生变异，已从无刺卡因中选育出 30 个突变体（Smith 等，2005 年）。印度从皇后类品种中选育出具有晚熟、优质、鲜食加工两用等特点的自然突变体优系 PQM-1（Prakash 等，2009 年）。美国夏威夷从卡因中选育出 Hilo。喀麦隆从卡因中选育出"卡因 32-33"。中国台湾地区从无刺卡因中选育出台农 1、台农 2 和台农 3 号，从"有刺红皮"中选育出"无刺红皮"（官青杉，2008 年）。澳大利亚从"皇后"中选育出"马格利哥"和"亚历山大"。马来西亚从"西班牙"中选育出了"红果"突变体。古巴从"红西班牙"品种 Pinar 中选育出 2 个组培体细胞变异突变体（P E Rez 等，2012 年；Pérez 等，2011 年；Pérez 等，2009 年）。我国广西农科院园艺所从"菲律宾"（巴厘）芽变中选育出"金香菠萝"（吴宣，2014 年）。

第三节 杂交育种

杂交育种是菠萝育种的主要方法，通过杂交能产生大范围的基因重组。美国夏威夷和中国台湾地区在 20 世纪 10～20 年代前后开展了系统的杂交育种工作（Rohrbach 等，2003 年）；中国大陆在 50 年代，马来西亚和巴西则在 70 年代开始杂交育种。美国、中国等最初是为选育加工型新品种而开展的杂交育种工作，但未能按计划选育出超越无刺卡因的加工型优良新品种，反而选育出了一些优良的鲜食型品种（系）。

夏威夷菠萝研究所通过杂交育种选育出的优良鲜食品种金菠萝，其品质优、贮运性能好，综合性状优良，目前已成为全球菠萝鲜果贸易最大宗的品种。马来西亚农业研究与发展研究所（MARDI）通过杂交选育出早熟、货架期长、抗低温诱导黑心病的优良品种 Josapine（Chan，2008 年）；中国台湾则陆续培育了台农 4、台农 8、台农 11、台农 13、台农 16～22 号等优良鲜食杂交品种（系）；巴西选育出了高产、优质、抗病的优良杂交品种 Imperial。2005年我国广东省审定的杂交品种粤脆，是中国大陆第一个通过省级审（认）定的菠萝杂交品种。

一、亲本选择

1. 菠萝亲缘关系与育性

菠萝亲缘关系相近的品种杂交不亲和，应选择亲缘关系较远的品种或品系杂交。栽培菠萝和野生及半驯化菠萝种质间没有生殖障碍，与野生种和半驯化种质资源杂交能带来大量的变异，产生新果形和果色，也能引入抗生物与非生物胁迫的性状（D Eeckenbrugge 等，2011 年）。但菠萝体细胞高度杂合，因亲缘关系过远，需要较大的杂交后代群体，以及对大量性状的选择，这会导致菠萝育种进程缓慢（Sanewski 等，2011 年）。各国大多数的育种都采用综合性状较优良的无刺卡因作为亲本，泰国利用无刺卡因和皇后（Sripao-raya 等，2009 年），巴西利用无刺卡因和佩罗莱拉，马来西亚利用红色西班牙、无刺卡因和皇后（Sanewski 等，2011 年），象牙海岸利用卡因和佩罗莱拉（Loison-Cabot 等，1990 年），法国马提尼克利用无刺卡因、Manzana（Coppens，2002 年）等为亲本开展杂交新品种的选育。大多数育种项目在开展时使用没有亲缘的品种，但在随后的世代会遇到温和的近亲交配，常出现同胞或半同胞交。半同胞交能产生杂交后代群体，理想基因重组的机会较大

(Sanewski 等，2011 年）。

一些研究表明，杂交亲本的育性也需要考虑，皇后、西班牙、佩罗莱拉等育性较好，每果常具有 2 000 粒杂交种，可作为母本使用，而无刺卡因由于结实率低，不是理想的母本（Chan，2006 年）。

2. 双亲性状表现

育种的多数目标性状是品质、产量等数量性状，如果肉含糖量、果形、果眼深浅、果心大小、果重等，显然受多种基因控制。因此，需要选择与育种目标最接近的、综合性状优良的品种为母本，选择具备母本没有的优良性状且综合性状优良的品种为父本。如夏威夷菠萝研究所（PRI）利用性状互补的种质来培育抗心腐和抗根腐的品种（D Eeckenbrugge 等，2011 年）；巴西利用综合性状优良但不抗镰刀菌枯萎病（*fusariosis*）的品种 Pérola、无刺卡因和金菠萝等优良品种为亲本，与抗镰刀菌枯萎病主要抗性亲本 Primavera、佩罗莱拉、Roxo de Tefe、FRF-632 等开展杂交育种（Cabral 等，2009 年）。佩罗莱拉类品种具有较高的维生素 C 含量，可用来改良提高无刺卡因的维生素 C 含量；皇后类品种可用于提高可溶性固形物的含量；无刺卡因类品种 Sarawak 等可用于增加果重；以无刺卡因作为母本，可以提高可溶性固形物的含量（Chan，2006 年）。

野生资源中含有抗性基因的品种可用作抗性亲本，但野生资源在引进优良抗性基因的同时，也可能使不理想的性状基因渗入杂交后代中，影响选育进度。野生种长齿凤梨 A. *macrodontes* 对线虫 P. *cinnamomi* 和 P. *nicotianae var. Parasitica* 具有极高耐虫性，但它们的果实品质差，用作亲本来改良选育符合要求的品种进展缓慢；而用抗性较强的野生种红苞凤梨 A. *Bracteatus* 进行杂交时改良进程相对快些；选用具有中等抗性的野生种野凤梨 A. *ananassoides* 作为杂交亲本效果最好，已选育出的多数抗性品种约有 1/16 的血统来自这个种（D Eeckenbrugge 等，2011 年）。

3. 使用育种价值高的现代改良品种或品系

现代改良品种或品系经过多次杂交或回交，在逐代选择过程中淘汰了劣质性状基因，聚集了优良性状基因。用它们作为亲本，在其杂交后代中出现理想基因型组合类型的比例较高，所需杂交育种后代群体规模较小，育种效率较高。利用没有改良的亲本如皇后与无刺卡因杂交，会降低育种群体中理想基因位点的频率，需要对大规模的分离群体进行大量的性状鉴定，效率较低（Sanewski 等，2011 年）。夏威夷菠萝研究所选育的杂交种 53-116、73-50 等，通过早期的多代杂交和选择，已经聚积了所需要的优良基因，具有较高的育种价值。马来西亚利用杂交选育的优良品种 Josapine 与夏威夷菠萝研究所选育的杂交种 53-116、53-656、73-50 等进行杂交，已从 Josapine 与 53-116 的杂交组合后代中逐步选出优良株系 Jo×53-116(6)（Affendi 等，2015 年）。

二、杂交后代群体的规模

菠萝种内和种间杂交表明，杂交后代存在大量的分离，制约着杂交育种的成功率（Botella 等，2008 年）。一般认为 1 个菠萝育种杂交组合需要 3 万个杂交后代才能选出符合要求的单株，通过 1 次杂交选育出新品种至少需要 15 年（Cabot，1997 年）。巴西 1998 年利用 2 个原始品种佩罗莱拉和无刺卡因杂交，共育杂交单株 53 397 个，通过逐年逐步筛选，从中选育出 1 个品质较好和对 fusariosis 有抗性的杂交品种，定名为 Imperial（Cabral 等，2009 年）。科特迪瓦 1978 年利用 2 个原始品种卡因和佩罗莱拉杂交，从 4 万个杂交后代中选出 3 份优良株系用于进一步育种研究（Issali 等，2013 年）。

使用原始种进行杂交，需要加大后代规模，才能选择出理想的植株，而采用现代改良品种或品系作为亲本，由于已淘汰了一些不利的基因，聚集了优良的基因，所以能减小育种后代群体的规模。

三、杂交后代选择

杂交种子从播种到成熟一般要 4～5 年，而鉴定杂种后代优劣主要是对果实的外观品质、食味品质、果实耐贮运性等成熟期的重要育种目标性状的鉴定。如果在苗期就进行后期性状的鉴定和选择，能减少前期对劳力、土地及时间的大量耗费，起到事半功倍的效果。目前缺乏苗期性状与果实成熟期性状之间关系的研究。随着菠萝全基因组的研究，将来可应用全基因组分子标记鉴定的方法对优良基因进行直接选择。

夏威夷菠萝研究所鉴定优良杂交后代时，对于入选单株的无性繁殖后代按育种目标进行严格的选择，持续至第 3 代（甚至更多代），以便选出作为进一步杂交的亲本，一般耗时 7～13 年（Sanewski 等，2011 年）。快速选择杂交优良株用作下一代的亲本非常重要，加快进程的关键是减少代间间隔时间。

四、杂交代数

多数菠萝杂交育种表明，简单的一次杂交难于获得理想基因型。成功育成品种需要经过多次的杂交，与其他优良品种或品系进行轮回杂交或进行半同胞杂交等。Collins 估计从野生种培育品种需要 1 次杂交、4 次回交，历时 20～25 年，使用亲缘近的种（如南美北部的大且多肉的品系）会缩短时间，使

用 *A. bracteatus* 与 *A. comosus* 杂交仅需要少量的世代（D Eeckenbrugge 等，2011 年）。夏威夷菠萝研究所利用 F_1 和商业化的品种进行 2～3 次回交（D Eeckenbrugge 等，2011 年）。

在 20 世纪 20 年代，夏威夷菠萝研究所利用 5 个品种：无刺卡因、Smooth Guatamala（Monte Lirio）、佩罗莱拉、皇后和 Ruby（Spanish）为父本，以无刺卡因为母本杂交，从各自的杂交后代群体中选择出优良 F_1 再进行杂交得到 F_2，再选择出优良 F_2 进行半同胞杂交，最终选育出了 73-114（后定名为 MD-2）。

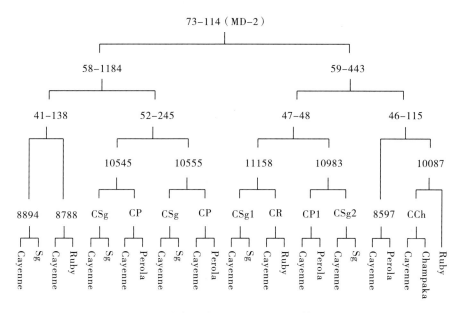

图 3-1　MD-2 的杂交选育过程（Sanewski 等，2011 年）

第四节　诱变育种

人工通过物理或化学的诱变增加遗传物质变异的概率，可以增大选择优良变异体的机会。

一、辐射诱变育种

辐射诱变育种是利用射线等辐射处理方法，使被处理的种苗等发生遗传物质的突变，从而选育具有优良性状的突变体的育种方法。马来西亚农业研究与发展研究所辐射菠萝品种 Jospine 的吸芽茎尖分生组织组培（Chan，2008 年），从 2 万株辐射苗中筛选到 16 株对细菌性黑心腐抗性的单株（Ibrahim 等，2009 年）。菲律宾利用 γ 射线照射皇后类品种，培育出无刺或少刺的材料以及叶绿素突变体类型的观赏材料等（Lapade 等，1995 年）。加纳利用 γ 射线和组培技术对无刺卡因和 Sugar Loaf 进行诱变，以期培养出耐旱耐热的品种，并确定 LD50 为 45 Gy（OSEI-KOFI 等，1996 年；Lokko 等，2001 年）。

我国在菠萝育种方面也做过利用 ^{60}Co 的 γ 射线照射菠萝材料的研究，总结出菠萝辐射处理的参数。^{60}Co 射线 0.38～0.9 cd/kg 照射花粉，3.87～10.32 cd/kg 照射种子，10.32～202.5 cd/kg 照射冠芽和吸芽（赵文振等，1987 年）。1987 年广东省农业科学院果树研究所用 10.32 C/kg（4 万 R）的射线照射处理巴厘冠芽，定植后变异率多达 8%，但多是嵌合体，在 1 万多棵辐射处理株中未发现特别优异性状的突变体（广东省农业科学院果树研究所，1987 年）。

利用营养器官、组织以及愈伤等多细胞材料进行诱变时，一般存在嵌合体，诱变的细胞或组织往往因竞争不过正常细胞和组织，在个体生长过程或营养繁殖过程中逐渐消失，嵌合体也难于分离和纯化。解决办法之一是单细胞途径，借助原生质体单细胞培养技术，通过对单个细胞的诱变，再经体胚途径发育成为完整的植株，可减少嵌合体的发生。

菠萝是高度杂合的二倍体，需要对大量的诱变突变体进行筛选，且仅能选择显性突变，由于其自交不实，隐性突变难以发现，也难以实施选择，这是菠萝辐射诱变育种面临的一个难点。

二、化学诱变育种

化学诱变育种是利用化学物质对菠萝细胞、组织、器官、株植等进行诱变，以提高遗传物质变异的育种方法。用秋水仙碱处理获得了菠萝白化突变体（Mujib，2005 年）。马来西亚农业研究与发展研究院为了培育抗细菌性黑心腐（Bacterial heart rot）的品种，对菠萝品种 Jospine 进行化学诱变处理（Chan，2008 年），结果表明，组培过程中会产生较稳定的变异。化学诱变与物理诱变一样，在多细胞材料处理时，每个细胞是独立的诱变事件，存在嵌合体分离纯化、隐性突变选择难的困难，同时也需要较大规模的诱变群体用于选择。

第五节 倍性育种

一、多倍体育种

现有的菠萝栽培品种以及菠萝野生品种多数是二倍体，少见 *A. comosus* 和 *A. ananassoides* 具有三倍体，少数大型不减数配子可导致自然形成三倍体和四倍体（D Eeckenbrugge 等，2011 年）。巴西栽培品种 Gigante de Tarauacá 是三倍体，其果型大，果重 3 kg（Scherera 等，2015 年）。波多黎各 Puerto Rican 的重要商业化栽培品种 Cabezona 也是三倍体。另外，来源于巴西尼亚附近 Aguas Emendadas 地区的一些 *ananas dos indios* 野生无性系群体，其二倍体植株能自发产生 0～6.5％的二倍体配子，导致三倍体和极少量的四倍体产生，后者能产生可育花粉，与二倍体杂交后可产生三倍体。

多倍体诱导通常采用秋水仙碱处理正常二倍体植株，获得同源四倍体，变异体多是二倍体和四倍体细胞等组成的嵌合体，与辐射诱变育种和化学诱变育种一样，需要采取不断分离扩繁的方法来获得同质四倍体的个体植株。

20 世纪 40 年代，美国夏威夷菠萝研究所首先进行了多倍体研究，培育了四倍体，发现无刺卡因同源四倍体比二倍体活力强，但果实品质差（D Eeckenbrugge 等，2011 年；Sanewski 等，2011 年）。利用 *A. comosus* 和 *A. macrodontes* 杂交时有 5％～10％的种子是具有高活力、高育性、自交结实的四倍体杂交种，同时也产生极少量个体较小的不育三倍体，表型接近其四倍体与四倍体相似，仅少数性状遗传了二倍体。这种多倍体活力强，但三倍体几乎不育，没有育种利用价值（D Eeckenbrugge 等，2011 年；Sanewski 等，2011 年）。

多倍体与二倍体在形态解剖、生长势、果实大小和品质、成熟期等方面都有明显的区别。无刺卡因的多倍体较高、叶较宽、具有较长的节间，但叶面积变化不大。四倍体的叶横截面更为紧密，有着更大的纤维，使叶片更坚硬。多倍体的细胞、刚毛、气孔大小等随倍性而增加，但气孔密度下降。多倍体的水分含量较高。三倍体和四倍体无刺卡因具有较长的营养生长期，成熟较慢，果实含糖量也较低。四倍体小花少，但花较大、果实较小。由于多倍体的这些不理想的性状，倍性操作在菠萝育种中的作用不明显（Chan 等，2008 年）。

二、单倍体诱导及双单倍体育种

双单倍体及纯系由于是纯合体，其基因型和表型一致，利用它们作杂交亲本，可使育种效率提高。双单倍体可利用花药或胚珠进行培养，诱导单倍体，再加倍形成双单倍体。古巴利用辐射花药授粉和铁兰凤梨(Tillandsia)与栽培菠萝的属间杂交获得了单倍体及双单倍体植株(Miriam 等，2002年)，通过花药培养和胚珠离体培养获得单倍体及双单倍体植株(Reinerio 等，2002 年)。

第六节 生物技术育种

一、细胞工程技术

体细胞胚作为诱变育种及转基因育种的良好材料，能减少嵌合体的产生，有着较高的育种应用价值。研究人员对菠萝体胚的发生进行了研究(Sripaoraya 等，2003 年；Firoozabady 等，2004 年；罗吉等，2005 年；何业华等，2007 年；梁雪莲等，2009 年；何业华等，2009 年；何业华等，2010 年；Yapo 等，2011 年；何业华等，2012 年；栾爱萍等，2015 年)。其中华南农业大学何业华团队建立了较为完整高效的离体再生体系(何业华等，2007 年；何业华等，2010 年)。他们以菠萝、红苞凤梨的吸芽为材料，采用嫩叶基部带有茎皮的部分作外植体培养，每平方厘米表面积可产生 40 个以上的不定芽(或体细胞胚)；采用细胞培养与低温胁迫相结合的方式筛选并获得可耐 0℃低温 96 h 的抗寒细胞株系(何业华等，2014 年)。

在菠萝原生质体分离技术研究上，巴西的 Pinho Guedes 等(1997 年)及云南热作学院的赵维峰等(2011 年)开展了研究，为进一步利用原生质体融合技术开展菠萝体细胞杂交育种提供了前期基础。

二、基因工程技术

目前全球菠萝加工行业主要依赖无刺卡因这个品种，其综合性状优良，适宜加工制罐，国内外利用杂交育种技术对该品种进行改良，以期选育出性状更为优良的品种，然而至今未见成功(Mhatre，2012 年)，还没有选育出能替代它的品种。转基因技术因仅改变单一的目标性状，而不改变品种原来整体的综合表现，在对病、虫和除草剂抗性，以及控制成花和延长果实贮存期等单一育种目标进行改良时，与传统选育种相比具有明显的优势。

利用基因枪法已获得了转抗除草剂基因 *Bar*（Sripaoraya 等，2006 年）、昆虫酚氧化酶基因 *PPO*（Smith 等，2002 年）、PMWaV-2 外壳蛋白基因 *CP*（Perezl E A 等，2006 年）、大豆铁蛋白基因（Mhatre，2012 年）等外源基因和菠萝基因 *PPO*（Ko 等，2006 年）的转基因组织或植株。研究人员也开展了对农杆菌介导的菠萝遗传转化体系的研究，已经获得了转菜豆几丁质酶基因 *CHI*、烟草 *AP24* 和抗除草剂基因 *Bar*（Yabor 等，2010 年）、蛙皮素类似物人工合成基因 *MSI-99*（Mhatre 等，2009 年）、人类细胞色素 P450（cytochrome P450）基因 *CYP1A1*（Ma 等，2014 年）、大豆铁蛋白基因 *Ferritin*（Mhatre，2012 年）等外源基因，以及菠萝 ACC 合成酶基因 *ACACS2*（Wang 等，2009 年）、*PPO*（Ko 等，2005 年）等转基因株植。澳大利亚通过转基因获得了 5 个抗黑心病的转内源 *PPO* 基因的转基因株系（Ko 等，2013 年）。

在转基因改良方面，除了通过导入内源或外源的优良功能基因来提高目标性状外，对于不良性状也可以采用基因沉默技术，使其控制的性状不能表达。澳大利亚在转基因控制黑心病的发生上采用了共抑制技术等基因沉默方法，使转基因植株达到 *PPO* 表达下降，减少黑心病的发生（Ko 等，2013 年）。在防止菠萝自然早花上，采用了共抑制技术来减少内源 *ACACS2* 合成酶的合成，减少体内乙烯的产生，导致显著延迟开花（Trusov 和 Botella，2006 年）。随着菠萝功能基因的逐步鉴定，采用不良性状基因敲除、共抑制、反义 RNA 或 RNAi 等基因沉默技术不失为一种较好的改良策略。

一些研究表明，采用叶基、茎盘等器官和胚性愈伤等多细胞组织为遗传转化受体时，得到的转基因植株存在嵌合体（Sipes 等，2002 年），而使用体胚可降低嵌合体的发生。另外，菠萝转基因植株在表达所转基因控制的性状时，相当大比例的转基因植株表现出非目标性状的改变（Yabor 等，2010 年）。高达 36% 的无刺卡因转基因植株出现如球形果、果基果瘤、叶缘有刺等异常表现（Ko 等，2013 年）。这表明转基因育种需要转基因当代植株群体具有一定的规模，以选择综合性状表现与原始材料相当或更优的转基因单株。

三、DNA 分子标记的育种应用

全球用于菠萝育种的亲本十分有限，特别是多数的品种都有无刺卡因的血统，采用分子标记的方法鉴定品种亲缘关系，可以避免过度近交。ISSR、RAPD、AFLP、SRAP 等通用性 DNA 分子标记，以及开发的菠萝 EST-SSR

和 SSR 标记(Rodríguez 等，2013 年；Feng 等，2013 年)，为鉴定亲本的亲缘和为杂交亲本的选配等提供了技术支持。

与农艺性状连锁的标记，可用于有目的地选择具有主要性状组合的亲本，以减少杂交后代群体的大小；也可用于后代的早期分子鉴定与选择，减少土地、人力、物力和时间的消耗。Carlier 等绘制了菠萝的连锁遗传图谱(Carlier 等，2004 年；Carlier 等，2012 年)。巴西杂交育种在苗期阶段利用分子标定辅助选择鉴定杂交苗对 fusariose 的抗性(de Matos 等，2009 年)。由于对菠萝遗传的研究有限，还未见其他分子标记应用于菠萝育种的报道。菠萝全基因组的测序(Ming 等，2015 年)等遗传基础性的研究将促进开发更多的分子标记，增加连锁群的密度，甚至会达到运用目标性状基因本身的片段作为标记，这将有助于精准鉴定与选择具有优良基因的亲本和杂交后代个体。

第七节　自交系选育与杂种优势利用

一、自交系选育

菠萝是高度杂合的二倍体，自交不结实限制了菠萝的育种效率。Sanewski 提出了利用自交纯合品种作为育种亲本的育种策略(Sanewski 等，2011 年)。自交系选育能增加亲本库理想位点的同源性，能鉴定和去除不理想的隐性位点，有效减小育种后代规模，也有利于通过回交改善不良性状。自交系在转基因改良上也有较高的应用价值，转基因材料自交后经过有性过程能去除转基因过程中的嵌合体干扰。另外，利用杂交育种，亲本双方都是纯系，则 F_1 基因型一致，F_1 当代即可选择株系，能缩短育种时间 3~5 年，育种效率更高。

主要通过两种途径获得自交系：一种是将单倍体加倍成双单倍体，目前菠萝单倍体育种方面的研究进展缓慢；另一途径为克服栽培品种自交不结实的问题而使其产生自交后代。通过自交建立稳定的自交系是一个耗时的过程，每自交 1 次能使 50% 的等位基因纯合，稳定自交系的获得需要自交 6 代以上。

巴西在培育具有抗镰刀菌(*fusarium spp.*)纯合位点和嵌边叶位点的亲本株系时已小规模应用自交方法，利用 Primavera、佩罗莱拉、Roxo de Tef6、无刺卡因等栽培品种自交，选育了一些自交后代基因型进行评价(Pommer 等，2009 年)，希望作为将来的杂交亲本，以降低杂交后代的分离水平(Cabral 等，2009 年)。夏威夷菠萝研究所和澳大利亚有关菠萝自交系选育研究的结果表明，自交后代生活力弱，没有发现可作为亲本使用的育种材料（Sanewski 等，2011 年）。

二、杂种优势利用

近交菠萝品种的异型杂交后代能表现杂种优势，异型杂交与半同胞杂交后代的杂种优势常表现为植株鲜重上的营养生长优势，具有许多原始亲本的不理想的性状（Sanewski 等，2011 年）。利用不同来源的纯系进行杂交，有可能选育出在含糖量、香气等果实品质性状方面超过亲本的理想后代个体。菠萝靠营养繁殖，其优良杂交后代可以通过营养繁殖方式持久保存基因型，从而长期固定杂种优势，而且能通过亲本的重新杂交来防止因长期营养繁殖而导致的种性退化。

第八节　建立高效评价体系

选育新品种的过程是人工对入选育种材料进行性状鉴定和评价的过程，由于育种目标多数性状属于数量性状，受环境影响较大，因此，准确、高效地对育种材料进行鉴定和选择，关系到选育能否成功以及选育时间的长短。

育种的初期，每份育种材料仅有 1 个单株，能用于鉴定的是受环境影响小的性状。如叶刺的有无、果形、果眼的深浅、成熟果皮颜色、成熟果肉颜色等。巴西等国杂交育种时，面对数量庞大的杂交后代 F_1 单株，首先选择质量性状叶缘刺的有无等，在苗期即淘汰了有刺的杂交后代，使育种群体减少一半，随着个体成熟，再选择果形等性状，提高了选择的效率。

育种目标多数性状是产量、品质、地区适应性、季节适宜性等数量性状，主要依靠重复试验来减少环境等因素的误差。根据材料的数量安排试验规模与选择性状的重点，随着育种个体繁殖株数由少到多，逐步鉴定受环境影响较大的性状。品质、抗逆性鉴定可安排在品比试验中，高产稳产、地区适应性、季节适宜性等可安排在区域性试验和生产性试验中。

菠萝基因组已完成测序，随着对农艺性状形成的分子机理的深入研究，特别是果实品质等复杂农艺性状的分子机理的解析，将可以通过对控制性状表达的主效基因进行直接的选择。这种方法将优良基因紧密连锁的 DNA 片段或者优良基因本身的片段作为分子标记来对苗期植株进行分子检测，可以准确鉴定聚合多个优良目标基因的育种后代个体，开展分子设计育种，选择并获得理想的基因型个体，这将显著提高育种效率。

参 考 文 献

[1]Affendi M N, Rozlaily Z. Evaluation of new clones of 'Josapine × 53-116' on Malaysian peat and mineral soil[J]. Pineapple news, 2015(22): 11.

[2]Botella J R, Smith M. Genomics of pineapple, crowning the king of tropical fruits[C]/ Moore P H, Ming R. Genomics of Tropical Crop Plants. New York: Springer, 2008: 441.

[3]Cabot. Practice of pineapple breeding[J]. Acta Hort, 1997, 196: 25-36.

[4]Cabral J, de Matos A P, Junghans D T, et al. Pineapple genetic improvement in Brazil [J]. Acta Hort, 2009, 822: 39-46.

[5]Cabral J, de Matos A P. Imperial, a new pineapple cultivar resistant to fusariosis[J]. Acta Hort, 2009, 822: 47-51.

[6]Carlier J D, Reis A, Duval M F, et al. Genetic maps of RAPD, AFLP and ISSR markers in Ananas bracteatus and A. comosus using the pseudo-testcross strategy[J]. Plant Breeding, 2004, 123(2): 186-192.

[7]Carlier J D, Sousa N H, Santo T E, et al. A genetic map of pineapple (*Ananas comosus* (L.) Merr.) including SCAR, CAPS, SSR and EST-SSR markers[J]. Molecular Breeding, 2012, 29(1): 245-260.

[8]Chan Y K, Tan S L, Jamaluddin S H, et al. Breeding horticultural crops @ Mardi[M]. Malaysian Agricultural Research and Development Institute, 2008.

[9]Chan Y K. Breeding of seed and vegetatively propagated tropical fruits using papaya and pineapple as examples[J]. Acta Hort, 2008, 787: 69-76.

[10]Chan Y K. Hybridization and selection in pineapple improvement: the experience in Malaysia[J]. Acta Hort, 2006, 702: 87-92.

[11]Chan Y K. Pineapple breeding: fulfilling expectations of the global supply chain[J]. Acta Hort, 2011, 902: 109-114.

[12]Coppens D. Pineapple breeding at CIRAD. II. Evaluation of 'Scarlett', a new hybrid for the fresh fruit market as compared to 'Smooth Cayenne'[J]. Acta Hort, 2002, 529: 155-163.

[13]D Eeckenbrugge G, Sanewski G, Smith M, et al. Ananas[C]/KOLE C. Wild Crop Relatives Genomic and Breeding Resources. 2011: 21-41.

[14]de Matos A P, Reinhardt D H. Pineapple in Brazil: characteristics, research and perspectives[J]. Acta Hort, 2009, 822: 25-36.

[15]de Souza E H, de Carvalho Costa M A P, Santos-Serejo J A, et al. Selection and use recommendation in hybrids of ornamental pineapple[J]. Revista Ciência Agronômica, 2014, 45(2): 409-416.

[16]Feng S, Tong H, Chen Y, et al. Development of pineapple microsatellite markers and germplasm genetic diversity analysis[J]. Biomed Res Int, 2013, 2013: 317912.

[17]Firoozabady E, Moy Y. Regeneration of pineapple plants via somatic embryogenesis and organogenesis[J]. In Vitro Cellular & Developmental Biology - Plant, 2004, 40(1): 67-74.

[18]Ibrahim R, Hamzah A, Jam Z J, et al. Gamma irradiation-induced mutation for the improvement of Josapine pineapple against bacterial heart rot disease and improved fruit quality[C]/Proceedings of an International Joint FAO/IAEA Symposium, 2008, Vienna, Austria, 2009.

[19]Issali A, Nguessan A B, Thiemele D, et al. Inter-fertility among female parent clones of pineapple involved in A 6x6 complete diallel crossing system based on typological approach[J]. African crop science journal, 2013, 21(3): 245-254.

[20]Ko H L, Campbell P R, Jobin-D E Cor M P, et al. The introduction of transgenes to control blackheart in pineapple (*Ananas comosus* L.) cv. Smooth Cayenne by microprojectile bombardment[J]. Euphytica, 2006, 150(3): 387-395.

[21]Ko L, Eccleston K, O Hare T, et al. Field evaluation of transgenic pineapple (*Ananas comosus* (L.) Merr.) cv. 'Smooth Cayenne' for resistance to blackheart under subtropical conditions[J]. Scientia Horticulturae, 2013, 159(0): 103-108.

[22]Ko L, Hardy V, Jobin-D E Cor M, et al. The introduction of transgenes to control blackheart in pineapple: biolistics vs Agrobacterium transformation[C]/Contributing to a Sustainable Future. Proceedings of the Australian Branch of the IAPTC&B, Perth, Western Australia. September, 2005: 21-24.

[23]Lapade A G, Veluz A M S, Santos I S. Genetic improvement of the Queen variety of pineapple through induced mutation and in vitro culture techniques[C]/Internl Symp IAEA and Food Agric Org of the UN, IAEA. Proc Induced Mutations and Molec Techn for Crop Improvement, Vienna, 1995.

[24]Loison-Cabot C, Lacoeuilhe J J. A genetic hybridization programme for improving pineapple quality[J]. Acta Hort, 1990, 275: 395-400.

[25]Lokko Y, Amoatey H. Improvement of pineapple using in vitro and mutation breeding techniques[C]/M. S R, Asad S, Zafar Y, et al. In vitro techniques for selection of radiation induced mutations adapted to adverse environmental conditions. 2001: 25-29.

[26]Ma J, He Y H, Wu C H, et al. Effective Agrobacterium——mediated transformation of pineapple with CYP1A1 by kanamycin selection technique[J]. African Journal of Biotechnology, 2014, 11(10): 2555-2562.

[27]Mhatre M, Nagi L, Ganapathi T R. Agrobacterium-mediated transformation of pineapple (*Ananas comosus* L. Merr.) leaf bases with MSI-99, a magainin analogue[J]. International Journal of Fruit Science, 2009, 9(1): 106-114.

[28]Mhatre M. Agrobacterium mediated genetic transformation of pineapple (*Ananas como-

sus L. , Merr.)[C]/Lambardi M, Ozudogru E A, Jain S M. Protocols for Micropropagation of Selected Economically-Important Horticultural Plants. Methods in Molecular Biology (Methods and Protocols). Totowa, NJ: Humana Press, 2012: 435-453.

[29]Ming R, VanBuren R, Wai C M, et al. The pineapple genome and the evolution of CAM photosynthesis[J]. Nat Genet, 2015, 47(12): 1435-1442.

[30]Miriam I, Reinerio B, Aroldo C, et al. Application of biotechnology techniques in pineapple improvement in Cuba[J]. Pineapple News, 2002(9): 20.

[31]Mujib A. Colchicine induced morphological variants in pineapple[J]. Plant Tissue Cult. & Biotech, 2005, 15(2): 127-133.

[32]Osei-Kofi F, Amoatey H M, Lokko Y. Improvement of pineapple (*Ananas comosus* (L) Merr.) using biotechnology and mutation breeding techniques[C], 1996.

[33]P E Rez G, Yanez E, Mbogholi A, et al. New pineapple somaclonal variants: P3R5 and dwarf[J]. Am J Plant Sci, 2012, 3: 1-11.

[34]Pérez G, Mbogholi A, Sagarra F, et al. Morphological and physiological characterization of two new pineapple somaclones derived from in vitro culture[J]. In Vitro Cellular & Developmental Biology - Plant, 2011, 47(3): 428-433.

[35]Pérez G, Yanes E, Isidrón M, et al. Phenotypic and AFLP characterization of two new pineapple somaclones derived from in vitro culture[J]. Plant Cell, Tissue and Organ Culture, 2009, 96(1): 113-116.

[36]Perezl E. A. , Mal H. , Melzerl M. J. Development of transgenic pineapple plant with resistance to PMWaV-2[J]. Pineapple News, 2006, 13.

[37]Pinho Guedes N M, Maria J, Zambolim L, et al. Protoplast isolation of *Ananas comosus* (L.) Merr. cv 'Perolera'[J]. Acta Hort, 1997, 452: 259-265.

[38]Pommer C V, Barbosa W. The impact of breeding on fruit production in warm climates of Brazil[J]. Rev. Bras. Frutic. , Jaboticabal, 2009, 31(2): 612-634.

[39]Prakash J, Bhattacharyya S, Chattopadhyay K, et al. PQM-1: A newly developed superior clone of pineapple for northeastern India as evident through phenotype, fruit quality and DNA polymorphism[J]. Scientia Horticulturae, 2009, 120(2): 288-291.

[40]Reinerio B, Julia M, Elizabeth A, et al. Production of pineapple *ananas comosus* (l.) Merr haploid plants through anther and isolated ovule culture[J]. pineapple News, 2002 (9).

[41]Rodríguez D, Grajal-Martín M J, Isidrón M, et al. Polymorphic microsatellite markers in pineapple (*Ananas comosus* (L.) Merrill)[J]. Scientia Horticulturae, 2013, 156: 127-130.

[42]Rohrbach K G, Leal F, Geo C D. History, distribution and world production[C]/Bartholomew D, Paull R, Rohrbach K. The pineapple: botany, production and uses. CABI Publishing, 2003.

[43]Sanewski G M, Smith M K, Pepper P M, et al. Review of genetic improvement of pine-

apple[J]. Acta Hort, 2011, 902: 95-108.

[44]Sanewski G, DeFaveri L K A J. Genetic resistance to the root rot pathogen phytophthora cinnamomi in Ananas[C]/8th International Pineapple Symposium, Brisbane, Australia, 2015.

[45]Sanewski. G M. Skin Russeting in the Pineapple Variety 73-50[J]. Pineapple News, 2007(14): 9-12.

[46]Scherera R F, Olkoskia D, Souzab F V D, et al. Gigante de Tarauacá: A triploid pineapple from Brazilian Amazonia[J]. Scientia Horticulturae, 2015, 181: 1-3.

[47]Sipes B, Nagai C, McPherson M, et al. Pineapple genetically modified for resistance to plant-parasitic nematodes [C]/2002 APS Annual Meeting, Milwaukee, Wisconsin, 2002.

[48]Smith M K, Ko H L, Sanewski G M, et al. 5. 1 *Ananas comosus* pineapple[C]/Litz R E. Biotechnology of fruit and nut crops. CABI Pub. , 2005: 158-172.

[49]Smith M K, Ko H, Hamill S D, et al. Pineapple transformation: managing somaclonal variation[J]. Acta Hort, 2002, 575: 69-74.

[50]Soneji J R, Rao M N. Genetic Engineering of Pineapple[J]. Transgenic Plant Journal, 2009, 3(1): 47-56.

[51]Sripaoraya S, Keawsompong S, Insupa P, et al. Genetically manipulated pineapple: transgene stability, gene expression and herbicide tolerance under field conditions[J]. Plant breeding, 2006, 125(4): 411-413.

[52]Sripaoraya S, Marchant R, Power J B, et al. Plant regeneration by somatic embryogenesis and organogenesis in commercial pineapple (*Ananas comosus* L.)[J]. In Vitro Cellular & Developmental Biology-Plant, 2003, 39(5): 450-454.

[53]Sripaoraya S, Reinhardt D, Others. Pineapple hybridization and selection in Thailand [J]. Acta Hort, 2009, 822: 57-62.

[54]Trusov Y, Botella J R. Delayed flowering in pineapples (*Ananas comosus* (L.) Merr.) Caused by Co-Suppression of the *ACACS2* Gene [J]. Acta Hort, 2006, 702: 29-36.

[55]Wang M L, Uruu G, Xiong L, et al. Production of transgenic pineapple (Ananas cosmos (L.) Merr.) plants via adventitious bud regeneration[J]. In Vitro Cellular & Developmental Biology - Plant, 2009, 45(2): 112-121.

[56]Yabor L, Valle B, Carvajal C, et al. Characterization of a field-grown transgenic pineapple clone containing the genes chitinase, AP24, and bar[J]. In Vitro Cellular & Develop mental Biology-Plant, 2010, 46(1): 1-7.

[57]Yapo E S, Kouakou T H, Kone M, et al. Regeneration of pineapple (*Ananas comosus* L.) plant through somatic embryogenesis[J]. Journal of Plant Biochemistry and Biotechnology, 2011, 20(2): 196-204.

[58]Zhao W, Yang W, Wei C, et al. A simple and efficient method for isolation of pineapple protoplats[J]. Biotechnol. & Biotechnol. Eq. , 2011, 25(3): 2464-2467.

[59]官青杉. 中国台湾的菠萝品种[J]. 世界热带农业信息，2008(12)：27-28.

[60]广东省农业科学院果树研究所. 菠萝及其栽培[M]. 北京：轻工业出版社，1987.

[61]何业华，方少秋，胡中沂，等. 菠萝体细胞胚发育过程的形态学和解剖学研究[J]. 园艺学报，2012，39(1)：57-63.

[62]何业华，方少秋，卢敏，等. 菠萝胚性细胞悬浮系的建立[J]. 园艺学报，2009，36(S)：1938.

[63]何业华，方少秋，马均，等. 菠萝愈伤组织中体细胞胚起源过程的组织细胞学观察[J]. 园艺学报，2010，37(5)：689-696.

[64]何业华，罗吉，吴会桃，等. 菠萝叶基愈伤组织诱导体细胞胚[J]. 果树学报，2007，24(1)：59-63.

[65]何业华，张雅芬，夏靖娴，等. 菠萝抗寒细胞株系的筛选[C]/中国园艺学会. 中国园艺学会 2014 年学术年会文集，中国，南昌，2014.

[66]梁雪莲，陈晓玲，Cheah Kheng，等. 从菠萝薄细胞层切片直接诱导体细胞胚[J]. 园艺学报，2009，36(11)：1597-1602.

[67]栾爱萍，何业华，郭翠红，等. 甲基化抑制剂在菠萝体细胞胚发生同步化调控中的作用[C]/中国园艺学会. 中国园艺学会 2015 年学术年会论文集，中国，厦门，2015.

[68]罗吉，何业华，吴会桃，等. 菠萝体细胞胚发生的研究[C]/2005 年植物分子育种国际学术研讨会论文集，中国，三亚，2005.

[69]吴宣. 菠萝新品种——金香菠萝[J]. 农村新技术，2014(09)：40.

[70]赵文振，沈雪玉. 菠萝栽培[M]. 北京：农业出版社，1987.

第四章 生殖生理与品质调控

　　菠萝植株生长到一定的叶片数(即达到花熟状态)后，就可以通过使用植物生长调节剂控制开花时间，从而使果实分批上市，以达到周年均衡供应的目的。花芽分化的时间、数量和质量与菠萝果实的品质和产量密切相关，而菠萝的品质将直接影响菠萝产业的经济和社会效益。生殖生理和品质形成均是复杂的过程，是内在遗传特性、外界环境因子和栽培措施等因素共同作用的结果。目前主要进行了菠萝花芽分化调控的生理机理及技术措施、品质指标的测定以及糖代谢的生理机理研究，成花的分子调控机理及果实营养物质的代谢途径尚不清楚。因此，分析不同促花剂和开花抑制物质对菠萝开花相关基因的调控模式、栽培技术措施诱导菠萝成花的分子机制和分子途径、营养与风味物质代谢关键基因的功能分析及表达调控机制、可控环境下果实风味物质和特殊营养物质的形成及其响应机制将成为菠萝花果研究中的重点和热点。最终阐明果实成花机理和主要品质指标的代谢机理，为菠萝优质高效栽培技术提供科学依据。

第一节　成花诱导与花芽分化

　　开花是有性繁殖的第一步，是所有种子植物生活史中共有的一个极其重要的环节。菠萝开花主要分为两大类：①自然开花，即在未施用植物生长调节剂的情况下，菠萝植株进行花芽分化的现象。自然开花又存在两种情况，一种是正常的自然开花(指植株已达到了一定苗龄，叶片数和植株重已经达到能够生产商品果的程度)，另一种是早花现象(指植株的叶片数和株重还没有达到生产商品果所需的量就已经开花)。②诱导开花，即利用化学或物理刺激来诱导菠萝植株开花。

一、花芽分化时期

不同菠萝品种在不同地区花芽分化时期不同。1934—1935 年美国夏威夷无刺卡因形态分化期始于 12 月下旬，2 月上、中旬结束，从形态发育到整个花序分化形成需 37 d。台湾南部无刺红皮的花芽分化期，大约从 11 月 20 日开始至 12 月 20 日结束共需 40 d 左右。无刺卡因及沙捞越菠萝的花芽形态分化期较无刺红皮迟，分别始于 12 月 5 日和 12 月 20 日，至翌年 1 月 20 日结束，为期 30～40 d。1961 年广州市无刺卡因花芽分化始于 11 月下旬，至翌年 1 月上旬结束。2008—2009 年湛江地区菠萝的花芽分化始于 12 月中旬至下旬，花器官分化期在 1 月中旬至 2 月中旬(刘胜辉，2009 年)。

二、花芽分化过程

关于菠萝花芽的形态分化，国内外都做了初步的研究。Kerms 等(1936 年)用石蜡切片法分析了菠萝生长组织的宽度与花芽分化形态的关系，花芽形态分化前的叶芽时期，茎尖生长点分生组织呈狭小的圆拱形；当转向花芽形态分化时茎尖生长点分生组织的宽度显著增宽，第一行小花形成后生长点开始变窄，直至整个花序花芽形态分化完成后，生长点的平均宽度又恢复到叶芽期状态。Bartholomew(1977 年)用扫描电镜对用乙烯利催花后的无刺卡因菠萝的花芽分化进行了观察，花序分化的第一个结构是总苞片，苞片形成后 3 个萼片原基和花瓣原基，很快又形成 6 个雄蕊，然后这几部分向上伸长，形成一个空穴，最终闭合，在里面形成 3 个心皮。第一朵小花分化完成后，茎尖变窄，果梗开始延长。同时第二轮小花的各个花器官依次发生，直到催花 30～40 d 后，花芽停止分化，冠芽形成，总苞片变红。赵文振和沈雪玉将菠萝的花芽分化过程分为 4 个时期：①未分化期。生长点狭小而尖，心叶紧叠不开展，叶片基部呈表绿色。②花芽开始分化期。生长点圆宽而平，向上突起延伸。心叶疏松开展，叶片基部由青绿色转为黄绿色。③花芽形成期。生长点周围形成许多小突起，小花、花序的原始体形成。叶片随着花芽发育膨大而束成一丛，叶基部由黄绿色变为淡红色的晕圈。④抽蕾期。冠芽、裔芽原始体形成，向上伸展。心叶发红是抽蕾的征兆。

刘胜辉(2009 年)观察发现，湛江无刺卡因的花芽分化是先形成花序，形成花序的总苞片后，顺着花序轴分化出许多小花原基，从下至上一层一层依次分化出小苞片、萼片、花瓣、雄蕊、雌蕊，直至最后一朵小花分化结束，冠芽原始体形成，茎尖又恢复到未分化前的水平。在小花分化和形成的同时花梗也迅速伸长。把菠萝花芽分化分为4个时期(图4-1)：①未分化期。12月中旬以前仍处于营养生长状态，茎尖组织被叶片紧密包围，生长点扁平而窄。②花序分化期。12月中旬至下旬，茎顶分生组织的外皮及内皮细胞核分裂旺盛，染色较深，茎尖增阔，并向上突起，叶原基发生终止，开始发生花序原基，于1月上旬至中旬总苞片开始形成。③花器官分化期。1月中旬至2月中旬为小花分化期，小花由外向内依次分化出小苞片、萼片、花被、雄蕊、雌蕊等原基(图4-2)。④冠芽形成期。2月中旬至下旬，冠芽原始体形成，茎尖恢复到未分化期水平。

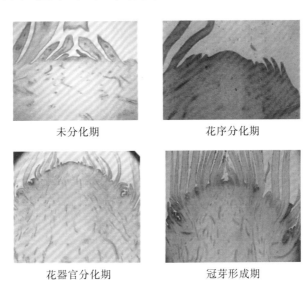

未分化期　　　　　　　花序分化期

花器官分化期　　　　　　冠芽形成期

图 4-1　菠萝花芽组织切片图(刘胜辉，2009 年)

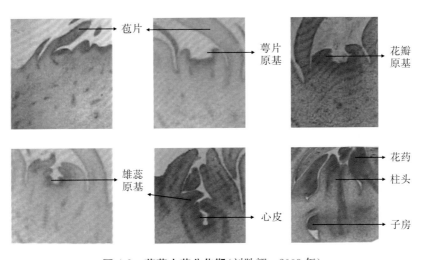

苞片　　萼片原基　　花瓣原基

雄蕊原基　　心皮　　花药　柱头　子房

图 4-2　菠萝小花分化期(刘胜辉，2009 年)

三、花芽分化的影响因素

1. 温度

温度对菠萝花芽分化有着重要的影响。在我国台湾,部分地区经常会受大陆性气候冷空气影响,低温会使顶端分生组织释放乙烯(C_2H_4)来诱导自然开花。Friend 的研究表明,当给予夜温为 20℃(持续 16 h)时,无刺卡因开花最快;当夜温为 15℃或 25℃时开花最慢,而当夜温为 30℃时,菠萝 3 年都不开花;当夜温为 15℃时,花数量最多,果实最大。Bartholomew 和 Malezieux 认为,气温低于 15～17℃可促进菠萝自然开花。在夏威夷 11 月至翌年 1 月,夜温只要低于 15℃持续一段时间,就能促进花芽自然分化。Sanewski 则观察到菠萝植株在气温低于 20℃,持续 10～12 周的情况下,无刺卡因的自然开花率为 100%,而气温为 10℃或 15℃持续 12 周,则不能诱导菠萝开花。Sanewski 的研究表明,持续 20℃比昼温、夜温分别为 20℃、15℃或 25℃、15℃持续 64 d 更有利于诱导开花。昼温、夜温分别为 25℃、20℃比 20℃持续 64 d 更有利于花芽分化(Bartholomew 等,2003 年)。说明对于无刺卡因,夜温 20℃比夜温低于 20℃更利于花芽分化;当夜温是 20℃时,白天温度为 25℃或 20℃均有利于花芽分化(Bartholomew 等,2003 年)。有学者指出,低温,尤其是低夜温,与有机酸代谢有关,可增加游离生长素的含量从而促进开花,也有可能是低温促进了菠萝茎尖和叶基部组织中乙烯的产生,从而降低了植株对短日照的需要(Min 等,1997 年)。黄隆军认为,气温较高时,影响无刺卡因菠萝的抽蕾率。

Maruthasalam 等(2010 年)研究发现,冷水处理菠萝有利于乙烯的产生。用短时间的冷胁迫处理茎尖可以诱导菠萝开花。冷处理茎尖后,产生的乙烯量是对照的 2 倍,而且茎尖显著高于 D 叶,施用 0.1%的碳化钙或 0.15%的乙烯以间隔 48 h 的使用频率施用 2 次能诱导台农 17 的生殖生长。而且 0.5%的活性炭与 0.5%或 1.0%的碳化钙一起使用可显著提高碳化钙的诱导率。用 500 g 冰或 500 g 冰水处理 4 次能诱导菠萝开花,但 500 g 冰水处理的效果比 500 g 冰的效果更好。

近来的研究表明,在菠萝叶片中有许多基因编码 ACC 合成酶,它能产生 1-ACC,1-ACC 是乙烯合成的前体,编码 ACC 合成酶的基因受温度的调控,同时也受外源激素调控,叶片受伤的结果会激活 ACC 合成酶基因。这可能是根据温度持续的时间和强度来启动乙烯产生,并通过影响激素和伤诱导途径来诱导开花(Bartholomew 等,2003 年)。

2. 光照

对于不同的菠萝品种，光照在成花过程中所起的作用不同。Friend认为，无刺卡因是相对短日植物，但没有明显的日照长度的临界值。Cabezona对日长变化反应不大，而 Red Spanish 对光周期的刺激无任何反应。Van Overbeek 认为低夜温是导致 Red Spanish 在冬季长日照下开花的真正原因。

3. 植株本身的生理状态

自然开花虽然受上述环境因素影响较大，但植株达到一定的大小（即花熟状态）是一个必需的条件，营养状况好的植株比因低温、缺素、水分胁迫而生长受阻的植株更容易启动花芽分化。与其他作物类似，过于旺盛的营养生长会降低植株对成花刺激的敏感度，从而抑制或延迟菠萝开花。因此，营养生长与生殖生长的平衡非常重要，在植株达到花熟状态以后，减少营养、水分供应，低温及短日照等抑制营养生长的措施，都会刺激花芽分化。

4. 品种特性

品种之间也存在一定的差异。Kuan（2005年）认为，植株品种间对乙烯敏感性的差异对于自然开花的影响最大，其次才是气候条件和栽培措施。无刺卡因不敏感，而金菠萝（73-114）及台农18则非常敏感。在广东湛江地区，当无刺卡因植株质量大于3 000 g时，自然开花率均在90%以上。而金菠萝因栽培时期不同自然开花率也不同，定植于4～6月表现出较高的自然开花率，8～10月种植的自然开花率仅有50%左右。巴厘菠萝的自然开花率较低，台农17、台农13、Perola容易自然开花。所以苗的大小、定植时间等因素都会影响自然开花。

5. 内源激素

菠萝的成花，还受内源激素的影响。生长素和乙烯均可以作为成花诱导剂，"生长素-乙烯"的相互作用之间存在很明显的矛盾，Burg认为，植物茎顶端分生组织本身存在高浓度的吲哚乙酸（IAA），起促进开花的作用。为了诱导开花，就必须提供某种能提高茎尖水平的IAA物质，并使之在一定的时间内能维持一定的浓度，以满足开花的需要。Gowing认为，外源生长素能将内源生长素（IAA）从其活性位点转移至顶端分生组织，改变茎尖生长素水平，从而促进开花。Castro则认为，乙烯使植株营养生长点对内源生长素更加敏感，而目前的研究表明，高浓度的生长素能提高植物ACC合成酶（ACS）的活性，从而促进乙烯的形成，而萘乙酸（NAA）正是通过刺激内源乙烯的形成从而促进菠萝开花的。刘胜辉（2009年）的研究表明，高水平的乙烯和脱落酸（ABA）促进菠萝花芽分化的起始，较低水平的内源IAA、赤霉素（GA_3）也有利于花芽分化的起始，而较高水平的内源生长素、赤霉素和玉米素（ZT）有利于花器官的形成。

四、成花诱导机理

1. 促进菠萝花芽分化的机理

乙烯、乙烯利、乙炔、碳化钙（CaC_2）、萘乙酸、BNA（β-naphylacetic acid）、BOH（β-hydroxyethyl hydrazine）等多种化学物均可诱导菠萝提早开花，并确认 NAA/BNA 是通过诱导内源乙烯的生物合成发挥作用的。乙烯利通过分解释放乙烯以及诱导内源乙烯的合成发挥作用，碳化钙与水反应可以释放出乙炔，也可以诱导菠萝开花，与乙烯效果基本相似（Bartholomew 等，2003年）。乙炔作为具有乙烯生物活性的类似物，在诱导菠萝开花方面，具有与乙烯相同的功能，但外施乙炔是否也通过诱导内源乙烯的合成而发挥作用，目前尚未可知。通常认为催花时加入活性炭可以促进乙烯的催花效果，但 Poel 等人（2009年）认为，只有活性炭的浓度达到 5%，才有利于增加乙烯的吸收。然而，近来 2 个研究表明，0.5% 的活性炭可以提高乙烯、乙烯利和碳化钙的效果（Maruthasalam 等，2010年），而高浓度的活性炭可以降低催花效果，可能是由于减少或推迟了被高浓度的碳分子捕获的乙烯的释放（Maruthasalam 等，2010年）。

高水平的乙烯和脱落酸、低水平的吲哚乙酸和赤霉素，有利于花芽分化。外施乙烯利能促进菠萝花芽分化，可能是由于增加了细胞内乙烯含量或促进了内源乙烯的生物合成（刘胜辉等，2010年）。Min 和 Bartholomew 认为，乙烯在花芽分化启动阶段发挥关键性的作用，而赤霉素则可能参与了花器官的发育。在白天 30℃、夜晚 20℃ 的环境中，施用乙烯利 24 h 后，大约有 60% 的乙烯利可以通过叶表皮细胞和气孔进入叶肉细胞。用乙烯利处理促进了茎尖和 D 叶基部中的内源乙烯和脱落酸的生成，降低了吲哚乙酸、赤霉素和玉米素含量，促进了菠萝花芽分化，但乙烯利处理并不影响进入小花分化期后乙烯的释放；当花芽分化启动后，乙烯、脱落酸的含量下降，但吲哚乙酸、赤霉素和玉米素的含量则上升，说明高水平的乙烯和脱落酸及较低水平的赤霉素、吲哚乙酸、玉米素有利于菠萝的成花，而较高水平的赤霉素、吲哚乙酸、玉米素及低水平的乙烯和脱落酸有利于菠萝小花的分化和发育（刘胜辉等，2010年）。乙烯利处理 24 h 后，芽中蔗糖和果糖的含量开始上升，60 h 后蛋白质水平上升，碳水化合物和游离脯氨酸的含量分别在 48 h、60 h 达到高峰（Avila 等，2005年）；幼果形成期叶片中大多数游离氨基酸含量呈下降趋势。外施乙烯或乙烯利能够诱导菠萝提早开花，菠萝开花前叶片基部的白色组织能够产生乙烯（Min 等，1996年）。

以台农 16 号为研究对象，张治礼等（2012年）发现，乙烯利处理后 60 h

芽生长点及 D 叶中的赤霉素和吲哚乙酸含量均下降到最低值，乙烯含量则达到最高峰，这与 Liu 等（2011 年）的报道有较大差异，推测可能是由于试验所用品种或气候条件不同所致。

对成功克隆的 3 个菠萝 ACC 合成酶基因的表达研究发现，能够诱导开花的因素都可以诱导顶端分生组织中 *ACACS2* 的表达，推测 *ACACS2* 可能与开花有关。*ACACS2* 基因沉默显著推迟了菠萝的开花时间，*ACACS2* 基因可能在启动菠萝自然开花方面发挥着重要作用。Lv 等（2012 年）研究发现，菠萝 *AcPI* 基因（HQ717796）在乙烯利催花处理后 40 d 表达量达峰值，推测其可能在菠萝花器官形成和果实发育中发挥重要作用，但具体的分子机理目前尚不清楚。

2. 抑制菠萝花芽分化的机理

正常情况下，菠萝在种植 1 年后可达到生理成熟，如果施用促花剂或采取适当的栽培措施可诱导菠萝开花。由于菠萝花芽分化的影响因素较多，在催花前通常会有 5%～30% 的菠萝提前"自然开花"，特定条件下可以达到 70%（Min 和 Bartholomew，1996 年）。菠萝开花时间不一致将严重打乱栽培者的收获计划和市场供应计划，造成严重的经济损失。因此，控制和阻止菠萝提前自然开花也是菠萝商业化种植中的另一个重要技术难题。

AOA（Aminooxyacetic acid）、daminozide[butane dioic acid mono-(2,2-dimethylhydrazide)]、STS(silverthiosuⅡate)（抑制乙烯生物合成或乙烯生理活性）和赤霉素都不能延迟或阻止菠萝自然开花。而 CPA[2-(3-chlorophe-noxy) propionic acid]、多效挫（PP$_{333}$）和烯效唑却能抑制花芽分化（Min 等，1996 年）。多效唑和烯效唑处理可以抑制菠萝叶片基部白色部分的生长、乙烯的生物合成和 ACC 氧化酶活性，这可能是多效唑和烯效唑延迟菠萝自然开花的主要原因，但关于 CPA 的作用机制目前仍不清楚（Min 和 Bartholomew，1996 年）。AVG(Aviglycine)是 ACC 合成酶活性的抑制剂，可以抑制植物内源乙烯的生物合成，施用 AVG 可以推迟台农 17 号和台农 18 号菠萝的自然开花时间（Kuan 等，2005 年），但推迟效果与施用次数和浓度有关（Wang 等，2007 年）。关于 AVG 推迟台农 17 号菠萝自然开花的生理基础和对其他品种菠萝的影响，目前尚无进一步的报道。

有研究表明，施用 1 mg/L 的硝酸银，每间隔 30 d 施一次，连续施用 3 次即可使自然开花率由原来的 50% 降低至 27%，可能是由于硝酸银能抑制菠萝植株乙烯的产生。

五、菠萝催花的技术措施

最早(1885年)人们发现烟熏可以促进菠萝开花，20世纪30年代确定烟熏的有效成分为乙烯，随后人们发现生长素类物质也能诱导开花。30年代美国夏威夷的果农使用乙烯或乙炔气给菠萝催花，40年代发现生长素也有催花作用，人们开始用萘乙酸催花。据报道，萘乙酸、2,4-D、琥珀酸、乙烯利、乙烯、乙炔、碳化钙(电石)、羟基乙腈和β-羟基乙腈都具有催花作用，但乙烯、乙炔、碳化钙、乙烯利使用得较多(Bartholomew等，2003年)。乙烯和乙炔气需要特殊的加压装置，要将其溶解于水后才能使用，多应用于机械化程度高的果园。乙烯是最有效的催花剂，但在台湾，小规模的农场主更喜欢用廉价且方便使用的碳化钙，乙烯利常用的浓度范围为$200 \sim 1\,000$ mg/L，具体使用浓度根据品种来决定。在乙烯利溶液中加入$2\% \sim 3\%$的尿素可以促进乙烯降解和小花分化，提高催花效果，提高乙烯利溶液的pH值可以加速乙烯的释放，加入碳酸钙($CaCO_3$)等弱碱性物质，可以显著降低乙烯利的使用浓度。刘胜辉(2009年)研究发现，400 mg/L的乙烯利＋2%的尿素可诱导温室内盆栽无刺卡因100%成花，但对大田栽培的无刺卡因催花效果欠佳。大田栽培试验中，经400 mg/L的乙烯利＋2%的尿素处理后，湛江南亚热带作物研究所无刺卡因的抽蕾率为87.5%，雷州丰收公司的抽蕾率仅为70.5%。在催花溶液中加入0.04%的碳酸钙后，50 mg/L的乙烯利＋2%的尿素可使大田栽培的无刺卡因抽蕾率增加到92.5%。200 mg/L的乙烯利＋2%的尿素可诱导100%的珍珠品种成花，是珍珠品种夏季催花的最佳浓度。乙烯利催花后菠萝的抽蕾率与浓度成正相关，但是随着乙烯利浓度的增加，珍珠与无刺卡因果实形状发生改变、小果数减少、平均单果重降低，但对可溶性固形物、可滴定酸等内在品质无明显的影响。Hazarika和Mohan报道了用25 mg/L的乙烯利＋0.04%的碳酸钙＋2%的尿素可以显著增加Kew的抽蕾率。刘胜辉(数据未发表)采用$20 \sim 40$ mg/L的乙烯利＋0.04%的碳酸钙对金菠萝进行催花处理，发现小果数比不加碳酸钙的处理($400 \sim 1\,200$ mg/L的乙烯利)多15%，果形指数(纵径/横径值)高15.5%；果实重与冠芽重的比值在$6.48 \sim 7.2$之间，而$400 \sim 1200$ mg/L的乙烯利处理后果实重与冠芽重比值在$4.28 \sim 4.65$之间。在台湾，碳化钙催花的效果优于乙烯利。张清勤发现，台农4号菠萝的催花效果以1%的碳化钙最好且稳定，而且正常果比率最高，乙烯利次之，萘乙酸效果最差。低浓度的萘乙酸($15 \sim 20$ mg/L)促进菠萝开花，高浓度的则抑制开花，萘乙酸催花的抽蕾率和整齐度不及乙烯利，在接近自然分化期使用效果较好。

Maruthasalam等(2010年)研究发现，用短时间的冷胁迫处理茎尖可以诱导菠萝开花，施用 0.1％的碳化钙或 0.15％的乙烯以间隔 48 h 的频率施用 2 次能诱导台农 17 的生殖生长，0.5％的活性炭与 0.5％或 1.0％的碳化钙一起使用更有利于诱导菠萝开花，用 500 g 冰或 500 g 冰水处理 4 次对诱导菠萝开花的效果更好。

黄隆军研究发现，日均温 17.4～21.7℃，用乙烯利 600 倍液对无刺卡因催花，抽蕾率达 100％；催花前 7 d 及催花后 7 d，日均温 24.8℃时用乙烯利 460 倍液＋1.7％的尿素＋0.17％的硼砂催花，抽蕾率也达 100％；催花前 7 d 及催花后 7 d，日均温 25.6℃、27.5℃时，用乙烯利 428 倍、600 倍液催花，抽蕾率分别为 99％和 79.5％。月平均气温≥35℃时将影响抽蕾率。高温条件下用乙烯利 330～370 倍液催花，可以提高菠萝抽蕾率。刘胜辉等（2009 年）对珍珠菠萝的研究表明，用乙烯利在夏季进行催花的最佳浓度为 200 mg/L，随着浓度的增加，菠萝果实变小。但在金菠萝的催花试验中，随着乙烯利浓度的增加，菠萝果实的重量反而增加（数据未发表）。Liu 等（2011 年）采用饱和吸附乙烯的沸石分子筛对巴厘菠萝进行催花，0.1～0.2 g 即可 100％诱导开花，畸形果率低于乙烯利催花，且采收时菠萝的小果数及单果重均高于乙烯利。此方法仅适用于对乙烯催花敏感的菠萝品种，如珍珠、佩罗莱拉等。

菠萝是景天酸代谢（CAM）植物，气孔一般在晚上至清晨开放，无论何种催花方式，最佳的催花时间都是晚上 8 点至翌日早上 5 点，另外高温等一切不利于自然成花的因素均能影响菠萝的催花效果，一般认为高温会引发较强烈的脱羧反应，使叶片中的二氧化碳浓度增加从而抑制开花，通常环境温度低于 28℃时有利于菠萝成花。

第二节　果实发育

一、果实发育的规律和特点

果实发育通常指从受精开始到果实衰老、死亡的全部过程。果实开始成熟以前的时期称为生长，果实生长实际上是细胞分裂与膨大、营养积累及转化的过程。果实的生长类型可以分为：单 S 形、双 S 形和三 S 形 3 种类型。菠萝果实的生长类型属于单 S 形曲线，果实从开花后受精起开始发育至成熟需 80～130 d，大体上可划分为 3 个时期：幼果期（开花后受精到花后 20 d）、迅速生长期（花后 20 d 到花后 90 d）和成熟期（花后 90 d 到果实采收）。成熟期又可分为青熟期、黄熟期和过熟期（张秀梅等，2010 年）。

　　果实的发育过程因品种不同而有所差异。开花坐果以后，果实经过一系列的细胞分裂和膨大，表现出一定的生长动态，这一生长动态主要用果实的纵横经、体积、鲜重、干重来衡量。夏季采收的不同品种菠萝，果实的单果重和相对生长率有着相似的变化规律(图4-3；张秀梅等，2011年)，从开花到花后40 d，果实的相对生长率迅速上升并达到生长峰值，之后，相对生长率逐渐降低，到成熟时相对生长率几乎为零。说明从始花至花后30 d这段时间内，菠萝果实的相对生长率较低，此为幼果期；而花后30 d至采前10 d，相对生长率较高，为果实的迅速生长期，对果实的重量贡献最大，是果实的产量形成期；采前10 d至果实采收，此期生长速率很低，是果实的成熟期，虽然此期果实的单果重变化不大，但却是果实营养成分积累的重要时期，为果实品质形成的关键期。从果实发育过程来看，幼果期(0～30 d)果实生长较缓，迅速生长期(巴厘为30～70 d；无刺卡因为30～80 d)果实生长加快，成熟期(巴厘为70～80 d，无刺卡因为80～90 d)果实生长又减缓，整个生长周期仅有一个生长高峰，符合单S形曲线模型。

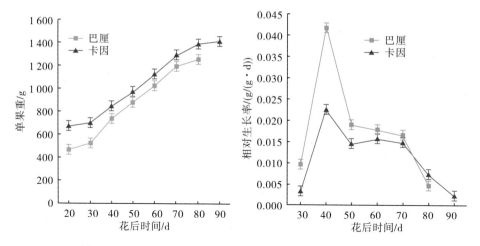

图 4-3　不同品种果实发育过程中的单果重和相对生长率的变化

　　在果实发育过程中，不同品种间果实的单果重和相对生长速率大小有差异。夏季采收的巴厘，果实的相对生长率在花后70 d前明显高于无刺卡因，花后70 d后却低于无刺卡因。在果实整个发育过程中，无刺卡因的单果重明显高于巴厘，且两个品种的花后30～70 d都是果实生长的重要阶段，也是产量形成的关键时期(张秀梅等，2011年)。

　　不同时期采收的无刺卡因果实的单果重变化规律如图4-4所示(张秀梅等，2011年)，夏季果实发育为典型的单S形发育规律(慢—快—慢)，冬季果实发育则为快、慢不典型的单 S 发育规律。夏季果从花后 30 d 开始，单果重迅速增加，此时果实进入迅速生长期，直至花后 80 d，此后果实的单果重基本保持稳定，增幅微小(0.62%)，表明花后 80 d 后夏季果进入成熟期。冬季果在花后 20 d 开始，单果重迅速增加，标志着进入迅速生长期，直至花后 90 d，之后果实的单果重基本保持稳定，增幅很小(2.13%)，表明果实从花后 90 d 开始进入果实的成熟期(张秀梅等，2010 年)。

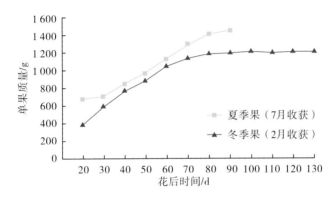

图 4-4　不同季节的无刺卡因果实发育过程中单果重的变化

　　众所周知，果实的发育期不仅受种植区的温度、海拔和纬度的影响，还受季节影响。在潮湿的热带气候条件下，如在科特迪瓦和喀麦隆，从催花到果实采收时间最短为 140 d(2 月催花果)，最长为 160 d(6 月催花果)。在马达加斯加岛的寒冷地区，果实从催花到成熟在夏天约需要 144 d，冬天约需要 221 d。在夏威夷，海拔接近海平面的地区，菠萝果实发育期的季节差异约为 40 d(180~220 d)，而在海拔 800 m 的地区，果实发育期季节差异为 40~90 d。这些差异可能主要是由于果实发育期间的均温所致。总之，在菠萝种植区域，从开花至果实成熟最短需 140~150 d(科特迪瓦和喀麦隆)，最长为 280~300 d(昆士兰和南非)。在我国，2 月采收的冬季果的果实发育期比 7 月采收的夏果长 40 d，且夏季果的单果重比冬季果重，这与夏季较高的温度、较大的降雨量和强的光照有利于果实的生长发育有关(张秀梅等，2010 年)。

　　陈菁等(2010 年)的研究表明(图 4-5)，巴厘的果实干物质积累随着果实生长发育而增加，其中见红期后 60~90 d 积累最快，达 1.90 g/d，其次为见红期后 30~60 d，达 1.10 g/d，果实发育初期(见红后 0~30 d)和果实发育后期果实干物质累积最慢，果实干物质积累呈 S 形，设定果实见红期为果实生长发育起点。果实中氮磷钾养分的浓度随果实的生长而降低，其中以见红期至果实生长发育 60 d 时的降低幅度为最大，果实生长发育 60 d 后，果实中氮磷钾养分的浓度缓慢降低。这可能与果实生长发育前中期果实细胞增长较快有关。与果实氮磷钾养分浓度随果实生长发育而降低不同，果实氮磷钾养分累积量随果实生长发育而增加，以果实生长 60～90 d 时的累积速度为最快，其中氮的累积速度为 11.24 mg/d，磷为 1.51 mg/d，钾为 26.62 mg/d，在果实成熟期氮磷钾养分的累积速度最慢，基本上不再累积氮磷钾养分。

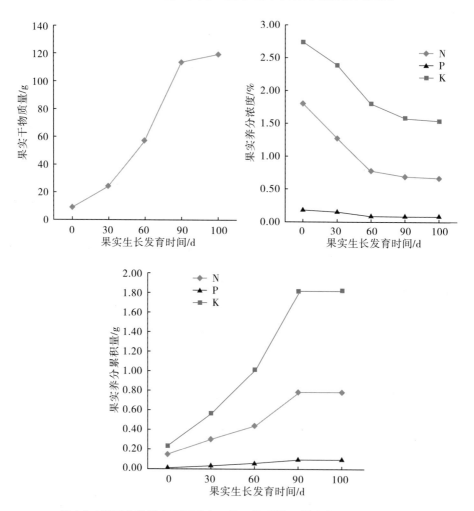

图 4-5　巴厘菠萝果实不同发育天数干物质量、养分浓度和养分累积量

　　无刺卡因的果实干物质、氮磷钾养分积累规律与巴厘果实基本相同，即无刺卡因果实干物质和氮磷钾养分累积量随果实的生长发育而增加，无刺卡因果实的氮磷钾养分浓度随果实的生长发育而下降，无刺卡因果实成熟期累积的氮磷钾养分很少。但在同一生长环境条件下，无刺卡因的果实与巴厘果实不同，无刺卡因果实的生长发育天数高于巴厘果实，其累积干物质、氮磷

钾养分的累积量也均高于巴厘(陈菁等，2010 年)。

二、果实大小的影响因素

1. 内在因素

果实大小是果实的一个重要品质指标，它受内部因子和外部环境条件共同调控。果实的大小主要由细胞数量和细胞大小决定。一般果实发育分为 4 个阶段：第 1 阶段为坐果期；第 2 阶段为果实发育期，主要是细胞分裂时期；第 3 阶段始于细胞分裂停止，果实继续生长直到生长终止；第 4 阶段是果实成熟期(Gillaspy 等，1993 年)。Li 等(2010 年)对 2009 年 10 月至 2010 年 5 月发育期间的巴厘果实的研究表明，在果实发育过程中，果实的大小和重量一直迅速增加直至成熟(图 4-6；Li 等，2010 年)。至开花 30 d 后，果实的增加主要是由于细胞数量和大小的增加所致，因为此期细胞的数量和面积都增加了 2～3 倍(图 4-7、图 4-8；Li 等，2010 年)。在开花后 30 d，果实重量的增加主要是由于细胞膨大所造成的，因为细胞面积增加了约 2 倍，而细胞数量仅增加了 10%～20%。因此，巴厘果实的细胞分裂期为开花后至花后 30 d，巴厘果实的细胞膨大期为开花至花后 60 d，因为细胞的面积迅速增加主要发生在开花至花后 60 d。同时比较了不同大小的果实(表 4-1；Li 等，2010 年)，单果重从 602 g 增加至 986 g，增加了 63.8%，细胞数量增加了 50.4%，而细胞面积仅增加了 15.3%。细胞数量和细胞面积都会引起菠萝果实重量的增加，但细胞数量起着主要的作用。然而比较了中果和大果后，发现其小果的数量明显增加(约 13.9%)，但细胞数量仅增加了 3.2%，细胞面积几乎没有变化。说明小果数量和细胞数量对果实的大小都有影响，但小果的数量起主要作用。而小果的数量在开花诱导后基本被确定了，因此，如果要使果实膨大，不仅需

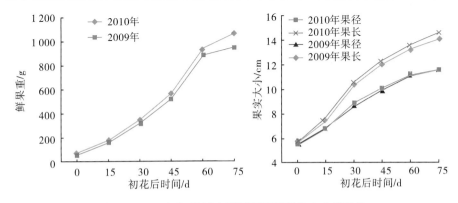

图 4-6 2009 年和 2010 年菠萝果实重量和大小的变化

要增加细胞的数量，同时也要使细胞膨大，所以增加细胞数量的生长调节剂最好在花后 30 d 前使用，而细胞膨大调节剂则要在花后 45 d 前使用。

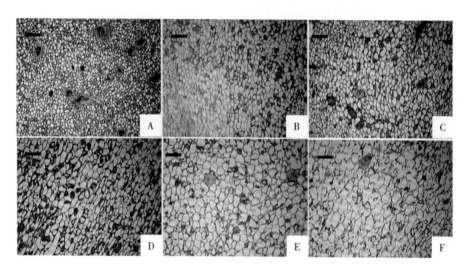

A~F 分别为花后 0 d、15 d、30 d、45 d、60 d、70 d 的果实底部细胞面积变化

图 4-7　不同发育阶段菠萝果实的组织学观察

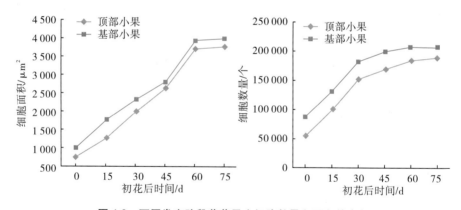

图 4-8　不同发育阶段菠萝果实细胞数量和面积的变化

表 4-1　3 种不同果重的果实比较

果实类型	果实长度 /cm	果实直径 /cm	果重 /g	小果数量 /个	细胞数量 /个	细胞面积 /μm²
小	12.1±0.21b	9.3±0.15b	602±10.2c	119±1.2a	133 233±2 866b	3 202±80b
中	13.8±0.26b	10.8±0.13a	986±15.8b	108±2.3b	20 1332±3 695a	3 689±145a
大	16.1±0.30a	11.2±0.18a	1279±19.3a	123±2.5a	20 7854±4 717a	3 664±102a

有研究表明，从开花到花后 60 d，大果和小果的细胞面积都在不断迅速增加(Li 等，2010 年)，说明在果实发育过程中，细胞不断膨大直至果实近成熟(花后 60～75 d)。通常认为器官或组织的形成和发育是由细胞数量的增加所致，而不是因为细胞体积的变化。然而，也有研究表明，细胞膨大在调控果实大小中起着主要作用(Malladi 等，2010 年)。因此，细胞数量或细胞大小不可能单一地影响果实的大小。通常细胞数量的减少是为了平衡细胞体积的增加，最终使得果实大小变化不大(Inzé 等，2006 年)。Li 等(2010 年)认为，细胞数量、细胞大小和小果数量共同调控果实的大小和重量，但细胞数量起着更重要的作用。细胞膨大在果实发育后期起着主要的作用。

2. 环境因素

细胞数量、细胞膨大持续时期和膨大率取决于种质的遗传背景，属于遗传因子，它们同时受到环境(如温度、水分和光照)、营养状况等因素的影响。在春天和早夏成熟的果实，由于受低温影响，小果不能正常发育，使平均单果重和产量显著减少。Friend 比较了在不同夜温(15℃、20℃、25℃)下生长的果实，发现在 15℃夜温下生长的菠萝果实最大，小花(果)数与温度呈负相关，夜温 15℃时的小果数为 102 个，而夜温为 25℃时的小果数为 74 个，主要是由于花序垂直向上的小花数量减少导致总小花数减少。果实发育期间的均温会导致菠萝果实发育期的不同。

研究表明，果实重量与太阳辐射呈正相关。在夏威夷，遮光能延缓果实发育，可能是由于遮光降低了果实的温度，从而降低了生长率(Bartholomew 等，2003 年)。套袋处理显著延缓了菠萝果实的发育，降低了单果质量的增长率，但不同纸质纸袋的处理之间无显著差异。科特迪瓦的研究表明，分别在菠萝的低密度种植区(50 000 株/hm²)和高密度种植区(100 000 株/hm²)，催花时每隔一行移走一行，移走植株会使果重分别增加 50% 和 14%。夏威夷也取得了相似的研究结果(Bartholomew 等，2003 年)。科特迪瓦的研究表明，小果重增加导致单果重增加，而夏威夷的研究认为，果重增加主要是因小果数量的增加引起的。这可能是由于夏威夷温度相对较低，延长了小果启动期，光合率的增强主要体现在增加了小果数量(Bartholomew 等，2003 年)。

水分缺乏对菠萝果实发育有一定的影响。Malezieux 发现干旱能减少菠萝果实的小果数。Chapman 等认为，长期干旱会降低菠萝果实的单果重。在科特迪瓦，果重与花期和采收期的灌溉量有关，如果在花期和采收期仅供给需水量的 20%，则果重会降低 17%。催花后，干旱可以减少果实的小果数；若在果实发育后期出现干旱，则会降低小果重量(Bartholomew 等，2003 年)。干旱严重的地区，采收时有灌溉和未灌溉的平均果重相差约 750 g。而有关水分过量对果实生长影响的研究很少，在花期和采收期给菠萝灌溉需水量 140% 的水，产量会减少约 15%。

植物生长调节剂能不同程度地调控果实的生长发育。李运合和孙光明（2009 年）通过用浓度为 5 mg/L、10 mg/L、20 mg/L、50 mg/L 的氯吡苯脲（CPPU）和赤霉素处理巴厘果实，发现在一定的范围内，随着氯吡苯脲浓度的提高，果实的单果重量逐渐增加，浓度达到 20 mg/L 时果实重量最大；浓度过高时，果实的重量也会减少。低浓度赤霉素对菠萝并无显著的促进作用，甚至降低了果实重量（如 20 mg/L 的赤霉素处理），但浓度加大到 50 mg/L 后，能显著促进菠萝果实的发育，单果重比对照提高 14.9%，达到 833.2 g。20 mg/L 的氯吡苯脲和 50 mg/L 的赤霉素同时都提高了果实的鲜重（表 4-2；李运合等，2009 年），20 mg/L 的氯吡苯脲促进了菠萝果实的纵向生长，使得果实长度与对照相比显著增加，果实的直径并没有明显变化；50 mg/L 的赤霉素作用效果则正好相反，果实的长度和对照无显著差异，只是促进了果实横向发育。说明这两种不同的外源植物生长调节剂对菠萝的作用方式可能不同，氯吡苯脲可能对细胞的纵向生长有促进作用，而赤霉素可能对促进菠萝果实细胞的横向生长更为明显（李运合等，2009 年）。

表 4-2　不同浓度的氯吡苯脲和赤霉素对菠萝果实重量及大小的影响

处理/(mg/L)	果重/g	果实长度/cm	果实宽度/cm
对照	724.9±16.50 c	10.93±0.14 b	9.93±0.05 bc
氯吡苯脲 5	744.3±16.67 bc	11.31±0.15 ab	9.96±0.06 bc
氯吡苯脲 10	758.1±19.50 bc	11.40±0.17 ab	10.00±0.07 bc
氯吡苯脲 20	791.2±17.14 ab	11.63±0.17 a	10.03±0.06 b
氯吡苯脲 50	726.1±14.30 c	11.29±0.14 ab	9.87±0.05 bc
赤霉素 5	741.5±14.78 bc	11.02±0.13 b	10.00±0.06 bc
赤霉素 10	738.7±16.46 bc	10.94±0.17 b	9.88±0.06 bc
赤霉素 20	718.4±18.66 c	10.34±0.19 c	9.80±0.08 c
赤霉素 50	833.2±13.47 a	11.35±0.12 ab	10.23±0.05 a

注：采用 Duncan 多重比较方法对数值进行检验；同列数值后字母相同，表示在 5% 的水平上差异不显著（$P>0.05$）。

NAA、β-萘氧乙酸和间氯苯氧异丙酸（3-CPA）等合成激素均可增加菠萝果实的重量，增产约 40%。己酸二乙氨基乙醇酯（DA-6）和 2-(3,4-二氯苯氧基)-乙基-二乙胺（DCPTA）是新型植物生长调节剂，10 mg/L、50 mg/L 的 DA-6 可分别增加巴厘果实单果重 12.42% 和 11.88%，10 mg/L、50mg/L 的 DCPTA 可分别增加单果重 7.49% 和 2.55%（姚艳丽等，2011 年）。用 0.2%

的氯化钠、硫酸锰和磷酸二氢钠处理，可使巴厘果实单果重分别增加15.37%、18.83%和10.01%（姚艳丽等，2011年）。用200 mg/L的硝酸铈和硝酸镧处理，可使单果重分别提高20.13%和13.69%（姚艳丽等，2010年）。

石伟琦等（2012年）的研究表明，采用不同施肥次数分施总量为400 kg/hm²的氮肥，随着施肥次数增加，巴厘单果平均增重6.04%～14.51%，分施2次以上，单果平均增重10%以上，显著增加了单果重量，单位面积产量也随分施次数的增加而增加。而认为2次平均分施氮肥（400 kg/hm²）对增加无刺卡因的产量最适宜，增加或减少施氮次数都会造成单果重和产量的下降，说明不同品种对肥的吸收和利用机制有差异（石伟琦等，2012年）。叶面喷施0.2%的硫酸亚铁，可以显著提高单果重和产量（陈菁等，2012年）。每隔15 d每株喷施200 mL的花生压榨液体肥和20 g复合肥，或100 mL的花生压榨液体肥和20 g复合肥均可增加粤引奥卡菠萝果实的单果重（Liu等，2012年）。

第三节　菠萝果实的品质形成机理

菠萝果实的品质包括外观品质和内在品质两个方面。外观是指果面色泽、果实大小、形状、果眼深度、果皮厚度、果肉质地等；内在品质主要是糖、酸含量以及糖酸比、香气、果肉纤维素含量、化渣程度、矿质成分、类胡萝卜素和维生素含量等。其中果实含糖量对食用品质起着决定性的作用，它不仅左右着果实风味的好坏，而且在一定程度上影响果实的着色。菠萝果实中糖、酸含量和糖酸比、风味等因子是决定菠萝品质最重要的指标。

一、果实的糖代谢

1. 果实糖的种类

糖是果实品质和风味物质的主要成分，也是色素、氨基酸、维生素和芳香物质等其他营养成分合成的基础原料。糖分含量高低是决定果实品质的重要因子。菠萝果实的糖分主要有果糖、葡萄糖和蔗糖，葡萄糖和果糖称为己糖。在这3种糖中，果糖的甜度最高，其甜度为蔗糖的1.8倍、葡萄糖的3倍。因此，菠萝果实甜度除与总糖含量有关之外，还取决于糖的组分。

2. 果实糖的积累

菠萝果实中的糖分随着果实的发育不断积累，不同季节、不同品种、不同部位的果实有不同的积累规律，糖的组分也不同。陆新华等（2012年）对50份菠萝种质研究发现，蔗糖是50份种质中含量最高的糖组分，不同种质之间蔗糖含量的变化幅度较大，范围在 34.78～89.46 mg/g FW，而果糖和蔗糖的变化幅度基本一致，种间差异较大，变化范围在 11～50 mg/g FW，其中有43 份种质是蔗糖积累型，而单糖积累型的种质较少，只有 7 份。

张秀梅等(2011 年)研究同一季节的巴厘和无刺卡因果实发育过程中糖的积累规律后发现(图 4-9)，随着果实的发育，巴厘果实的蔗糖呈上升趋势，而无刺卡因果实的糖积累呈先上升后下降趋势。巴厘果实发育过程中，果糖和葡萄糖的变化规律基本一致，呈先上升后下降的趋势，而无刺卡因果实己糖的积累总体呈上升趋势。在成熟果实中，不同品种呈现出不同的积累类型，巴厘品种以积累蔗糖为主，己糖与蔗糖的比值约为 0.65；而无刺卡因品种以积累己糖为主，己糖与蔗糖的比值约为 5.93。

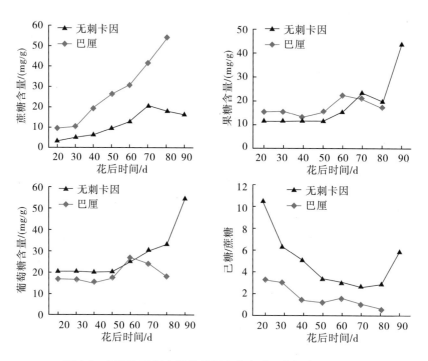

图 4-9　巴厘和无刺卡因菠萝果实发育过程中糖含量的变化

张秀梅等(2010 年)的研究表明(图 4-10)，不同产期的无刺卡因菠萝果实糖的组分及含量不同。在 7 月采收的夏季果中，蔗糖含量呈先增长后下降的变化；葡萄糖和果糖含量的变化趋势基本一致，成熟果实中己糖与蔗糖的比值为 5.92，说明 7 月采收的无刺卡因果实是以积累己糖为主。在 2 月采收的冬季果中，己糖的含量花后 20 d 到花后 50～60 d 急剧增加，此后出现波浪形变化，直至果实采收。从幼果期到迅速生长期结束前，蔗糖含量很低且变化较小，此后直线上升，到果实采收时，蔗糖占总糖(葡萄糖＋果糖＋蔗糖)的

60.54%，成为果实中主要的糖分，成熟时己糖与蔗糖的比值为0.37，可见2月采收的果实以积累蔗糖为主。

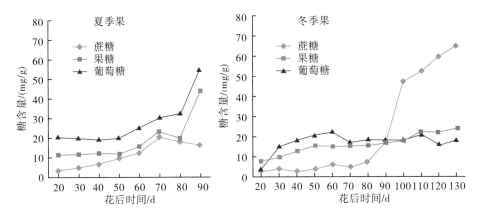

图4-10　不同产期对菠萝果实发育过程中糖含量的影响

对巴厘菠萝果实发育过程中不同部位糖积累的研究（Dou等，2011年）表明，菠萝果实的不同部位之间糖积累存在差异。果实不同部位蔗糖的变化总体上呈上升趋势，成熟时达到含量峰值。果糖和葡萄糖积累的变化规律相似，从花后20～40 d变化较为平缓，之后快速上升至花后70 d，然后下降。果实成熟时，基部含糖量最高，然后依次为中部、顶部、果心。在菠萝果实发育过程中果实的糖分组成也随之变化，在成熟果实中各部分己糖与蔗糖的比值分别为：顶部0.8，中部0.68，基部0.80，果心0.31。

3. 果实糖代谢

与其他植物一样，菠萝果实中蔗糖代谢关键酶主要为转化酶（invertase，Ivr）、蔗糖合成酶（sucrose synthase，SS或SuSy）和蔗糖磷酸合成酶（sucrose phosphate synthade，SPS）。这3种酶位于细胞的不同部位，在蔗糖代谢中起着合成或分解蔗糖的作用，共同调控着菠萝果实的糖积累进程。

不同的蔗糖代谢酶活性决定了不同品种果实中积累糖的种类不同，同一采收季节，以积累蔗糖为主的巴厘具有高的SS和SPS活性，转化酶活性较低；以积累己糖为主的无刺卡因的SS和SPS活性较低，转化酶活性较高。不同品种蔗糖代谢相关酶在糖积累中的作用不同，相关性分析表明，巴厘果实中主要调控蔗糖积累的酶是蔗糖磷酸合成酶和转化酶，而无刺卡因果实主要由转化酶调控（张秀梅等，2011年）。不同时期采收的无刺卡因菠萝果实其蔗糖积累与蔗糖代谢酶的关系存在明显的差异，2月采收的果实其蔗糖积累多主要与SPS和SS的合成活性升高、转化酶活性降低有关，7月采收的果实其蔗糖积累少主要与转化酶活性的升高有关（张秀梅等，2010年）。

Dou 等(2011 年)的研究表明，巴厘菠萝果实不同部位之间糖积累存在差异，果实成熟时基部含糖量最高，然后依次为中部、顶部、果心，而且酸性转化酶(AI)、中性转化酶(NI)和蔗糖磷酸合成酶(SPS)活性与糖含量有着相似的梯度变化，据此认为，果实不同部位中酸性转化酶、中性转化酶和蔗糖磷酸合成酶活性的差异，是造成它们糖积累差异的主要原因。Zhang 等(2012年)成功分离了 3 个蔗糖代谢酶基因的 cDNA 片段，并研究了其表达特性，发现在果实顶部、中部和基部，蔗糖积累随着 Ac-SPS1 和 Ac-Sy1 基因表达的增强、Ac-NI1 表达水平的下降而增加。果心中的蔗糖随着 Ac-NI1 基因的表达增强而增加，同时花后 60 d 前 Ac-SPS1 基因的表达也对蔗糖的积累有影响，而蔗糖的积累受 Ac-Sy1 基因表达的影响较小。表明 Ac-SPS1、Ac-Sy1 和 Ac-NI1 基因共同调控蔗糖的积累。

Chen 和 Paull(2000 年)的研究表明，无刺卡因菠萝果实的蔗糖合成酶在幼果中活性较高，随着果实的发育活性逐渐降低，蔗糖磷酸合成酶在果实发育期间一直相对较低，中性转化酶和酸性转化酶的活性在果实发育初期活性较高，之后下降，在果实采收前 6 周时下降到较低水平。这说明果实糖代谢主要与蔗糖代谢酶的活性有关，同时可能也受遗传因子、植物激素、自然环境和栽培措施的调控和影响。参与蔗糖代谢的合成酶和分解酶活性的消长最终决定果实中糖分的积累。

二、果实的有机酸代谢

1. 果实有机酸的种类和含量

果实中有机酸含量是决定果实风味的重要因素之一。有机酸能稳定细胞液中的 pH 值，并在果实自身代谢中参与光合作用、呼吸作用，参与合成酚类、氨基酸、脂类和芳香物质的代谢过程。有机酸成分和种类受遗传因素、成熟度和环境因素影响。无刺卡因果实中的有机酸主要是柠檬酸、苹果酸，其中主要的有机酸为柠檬酸(约占 62%)，其次为苹果酸(约占 14%)，酒石酸、乙酸和草酸的含量较低，马来酸为微量(张秀梅等，2007 年)。随着果实的发育，柠檬酸的含量呈低—高—低的变化趋势，苹果酸、草酸、乙酸、酒石酸的含量均呈下降趋势，柠檬酸在果实成熟时占优，是菠萝果实中主要的有机酸。

Saradhuldhat 和 Paull(2007 年)对高酸和低酸品系 PRI♯36-21 和 PRI♯63-555 菠萝的有机酸变化进行了研究(图 4-11)，也发现菠萝果实中主要的有机酸是柠檬酸和苹果酸，在果实发育过程中，低酸品系中的柠檬酸的积累比高酸品系中的早，在采收前 2～3 周达到高峰，然后急剧下降直至成熟；高酸品系的柠檬酸含量一直增加，直至采收前1周达到高峰。高酸品系比低酸品系的柠檬酸含量高50%。在果实发育过程中，两个品系中的苹果酸含量略有不同，在成熟前，低酸品系中的柠檬酸含量比高酸品系的高，两个品系的苹果酸含量都增加，直至采收前1周达到高峰。在采收时，两个品系的苹果酸含量没有显著差异。

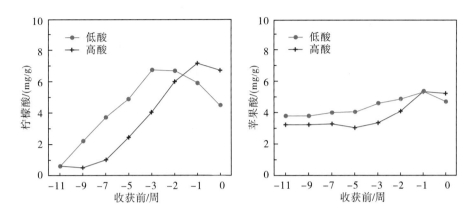

图 4-11　不同品系的菠萝果实发育过程中柠檬酸和苹果酸含量的变化

不同品种果实的有机酸含量与比例不同。陆新华等（2013年）用高效液相色谱法分析了56份菠萝种质，发现菠萝果实中的有机酸主要由柠檬酸、苹果酸和奎宁酸组成，其中柠檬酸的含量最高，变化范围在 1.80～8.09 mg/g FW，平均值为 4.82 mg/g FW，占有机酸的比例为 64.73%，柠檬酸含量最高的是 Tradsrithong，为 5.78 mg/g FW，最低的是台农13号，仅有 0.90 mg/g FW。其余54份种质的柠檬酸含量均集中在 1.00～5.00 mg/g FW 之间，占所有品种的 96.43%。奎宁酸次之，苹果酸为第三。奎宁酸在各种质间的变异相对稳定；柠檬酸和苹果酸的变异较大，分别为 33.86% 和 37.92%。根据柠檬酸所占的比例，可将柠檬酸占比高的称为柠檬酸优势型。菠萝果实成熟是从基部向顶部螺旋上升，基部小果先熟，顶部小果迟熟；且菠萝果肉中酸的输送是通过果心的维管束向周围扩散，造成果实的基部酸少、顶部酸多，离果心近的部分酸少、远的部分酸多（黄国成等，1999年）。

2. 果实中有机酸的代谢

有机酸的含量主要取决于其合成、降解、利用等的综合结果，与果实有机酸合成、降解和利用密切相关的酶主要有柠檬酸合成酶（CS）、乌头酸酶（ACO）、磷酸烯醇式丙酮酸羧化酶（PEPC）、苹果酸脱氢酶（MDH）、苹果酸酶（ME）。在细胞质中，苹果酸脱氢酶催化了苹果酸和天冬氨酸的穿梭作用，柠檬酸合成酶催化了草酰乙酸与乙酰辅酶A羧合成为柠檬酸，并生成辅酶A。乌头酸酶把柠檬酸异构化为异柠檬酸。柠檬酸合成酶和磷酸烯醇式丙酮酸羧化酶的活力发生在线粒体的三羧酸循环中。磷酸烯醇式丙酮酸羧化酶浓缩磷酸烯醇式丙酮酸盐与碳酸氢盐产生草酰乙酸盐，苹果酸酶减少苹果酸盐，将苹果酸盐脱羧基为丙酮酸盐(Saradhuldhat 和 Paull，2007 年)。

张秀梅等(2007 年)在对无刺卡因的研究中发现，柠檬酸与苹果酸是菠萝果实中含量最高的两种有机酸，在幼果期到果实迅速生长后期(花后 10～70 d)，柠檬酸合成酶和磷酸烯醇式丙酮酸羧化酶的活性与柠檬酸的含量呈显著正相关。进入果实青熟期(花后 90 d)后，果实柠檬酸含量的变化与磷酸烯醇式丙酮酸羧化酶和柠檬酸合成酶的活性并无明显联系，此期酸积累不仅仅依赖这些酶的活性水平，还与其他因素有关。

Saradhuldhat 和 Paull(2007 年)在对无刺卡因不同品系的菠萝果实的研究中发现，不同品系的果实中，柠檬酸合成酶的活性变化规律基本相似，都于采前 1 周出现高峰，之后逐渐下降。两个品系果实的乌头酸酶的活性变化趋势在采前 11～3 周，呈现出相似的变化趋势，都于采前 7 周出现一个小峰，主要的差异出现在采前 1～2 周，都出现一个高峰，但低酸品系中乌头酸酶的活性高于高酸品系(图 4-12)。在高酸品系中，磷酸烯醇式丙酮酸羧化酶的活性在采前 11～5 周都较高，而低酸品系呈现急剧增加的趋势，直至采收。高酸品系的苹果酸脱氢酶，在果实发育的前半期活性较高，而低酸品系在果实发育后半期活性较高。低酸品系的苹果酸酶在整个果实发育期间都呈现出逐渐增加的趋势。相反，高酸品系在采前 7 周和采收期间表现出较高活性。其中，柠檬酸合成酶活性高峰与高酸品系中柠檬酸含量的高峰出现的时期一致，乌头酸酶活性的增加与低酸品系中酸含量的降低相一致，磷酸烯醇式丙酮酸羧化酶、苹果酸脱氢酶、苹果酸酶活性的变化与果实中柠檬酸或苹果酸的变化没有紧密关系。表明菠萝果实中酸的变化主要是由柠檬酸含量的变化所致，柠檬酸合成酶和乌头酸酶在菠萝果实的有机酸代谢中起着主要的调控作用。

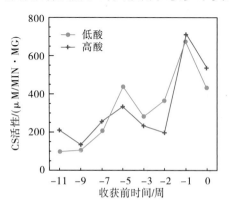 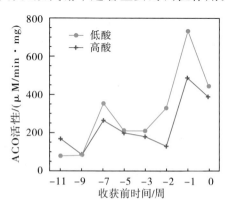

图 4-12　不同品系的菠萝果实发育过程中 CS 和 ACO 的变化

但菠萝果实中有机酸的含量变化差异可能也与磷酸烯醇式丙酮酸羧化酶、苹果酸脱氢酶、苹果酸酶有关，这些酶间接参与了有机酸的代谢，因为它们相互作用的产物乙酰辅酶 A、丙酮酸盐和柠檬酸盐，可能转移进入线粒体中支持三羧酸循环。

三、果实香气成分及风味物质的变化

香气成分的综合效果能客观地反映达到的风味特点和成熟度，是评价果实商品品质的重要指标，也与人类的健康和营养密切相关。果实的香气成分大约有 2 000 种，从化学结构可分为：酯类、醇类、醛类、内酯类、萜类、酚类、醚类和一些含硫化合物。根据人们对不同化学结构香气物质感官效果的不同又可分为：果香型、清香型、辛香型、木香型、醛香型等。通常在果实发育过程中，未成熟果实以产生清香型和醛香型气味物质为主，成熟果实则释放出大量的果香型化合物。前人的研究表明，菠萝香气成分已知的化合物有 280 种以上，但仅有部分成分对菠萝果实的风味起主要作用（Tokitomo 等，2005 年），其中最多的是酯类，特别是己酸乙酯和己酸甲酯的含量很高，形成菠萝的特征香气成分（Marta 等，2010 年），菠萝是一种典型的果香型果实。

张秀梅等（2009 年）对巴厘果实发育期间香气成分的变化进行了研究（图 4-13），青熟期（果皮由深绿色变为黄绿色，成熟度达七八成）果实共检测出 29 种成分，相对含量较高的芳香物质为 2-甲基丁酸甲酯、己酸乙酯、己酸甲酯、(Z)-3,7-二甲基-1,3,6-十八烷三烯、辛酸甲酯、辛酸乙酯、1,3-环辛二烯、古巴烯等，相对含量达 61.19%。黄熟期（果基部的 2～3 层小果呈现黄色，成熟度达八成左右）果实共检测出 31 种成分，相对含量较高的芳香物质为 2-甲基丁酸乙酯、己酸甲酯、己酸乙酯、辛酸甲酯、辛酸乙酯、古巴烯、癸酸乙酯，相对含量达 78.60%。该时期检测到了戊酸乙酯、庚酸甲酯、癸酸乙酯等成分。同时 2-甲基丁酸甲酯、3-甲硫基丙酸甲酯、戊酸甲酯、1,3-环辛二烯、邻苯二甲酸丁基-2-甲丙基酯等成分消失。过熟期（果皮全呈黄色）果实中共检测出 32 种成分，相对含量较高的芳香物质为 2-甲基丁酸乙酯、己酸乙酯、辛酸甲酯、癸酸乙酯、环己烯基 3-(3-甲基-1-丁烯基)，相对含量达到 81.77%。该时期检测到了丁酸乙酯、环己烯基 3-(3-甲基-1-丁烯基)、2-辛烯乙酯、2-吡咯烷酮等成分。大部分酯类物质在果实青熟期就存在，随着果实的成熟逐渐增加；一些醇类和烃类物质则在果实刚刚发育时就存在，随着果实的成熟逐渐减少，甚至消失；可以看出不同种类的香气成分在果实发育中的动态变化存在明显差异，这可能与果实发育过程中各自的合成代谢途径有关。

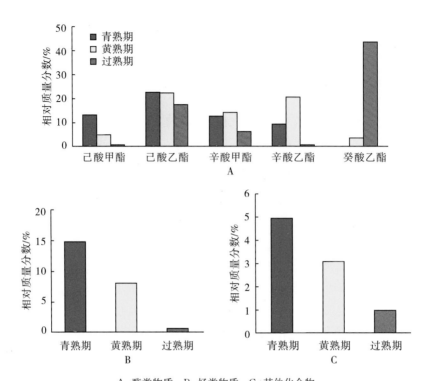

A. 酯类物质；B. 烃类物质；C. 其他化合物

图4-13　菠萝果实不同发育阶段不同种香气物质的质量分数

同一品种不同季节及果实不同部位的香气物质有所差异。刘传和等的研究表明，在夏季果中检测出5类共21种香气成分，分别为酯类、烯类、酸类、醇类和酮类。其中酯类11种，相对含量为92.03%，含量最高的为己酸甲酯(44.91%)；烯类6种，相对含量为3.99%；酸类、醇类和酮类分别检测出2种、1种和1种，其相对含量分别为0.72%、0.37%和0.22%。在秋季果中仅检测出2类共8种香气成分。其中酯类7种，总相对含量为92.11%，含量最高的为己酸甲酯(68.36%)；烯类物质1种，相对含量为7.89%。Wei等(2011年)的研究表明，无刺卡因菠萝果肉中的香气物质的种类和含量都比果心高，果肉的特征香气是2-甲基丁酸乙酯、己酸乙酯、2,5-二甲基-4-羟基-3(2H)-呋喃酮、癸酸、3-甲硫基丙酸乙酯、丁酸乙酯和3-己烯酸乙酯，而果心中香气物质的主要成分是2-甲基丁酸乙酯、己酸乙酯和2,5-二甲基-4-羟基-3(2H)-呋喃酮。

不同品种间特征香气的种类和相对含量存在很大的差异。张秀梅等研究了巴厘、无刺卡因和台农11号3种菠萝果实的香气成分及其差异，结果表明3种果实中分别含有46种、40种和29种香气成分，主要成分为酯类、烃类、苯类、萘类化合物。酯类物质在巴厘、卡因、台农 11 号测试品种中的含量最高，分别达到 90.87％、59.92％和 82.54％。3 种果实有 11 种相同的香气成分，独有的香气成分种类为：巴厘 16 种，卡因 16 种，台农 11 号 7 种。3 种菠萝果实香气成分的种类和含量之间存在差异，巴厘的重要特征香气成分为癸酸乙酯、己酸乙酯和 2-甲基丁酸乙酯；卡因的重要特征香气成分为己酸乙酯、辛酸乙酯和乙酸异戊酯；台农 11 号的重要特征香气成分为己酸乙酯、辛酸乙酯和 2-甲基丁酸乙酯。杨文秀等也认为，云南红河地区的巴厘和无刺卡因 2 个品种的香气成分以酯类为主，且巴厘品种的香气成分和含量远高于卡因品种。刘胜辉等的研究结果则表明，巴厘品种的主要香气成分是辛酸甲酯、己酸乙酯、己酸甲酯等，而无刺卡因品种的主要香气成分是己酸甲酯、辛酸甲酯和己酸乙酯等。Tokitomo 等（2005 年）指出，菠萝中的主要香气成分是 4-羟基-2,5-二甲基-3(2H)-呋喃酮、2-甲基丙酸乙酯、2-甲基丁酸乙酯、2-甲基丁酸甲酯、十一烷三烯，其中 4-羟基-2,5-二甲基-3(2H)-呋喃酮（HDMF）和 2-甲基丁酸乙酯是果实特征香气成分；Takeoka 等也取得了相似的研究结果。可见，同一品种在不同的气候和地形条件下产生的风味物质的种类和含量不同，菠萝果实的香气成分受品种、栽培条件、外界生长环境、香气成分提取方法等多种因素影响，具体的影响机理和调控途径有待进一步研究。

四、果实其他营养物质的变化规律

1. 菠萝果实中维生素含量的变化

维生素是维持人体正常物质代谢和某些特殊生理功能不可或缺的低分子有机化合物。维生素 C 在历史上有"万能维生素"之称，可促进人体内抗体的形成，从而增强人体的免疫力，尽管人体可以积累维生素，但并不具备合成维生素的能力，只能从食物中获取。果实作为植物类维生素的主要贮藏器官，是人们获取类维生素的主要来源。因此，维生素含量是决定果品品质的重要因素之一。

李苗苗等（2012 年）对菠萝果实中的维生素含量进行了测量（表 4-3），11 个菠萝品种维生素 C 的含量在 0.10～0.23 mg/g，维生素 A 的含量在 0.0016～0.0038 mg/g，维生素 B_3 的含量在 0.0038～0.024mg/g，维生素 B_6 的含量差异比较大，在 0.0045～0.067mg/g。巴厘、香水、Golden Winter Sweet、New Phuket、Phuket 5 个品种均未检测到维生素 B_{12}，其他品种的维生素 B_{12} 含量在 0.002～0.012 mg/g。在所测定的品种间，除了维生素 B_3 和维生素 B_{12} 差异较小外，维生素 A、维生素 C、维生素 B_6 含量在品种间均存在显著性差异。

表 4-3　菠萝不同品种 5 种维生素含量差异比较　（单位：mg/g FW）

名称	维生素 A	维生素 C	维生素 B_3	维生素 B_{12}	维生素 B_6
巴厘	0.003 8e	0.177 8de	0.008 9e	—	0.006 9bc
卡因	0.003 5d	0.099 9a	0.006 0c	0.006 6c	0.007 1c
金菠萝	0.002 4c	0.223 9fg	0.005 8c	0.004 0b	0.014 3e
蜜宝	0.002 5c	0.169 1d	0.009 1e	0.012 1e	0.030 2f
巴厘红顶苗	0.001 6a	0.176 9de	0.009 0e	0.008 4d	0.004 9ab
香水	0.001 9b	0.230 9g	0.003 8a	—	0.010 4d
Golden Winter Sweet	0.001 8ab	0.111 8b	0.023 5f	—	0.067 1g
神湾	0.002 5c	0.214 5f	0.007 6d	0.002 0a	0.004 5a
Phuket	0.002 5c	0.186 0e	0.004 9b	—	0.006 6bc
New Phuket	0.002 4c	0.168 0d	0.004 5b	—	0.007 8c
金钻	0.003 5d	0.142 8c	0.007 6d	0.012 0e	0.005 9abc

　　李苗苗等（2012 年）对不同品种菠萝果实的维生素含量的研究表明，维生素 A 含量最高的是巴厘，为 3.8 μg/g，其次是无刺卡因和台农 17 号，约为 3.5 μg/g，含量最少的是巴厘红顶苗、台农 11 号和 Golden Winter Sweet，低于 2.0 μg/g（图 4-14）。菠萝不同品种的维生素 C 含量差异较大，台农 11 号的维生素 C 含量最高，为 230.9 μg/g，其次是金菠萝和神湾，分别为 223.9 μg/g 和 214.5 μg/g，含量最低的为无刺卡因，为 99.9 μg/g。维生素 B_3、维生素 B_{12}、维生素 B_6 在品种间的差异较大（图 4-15），其中 Golden Winter Sweet 的 B_3 含量最高，为 23.5 μg/g，其次是巴厘、台农 19 号和巴厘红顶苗，台农 11 号的含量最低，仅有 3.8 μg/g。维生素 B_{12} 的含量台农 19 号最高，其与台农 17 号的含量显著高于其他品种，其次是巴厘红顶苗，含量最少的神湾仅为 2.0 μg/g，巴厘、台农 11 号、Golden Winter Sweet、New Phuket 和 Phuket 果实中均未检出维生素 B_{12}。不同品种间维生素 B_6 的含量差异也较大，Golden Winter Sweet 含量最高，为 67.1 μg/g，其次是台农 19 号，神湾的含量最低，低于 4.5 μg/g。

　　不同的栽培环境对菠萝果实的维生素含量也有影响。湛江、海南和云南 3 个不同地区的巴厘菠萝维生素含量差异较大（李苗苗，2012 年），冬季果中，海南地区的维生素 C 含量显著高于其他地区，云南和海南地区的维生素 B_6 显著高于湛江；夏季果中，湛江地区的维生素 C 含量显著高于其他地区，云南

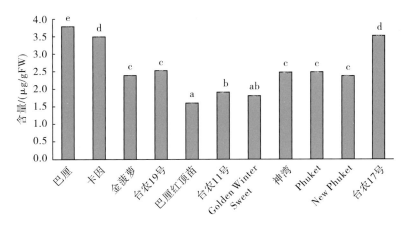

图 4-14　不同品种菠萝果实维生素 A 的含量

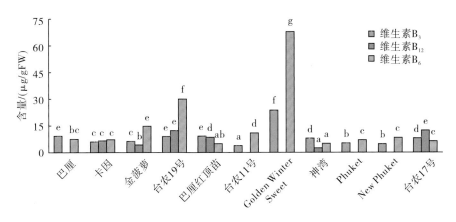

图 4-15　不同品种菠萝维生素 B_3、维生素 B_{12} 和维生素 B_6 的含量

地区的维生素 B_3 显著高于其他地区。巴厘和无刺卡因冬季果的维生素 C、维生素 B_3、维生素 B_6 含量较夏季果高，而维生素 A 和维生素 B_{12} 的含量呈相反趋势。2 个品种冬季果中维生素 E 的含量在 $0.10\sim0.25$ mg/g 之间，夏季果中未检出；湛江巴厘果未检出维生素 B_{12}，海南巴厘果未检出维生素 B_6。

2. 菠萝果实中主要色素含量的变化

色素的组分与含量是决定果实品质和营养成分的重要因素之一。类胡萝卜素、叶绿素和花青素是果实重要的色素，能够参与光捕获并对光系统起保护作用，而且是重要的天然色素，可作为食物添加剂广泛应用。杨祥燕等（2009 年）发现巴厘和无刺卡因两个菠萝品种的果实在整个成熟过程中果肉叶绿素的变化规律相似（图 4-16 的 A）。随着果实的发育，菠萝果肉叶绿素总量从青果期（全果青绿）迅速增加到成熟期（果实底部 2～3 层小果变黄）的最大值，此时巴厘和无刺卡因的叶绿素总量分别是果实膨大期（从谢花后，无刺卡因种为 45 d，巴厘种为 30 d）的 1.7 倍和 49.3 倍；之后果肉叶绿素总量又急剧下降，使完熟期（果皮全部变黄）果肉叶绿素总量几乎恢复到果实膨大期的水平，而且无刺卡因品种果肉叶绿素总量的升降幅度都显著高于巴厘品种。可见，果实进入成熟期后是菠萝果肉叶绿素快速降解时期，对菠萝果肉的呈色作用也迅速下降。

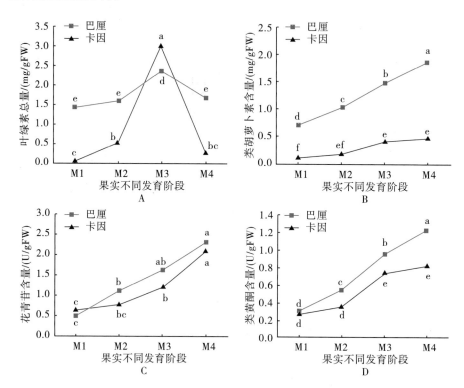

M_1、M_2、M_3、M_4 分别表示青果期、果实膨大期、成熟期和完熟期

图 4-16　不同品种菠萝果实发育过程中果肉色素的变化

　　两个菠萝品种的果实在不同的成熟阶段果肉类胡萝卜素含量的变化规律相似（图 4-16 的 B）。从果实膨大期到完熟期，两个品种类胡萝卜素含量都逐渐升高；而且在不同成熟阶段巴厘果肉的类胡萝卜素含量及其增幅都显著高于无刺卡因。至完熟期，巴厘和无刺卡因果肉的类胡萝卜素含量分别是果实膨大期的 2.1 倍和 4.3 倍。从果实膨大期到完熟期，两个品种的花青苷和类黄酮含量都逐渐升高（图 4-16 的 C、D）。在不同成熟阶段巴厘和无刺卡因的果肉花青苷含量无显著差异，但巴厘果肉的类黄酮含量显著高于无刺卡因。至完熟期，巴厘和无刺卡因的花青素含量分别是果实膨大期的 4.6 倍和 3.3

倍；巴厘和无刺卡因的类黄酮含量分别是果实膨大期的3.1倍和2.6倍。随着菠萝的成熟，红色的花青苷和黄色的类黄酮积累量的差异(特别是类黄酮)也可能导致巴厘果肉的红色和黄色程度都比无刺卡因深，进而导致巴厘和无刺卡因果肉的颜色分别向橙红色和橙黄色转变并逐渐加深(杨祥燕等，2009年)。

应用HPLC技术分析巴厘和无刺卡因菠萝不同成熟阶段的果肉类胡萝卜素成分及含量的变化(图4-17)，结果表明，随着果实的成熟，两个菠萝品种果肉中的β-胡萝卜素、玉米黄素和β-阿朴-δ'-胡萝卜醛成分均呈上升趋势，尤其是β-胡萝卜素从青果期到完熟期急剧增加，而叶黄质却呈下降趋势。两个品种的β-胡萝卜素含量都显著高于其他三种色素，而且在完熟期，巴厘的β-胡萝卜素含量是无刺卡因的两倍以上，因此认为β-胡萝卜素是造成两个菠萝品种果肉的类胡萝卜素积累量及外观色泽差异的主要因素之一(杨祥燕等，2010年)。

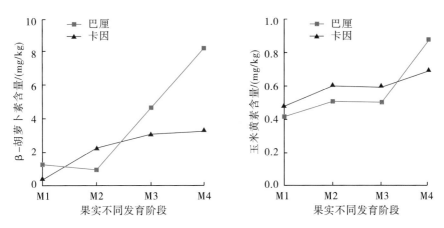

M₁、M₂、M₃、M₄分别表示青果期、果实膨大期、成熟期和完熟期

图4-17 不同品种果实发育过程中果肉类胡萝卜素的变化

3. 菠萝果实膳食纤维及其他营养物质含量的变化

膳食纤维一般是不容易被消化的碳水膳食纤维，具有促进肠胃蠕动、诱导肠中有益菌群繁殖的功效，对大肠癌、高血压、高脂血症、心脏病、糖尿病和肥胖病等有辅助治疗作用，因而膳食纤维与其他"六大营养素"一样成为人类饮食不可或缺的营养成分，被称为"第七营养素"。史俊燕等(2010年)对不同品种菠萝果实发育过程中的膳食纤维含量变化进行了研究，发现在果实发育的不同阶段，巴厘、无刺卡因和苹果菠萝3个菠萝品种果实的总膳食纤维(TDF)、水不溶性膳食纤维(IDF)、水溶性膳食纤维(SDF)、中性洗涤纤维(NDF)、酸性洗涤纤维(ADF)、酸性洗涤木质素(ADL)、纤维素(CEL)、

半纤维素（HC），随着果实的发育均呈先上升后下降的趋势，但半纤维素含量在果实发育过程中波动较大。总果胶（TP）和原果胶的含量均随着果实发育而降低。

史俊燕等（2010 年）对不同菠萝品种果实成熟时的膳食纤维含量进行了研究，结果表明（表 4-4），菠萝果实含有较高的膳食纤维，总膳食纤维含量在46.30%～69.64%（DW）之间，水不溶性膳食纤维含量在 37.00%～61.19%（DW）之间，水溶性膳食纤维含量在 7.30%～19.07%（DW）之间，菠萝可作为一种重要的膳食纤维补给源。菠萝果实中的总膳食纤维和水不溶性膳食纤维以粤脆含量为最高，而香水中的水溶性膳食纤维含量明显高于其他品种，粤脆和无刺卡因中的中性洗涤纤维和酸性洗涤纤维也显著高于其他品种，冬蜜和粤脆的半纤维素含量显著高于其他品种，巴厘和无刺卡因的纤维素显著高于其他品种。

表 4-4　不同菠萝品种的 TDF、SDF、IDF 含量的差异显著性比较　　　　（单位：%DW）

样品名称	TDF	IDF	SDF
金钻	48.19g	37.00h	15.95b
无刺卡因	68.41a	57.11b	10.43cd
甜蜜蜜	60.95c	50.57c	10.42cd
粤脆	69.64a	61.19a	10.66cd
冬蜜	52.46de	41.41fg	10.51cd
巴厘	53.87d	45.70e	10.75cd
奥卡	51.85e	42.29f	12.10c
苹果菠萝	50.46ef	40.87fg	10.96cd
台湾卡因	46.30h	37.23i	7.30e
香水	59.16c	48.73d	19.07a
珍珠	63.12b	56.80b	10.21d
蜜宝	48.78fg	40.45g	9.22d

菠萝果实富含功能性物质——白藜芦醇，不同品种间含量差异较大。但白藜芦醇含量都随着果实成熟度增加而增加，成熟时含量最高的是粤脆，为1.34 $\mu g/g$，冬蜜、香水、珍珠、蜜宝的含量也较高。可溶性蛋白含量的差异也

较大，冬蜜、澳卡、蜜宝、苹果、粤脆的含量依次为 0.77 mg/g、0.75 mg/g、0.67 mg/g、0.66 mg/g、0.64 mg/g，显著高于其他品种（表 4-5；史俊燕等，2010 年）。Gorinstein 等（1999 年）的研究表明，无刺卡因菠萝果实（鲜果）中的多酚含量为 1.21～1.47 mg/100g，没食子酸为 121.2～173.2 μg/100g，总纤维为 0.36～0.72 g/100g，而可溶性纤维为 0.13～0.39 g/100g。

表 4-5　不同品种菠萝果实白藜芦醇和可溶性蛋白含量

样品名称	白藜芦醇含量/(μg/g)	可溶性蛋白含量/(mg/g)
金钻	0.59ef	0.30e
卡因	0.45f	0.56c
甜蜜蜜	0.50f	0.48d
粤脆	1.34a	0.64b
冬蜜	0.97b	0.77a
巴厘	0.78cd	0.45d
澳卡	0.65de	0.75a
苹果	0.56ef	0.66b
台湾卡因	0.73d	0.14g
香水	0.93b	0.21f
珍珠	0.88bc	0.45d
蜜宝	0.87bc	0.67b

因此，菠萝是一种富含膳食纤维、维生素、胡萝卜素、矿物质、微量元素等营养物质的果品，特别适于作日常保健水果，也可作为开发膳食纤维功能性食品的重要原料，具有较高的经济价值。

五、影响果实品质的主要因素

1. 品种特性

品种的遗传特性对菠萝果实的品质具有决定性的作用。严程明等（2012年）对广东种植的 5 个菠萝品种的夏季果的外观和内在品质进行研究后发现（表 4-6），黄金菠萝的果眼浅，可溶性糖、可滴定酸和可溶性固形物（TSS）的含量均显著高于其他品种，尤其是可溶性糖(27.29%)和可溶性固形物的含量(23.72%)几乎是其他品种的 2 倍，维生素 C 的含量(149.41 mg/kg)居中，风味和品质上乘，是上好的鲜食品种。金菠萝的果眼平浅，果肉金黄，甜而香浓，维生素 C 含量高达 480.39 mg/kg，是其他品种的 3 倍以上，可溶性糖、可溶性固形物含量居中，可滴定酸含量相对较低。巴厘的糖酸比高达 34.47，其次是黄金菠萝和金菠萝。综合其外观和风味，严程明等的研究认为，5 个菠萝品种的品质优劣综合评价排序为：黄金菠萝>金菠萝>巴厘>卡因>金钻。王祥和等对海南种植的 4 个菠萝品种的果实外观品质及内在品质进行了比较分析与评价，结果表明，台农 16 号含糖量、含酸量都较高，口感风味最佳，其次是台农 17 号。巴厘的含糖量、含酸量都较低，风味平淡。沙捞越的品质最差。

表 4-6　不同菠萝品种的内在品质

品种	可溶性糖/%	TSS/%	可滴定酸/%	糖酸比	维生素 C/(mg/kg)
金钻	13.60±2.54d	12.90±1.38d	0.52±0.03c	24.80±3.84b	183.92±14.00b
卡因	24.12±0.67b	14.90±0.42c	0.50±0.01c	29.80±1.58c	116.86±15.48e
金菠萝	14.51±0.73c	15.16±1.28c	0.49±0.41b	30.94±0.34d	480.39±59.87a
黄金菠萝	27.79±3.19a	23.72±1.85a	0.76±0.59a	31.21±0.44d	149.51±5.07c
巴厘	22.53±2.03c	17.58±1.06b	0.51±0.03c	34.47±11.28a	130.98±7.64d

2. 栽培条件

温度是影响果实生长率和发育阶段长短的重要因素，较大的温差可以加速果实发育进程。果实冷害会严重影响果实的鲜食和加工，遇到过强的阳光照射，果实会发生日灼，会使果皮褪色，导致果实没有食用价值。花序发育期间，日灼会使果实畸形，果肉呈现透明状，容易变干。在澳大利亚昆士兰，当气温达到 40℃以上时，果实会出现"烹调"现象，这种果实的果肉偏白，果心周围呈透明状，与果实采后的冷害现象很相似，果肉非常松软，严重影响加工(Bartholomew 等，2003 年)。

光照状况对果实的品质有一定的影响，高密度种植时植株间的相互遮光会减少果实的透明度比率和比重，遮光材料和反光膜都能保护果实免受日灼。无刺卡因菠萝果实在采收前 30 d，可溶性固形物不受光照的影响，而可滴定酸与光照和最低温呈负相关性。在果实酸度的变化中，光照因素占 52.5%，而温度因素占 63.4%，2 个气候因子共同占 70.9%。如果环境温度没有显著变化，光照明显影响果实酸度。在受日灼影响较大的果皮附近的果肉组织中酸含量明显低于其他未受影响的部位。果皮被涂黑可以减少光反射，涂黑部分菠萝果实的酸含量显著低于果实的其他部分（Bartholo-mew 等，2003 年）。

刘传和等从神湾菠萝的夏季果中检测出了 5 类 21 种香气成分，而从秋季果中仅检测出了 2 类共 8 种香气成分，发现夏季果比秋季果中香气物质的种类丰富，可能是由于在广州夏季果生长期气温相对较低，昼夜温差较大，降雨少，光照相对温和，而秋季果生长过程中气温高，昼夜温差较小，降雨量大且不均匀，光照相对较强。正是由于夏季果比秋季果的生长周期长，生长过程中所处的环境条件更有利于果实养分和香气物质的积累，才使得夏季果香气成分比秋季果丰富，果实香味更浓，品质更好。而秋季气温降低不利于糖分和香气物质的积累。

六、菠萝果实品质的调控

1. 套袋

夏季套袋可有效防止果实日灼。陆新华等通过不同纸袋对果实品质的影响研究发现，3 种不同遮光能力的纸袋(白色单层纸袋、外黄内黑双层纸袋、牛皮纸袋)套袋后菠萝果实的光亮度都有所提高，其中白色单层纸袋效果最好，果皮呈金黄色。套袋减少了果面污斑，防止了日灼的发生，从而提高了果实的外观品质和商品价值。但套袋显著降低了单果质量和营养品质。适当的晚套袋比早套袋更有利于菠萝果实的发育，且对果实内在各种营养物质的影响较小，无刺卡因菠萝夏季果的套袋时间以花谢后 40～60 d 为宜，此期套袋，果实发育、外观及品质最佳(陆新华等，2010 年)。

2. 生长调节剂

外源使用赤霉素处理可增加单果重和果形指数，可适当改善果实外观，但降低了果实硬度和可溶性固形物含量，增加了酸含量。不同浓度的 DA-6 和 DCPTA 均可增加巴厘菠萝的可溶性固形物、维生素 C、可溶性糖的含量，降低酸的含量，从而改善果实品质，其中以 10 mg/L 的 DA-6 效果最好。可能是通过影响植物内源激素系统的平衡和物质代谢，从而调控作物的生长发育，提高产量，改善品质(姚艳丽等，2011 年)。花后 20 d 和 35 d 喷施 20 mg/L 的 CPPU 或 50 mg/L 的赤霉素能促进可溶性总糖的积累，但 50 mg/L 的赤霉素处理效果最好，可使可溶性总糖增加 36.9%，并促进酸含量的积累，使果实的 pH 值略有降低，但可溶性固形物和维生素 C 的含量没有显著性差异(李运合等，2009 年)。

3. 施肥

果树的矿物质营养对果实品质有一定影响。Mustaffa(1988 年)发现，增施氮肥能降低 Kew 菠萝果实的可溶性固形物和酸度，提高维生素 C 的含量。钾肥不仅可以提高菠萝产量，适当施用还能增加果实的糖、酸、维生素 C 的含量，提高果实的着色度和硬度，从而改善果实的风味(Vis，1989 年)。张秀梅等(2011 年)也认为施用钾肥能提高菠萝果实的葡萄糖、果糖和蔗糖含量，可能主要是通过改变糖代谢酶的活力来提高库强，相应地促进了同化产物的运输。Liu 等(2012 年)发现，每隔 15 d 喷施 200 mL 的花生压榨液体肥＋20g 的复合肥，或 100 mL 的花生压榨液体肥＋20g 的复合肥均可增加粤引奥卡菠萝果实的可溶性固形物和总糖含量，降低酸含量，增加糖酸比，提高品质，而且使菠萝果实的香味更浓。0.3％的锌＋0.3％的镁＋0.3％的硼组合，能有效提高果实的可溶性糖和维生素 C 含量。花后 20 d 和 30 d 叶面喷施 0.2％的 $NaCl$、$MnSO_4$、NaH_2PO_4 对巴厘菠萝果实品质影响的研究发现，3 个处理均增加了菠萝果实的单果重，提高了果实中可溶性固形物和维生素 C 含量，$MnSO_4$ 处理的效果最好。$MnSO_4$ 处理降低了果实的酸含量，提高了超氧化物歧化酶(SOD)和过氧化物酶(POD)的活性(姚艳丽等，2011)。

4. 稀土元素

以 200 mg/L 的硝酸铈处理，可使菠萝果实的维生素 C 含量提高 135.81％，果实纵、横径比对照增加 10.82％和 5.08％，单果重提高 21.03％，超氧化物歧化酶活性提高到 69.96％。不同浓度的硝酸铈处理可以提高果实的总糖含量，降低总酸含量，从而提高糖酸比，改善菠萝的品质。500 mg/L 的硝酸铈处理，极显著地提高了糖酸比，比对照提高了 37.62％，200 mg/L 的硝酸铈处理比对照增加了 17.75％(姚艳丽等，2010 年)。

参 考 文 献

[1]陈菁，孙光明，臧小平，等. 巴厘菠萝干物质和 N、P、K 养分累积规律研究[J]. 果树学报，2010，27(4)：547-550.

[2]陈菁，孙光明，臧小平，等. 卡因菠萝 N、P、K 养分累积规律的研究[J]. 热带作物学报，2010，31(6)：930-935.

[3]黄国成，陈发兴. 菠萝栽培技术问答[M]. 北京：中国盲文出版社，1999：37-40.

[4]李运合，孙光明. 喷施外源 CPPU 和 GA 对菠萝果实品质的影响[J]. 热带作物学报，2009，30(9)：1252-1255.

[5]刘胜辉. 菠萝[Ananas comosus(L.)Merril]花芽分化及乙烯利催花技术研究[D]. 湛江：广东海洋大学，2009.

[6]刘胜辉，臧小平，张秀梅，等. 乙烯利诱导菠萝花芽分化过程与内源激素的关系[J]. 热带作物学报，2010，31(9)：1487-1492.

[7]李苗苗，张秀梅，刘胜辉，等. 不同品种菠萝果实维生素含量分析[J]. 热带作物学报，2012，33(9)：1659-1662.

[8]李苗苗. 菠萝果实维生素组分和含量变化研究[D]. 海口：海南大学，2012.

[9]陆新华，孙德权，石伟琦，等. 不同时期套袋对菠萝果实发育和品质的影响[J]. 热带作物学报，2010，31(10)：1716-1719.

[10]陆新华，吴青松，刘胜辉，等. 菠萝种质果实可溶性糖组分及含量分析[J]. 热带作物学报，2012，33(5)：936-940.

[11]陆新华，孙德权，吴青松，等. 不同类群菠萝种质果实糖酸组分含量分析[J]. 果树学报，2013，30(3)：444-448.

[12]石伟琦，孙光明，陆新华，等. 分次施氮对菠萝产量和品质的影响[J]. 植物营养与肥料学报，2012，18(6)：1524-1529.

[13]石伟琦，孙光明，邓峰，等. 施氮次数对无刺卡因菠萝产量和品质的影响研究[J]. 热带作物学报，2012，33(8)：1366-1370.

[14]史俊燕，张秀梅，孙光明. 菠萝果实膳食纤维的研究[J]. 广东农业科学，2010，11：110-111.

[15]史俊燕. 菠萝果实膳食纤维功能的研究[D]. 海口：海南大学，2010.

[16]严程明，张江周，刘亚男，等. 5个品种菠萝果实品质比较与分析[J]. 广东农业科学，2012，19：42-44.

[17]姚艳丽，孙光明，刘忠华，等. DA-6和DCPTA对菠萝果实品质发育的影响[J]. 热带作物学报，2011，32(7)：1218-1222.

[18]姚艳丽，孙光明，刘忠华，等. 几种化学试剂对菠萝品质及抗性的影响[J]. 食品科学，2011，32(10)：256-259.

[19]姚艳丽，张秀梅，刘忠华，等. 硝酸镧和硝酸铈对菠萝产量品质和抗氧化酶系统的影响[J]. 热带作物学报，2010，31(8)：1372-1376.

[20]杨祥燕，蔡元保，李绍鹏，等. 菠萝果实不同发育阶段色泽和色素的变化[J]. 热带作物学报，2009，30(5)：579-583.

[21]杨祥燕，蔡元保，孙光明. 菠萝果肉颜色的形成与类胡萝卜素组分变化的关系[J]. 果树学报，2010，27(1)：135-139.

[22]张治礼，范鸿雁，华敏，等. 菠萝开花诱导及其生理与分子基础[J]. 热带作物学报，2012，33(5)：950-955.

[23]张秀梅，杜丽清，孙光明，等. 菠萝果实发育过程中有机酸含量及相关代谢酶活性的变化[J]. 果树学报，2007，24(3)：381-384.

[24]张秀梅，杜丽清，孙光明，等. 3个菠萝品种果实香气成分分析[J]. 食品科学，2009，30(22)：275-279.

[25]张秀梅，李建国，窦美安，等. 不同季节的菠萝果实糖积累差异的研究[J]. 园艺学报，2010，37(11)：1751-1758.

[26]张秀梅，李建国，杜丽清，等. 菠萝品种间糖积累差异的研究[J]. 热带作物学报，2011，32(9)：1673-1678.

[27]张秀梅，杜丽清，谢江辉，等. 硫酸钾不同施肥方法对菠萝果实发育过程中糖含量及相关酶活性的影响[J]. 热带作物学报，2011，32(2)：229-234.

[28]Avila M，Blanco M A，Nieves N，et al. Effect of ethrel on flowering induction in pineapple(*Ananas comosus*(L.)Merr.)Smooth Cayenne cv. Serrana. L. Changes in levels of polyamines，proteins and carbohydrates［J］. Acta Horticulturae，2005，666：175-182.

[29]Bartholomew D P. Inflorescence development of pineapple (*Ananas cosmosus*(L.)Merrill.) induced to flower with ethephon[J]. Botanical Gazette，1977，138：312-320.

[30]Bartholomew D P，Malezieux E，Sanewski G M，et al. Inflorescence，and fruit development and yield[C]/Bartholomew D P，Paull R，Rohrbach K G，et al. The pineapple：botany，production and uses. CABI Publishing，Wallingford，UK，2003，167-202.

[31]Chen C C，Paull R F. Sugar metabolism and pineapple flesh translucency[J]. Journal of American Society for Horticulture Science，2000，125(5)：558-562.

[32]Dou M A，Yan Y L，Du L Q，et al. sugar accumulation difference between the various sections during pineapple development[J]. Acta Horticulturae，2011. 902：141-150.

[33]Gillaspy G，Ben-David H，Gruissem W. Fruits：a developmental perspective[J]. The Plant Cell，1993，5：1439-1451.

[34]Gorinstein S，Zemser M，Haruenkit R，et al. Comparative content of total polyphenols and dietary fiber in tropical fruits and persimmon[J]. Journal of Nutritional Biochemistry，1999，10：367-371.

[35]Inzé D，De Veylder L. Cell cycle regulation in plant development[J]. Annual Review of Genetics，2006，40：77-105.

[36]Kerm K R，Collins J L，Kim H. Developmental studies of the pineapple (*Ananas cosmosus*(L.) Merrill). Origin and growth of leaves and inflorescence[J]. New Phytologist，1936，35：305-317.

[37]Kuan C S，Yu C W，Lin M L，et al. Foliar application of aviglycine reduces natural flowering in pineapple[J]. HortScience，2005，40：123-126.

[38]Li Y H，Zhang Z，Sun G M. Changes in cell number and cell size during pineapple(*Ananas comosus* L.) fruit development and their relationship with fruit size[J]. Australian Journal of Botany，2010，58：673-678.

[39]Li Y H，Wu Y J，Wu B，et al. Exogenous gibberellic acid increases the fruit weight of 'Comte de Paris'pineapple by enlarging flesh cells without negative effects on fruit quality[J]. Acta Physiologiae plantarum，2011，33：1715-1722.

[40]Liu S H，Zang X P，Sun G M. Changes in endogenous hormone concentrations during inflorescence induction and development in pineapple(*Ananas comosus* cv. Smooth Cayenne) by ethephon[J]. African Journal of Biotechnology，2011，10(53)：10892-10899.

［41］Liu S H，Zang X P，Zhang X M，et al. Integrated effects of ethylene absorbents on flower forcing of Yellow Mauritius pineapple［Z］. Pineapple News，2011，Issue No. 18，July.

［42］Liu C H，Liu Y. Influences of organic manure addition on the maturity and quality of pineapple fruits ripened in winter［J］. Journal of Soil Science and Plant Nutrition，2012，12(2)：211-220.

［43］Lv L L，Duan J，Xie J H，et al. Cloning and expression analysis of a *PISTILLATA* homologous gene from pineapple(*Ananas comosus* L. Merr)［J］. International Journal of Molecular Sciences，2012，13：1039-1053.

［44］Marta M. C，María Alejandra R G，Olga M B. Aroma profile and volatiles odor activity along Gold Cultivar pineapple flesh［J］. Journal of Food Science，2010，75：S506-S512.

［45］Maruthasalam S，Ling Y S，Loganathan M，et al. Forced flowering of pineapple (*Ananas comosus* cv. Tainon 17) in response to cold stress，ethephon and calcium carbide with or without activated charcoal［J］. Plant Growth Regulation，2010，60：83-90.

［46］Malladi A，Hirst P M. Increase in fruit size of a spontaneous mutant of 'Gala' apple (*Malus × domestica* Borkh.) is facilitated by altered cell production and enhanced cell size［J］. Journal of Experimental Botany，2010，61：3003-3013.

［47］Min X J，Bartholomew D P. Effect of plant growth regulatiors on ethylene production，1-aminocyclopropane- 1-carboxylic acid oxidase activity，and initiation of inflorescence development of pineapple［J］. Journal of Plant Growth Regulation，1996，15：121-128.

［48］Min X J，Artholomew D P. Temperature affects ethylene metabolism and fruit initiation and size of pineapple［J］. Acta Horticulturae，1997，425：3129-338.

［49］Mustaffa M M. Influence of plant population and nitrogen on fruit yield quality and leaf nutrient content of Kew pineapple［J］. Fruits，1988，43(7-8)：455-458.

［50］Poel B V D，Ceusters J，Proft M P D. Determination of pineapple (*Ananas comosus*，MD-2 hybrid cultivar) plant maturity，the efficiency of flowering induction agents and the use of activated carbon［J］. Scientia Horticulturae，2009，120(1)：58-63.

［51］Saradhuldhat P，Paull R E. Pineapple organic acid metabolism and accumulation during fruit development［J］. Scientia Horticulturae，2007，112：297-303.

［52］Tokitomo Y，Steinhaus M，Bfitner A，et al. Odor-active constituents in fresh pineapple［*Ananas comosus*(L.) Merr.］by quantitative and sensory evaluation［J］. Bioscience Biotechnology and Biochemistry，2005，69：1323-1330.

［53］Vis H. Potash fertilization on quality crops：a review of experimental results from Asia［C］/Proceedings of Fertilizer Asia Conference and Exhibition(FACE) held Manila. Philippines，1989：15-18.

[54]Wang R H，Hsu Y M，Bartholomew D P，et al. Delaying natural flowering in pineapple through foliar application of Aviglycine，an inhibitor of ethylene biosynthesis[J]. Hortscience，2007，42(5)：1188-1191.

[55]Wei C B，Liu S H，Liu Y G，et al. Characteristic aroma compounds from different pineapple parts[J]. Molecules，2011，16：5104-5112.

[56]Zhang X M，Wang W，Du L Q，et al. Expression patterns，activities and carbohydrate-metabolizing regulation of sucrose phosphate synthase，sucrose synthase and neutral invertase in pineapple fruit during developing and ripening[J]. International Journal of Molecular Science，2012，13：9460-9477.

第五章　安全高效栽培技术

在菠萝生产过程中，从建园到栽培管理的各个环节，集成应用各项现代新技术，以集约化、高效化、省力化的手段最大限度地提高优质商品果的生产潜能，提高菠萝生产的综合效益，是菠萝安全高效栽培的主要内容。

第一节　菠萝栽培立地条件与优势区域

一、温度

菠萝原产南美洲，在其进化过程中形成了喜温暖、耐瘠、耐旱的生长习性，能适应热带、南亚热带的丘陵山地种植。温度是影响菠萝生长发育最重要的环境条件。适于菠萝生长的温度为 24～32℃。温度高于 40℃时，叶片和果实会发生日灼病，如遇到持续干旱，植株会干枯死亡；温度在 10℃ 以下时，一般不发新根，不抽新叶，果实不发育，植株的生长发育趋于停止；冬春日平均温度≤8℃持续 1 周并伴有阴雨天气时，植株会烂心。日平均温度低于 5℃时会出现寒害，叶片表现出明显的低温伤害症状，细胞膜相对透性增加，可溶性蛋白含量先升高后降低(陆新华等，2010 年)。因此，在选择菠萝种植地时应着重考虑冬季的温度，12月至翌年2月月平均温度大于13℃的地方可进行经济栽培。温度对果实的发育、品质的形成也有较大的影响。在春夏之交，温度适宜、水分充足条件下成熟的果实品质和风味最佳；冬季成熟的果实，正值气温下降，果实成熟历时长、糖积累少、酸含量高，果实酸而无味。而温度过高，尤其是果实成熟前 2～4 周温度过高，会加速果实的成熟与衰老，果实细胞膜完整性被破坏，电解质泄漏，源-库关系被打破，果实糖含量升高，导致菠萝水渍果的发生，遮阴降温是成熟期温度过高时减少菠萝水渍果发生的有效措施（Paull 等，1996 年；Chen 等，2001 年）。

二、土壤与水分

菠萝是草本作物，根浅、好气性强。疏松肥沃、有机质丰富的酸性壤土适宜菠萝生长；中性和碱性土壤不适合菠萝生长；常年积水、排水不良或过于板结的土壤也不适合菠萝生长，此土壤种植的菠萝除植株表现生长不良外，还易引起根腐病、心腐病和凋萎病。土层较深、土质疏松、通气良好、肥力较高的红壤土种植菠萝，根系发育好、植株健壮，果大、肉质密、果肉色深、果皮色鲜、品质优、风味佳。

菠萝属 CAM 植物，具有一定的耐旱性，但生长发育仍需一定的水分，在水分供应充足的地方植株生长更旺（José 等，2007 年）。水分的吸收与环境气候条件及植株生长阶段等因素有关（Azevedo 等，2007 年）。月平均降雨量为 100 mm 时足以保证菠萝的正常生长，月平均降雨量少于 50 mm 时应进行灌溉。轻度水分胁迫有利于菠萝根系的生长，菠萝根系活力和保水力较高（习金根等，2010 年）。土壤（黏土）含水量降到 13.39% 时，菠萝叶片会出现红紫色；当土壤含水量低至 6.60% 时，会出现严重枯萎症状，大部分叶片变为红紫色，叶绿素含量下降，生长明显受到抑制（陈菁等，2012 年）。通过地膜覆盖、敷草等方法，可以提高土壤的保水防旱能力，是获得较高产量的有效方法（Wan 等，1999 年；Dusek 等，2010 年；刘传和等，2010 年）。

三、光照

菠萝原本生长在热带雨林中，比较耐阴，但经过长期人工栽培驯化后，对光照的要求增加，其在充足的光照下生长良好，果实含糖量高，品质佳；光照不足时则生长缓慢，果实含酸量高，品质差（唐志鹏，2011 年）。光照减少 20%，产量下降 10%。光照过强再加高温时，叶片会变成红黄色，果实也易灼伤。因此，在光照强烈的高温季节，为防止菠萝果实灼伤，常采取防晒措施，如用黑色网纱覆盖（Liu 等，2012 年）或套果袋（陆新华等，2010 年，2011 年）防晒。

四、菠萝栽培优势区域

全球有 80 多个国家与地区生产菠萝，但 98% 分布在气温较高的亚洲、美洲和非洲。据 2010 年 FAO 的数据，最主要的 10 个菠萝生产国的产量占了全世界总产量的 75％，它们是：菲律宾、巴西、哥斯达黎加、泰国、中国、印度、印度尼西亚、尼日利亚、墨西哥和越南。

我国菠萝种植面积位居世界第四，产量位居世界第六。据中国农业部发展南亚热带作物办公室统计，2014 年全国菠萝种植面积 7.07 万 hm²（106 万亩）、总产量 143 万 t、产值 46 亿元，与 2006 年相比，分别增长 33.2％、60.7％和 422.7％。产区主要集中在广东、海南、云南、福建和广西，这些省（自治区）的种植面积分别占全国总种植面积的 62.2％、21.9％、6.1％、5.2％和 4.6％，产量分别占全国的 64.1％、26.0％、4.8％、2.7％和 2.4％。

根据菠萝产业发展的实际情况，我国目前规划出四大菠萝优势区域：①海南-雷州半岛优势区，主要包括海南的万宁、琼海、文昌、定安、澄迈、昌江、屯昌和琼山 8 个县（市），广东湛江的徐闻、雷州、遂溪和麻章 4 个县（市、区）；②粤中-粤东-闽南菠萝优势区，包括广东中山的神湾，广州的萝岗，汕尾的陆丰、海丰，揭阳的惠来、普宁，潮州的潮安、饶平 8 个县（市、区），以及福建漳州的龙海、漳浦、云霄 3 个县（市）；③桂南优势区，包括玉林的博白，南宁的良庆、武鸣、隆安、西乡塘，崇左的龙州、扶绥，北海的合浦和防城港的防城 9 个县（区）；④滇西南优势区，包括西双版纳的景洪、勐腊，红河的河口、屏边，德宏的潞西 5 个县（市）。

第二节　菠萝育苗

一、育苗方法

生产上菠萝育苗常采用各种营养芽体进行无性繁殖。菠萝植株上的吸芽、蘖芽，果柄上的裔芽，果顶上的冠芽等，只要量多、个大、均匀，都可以直接用作种苗。采芽时，应注意母株的选择，应选高产、优质、无病虫害、茎部粗壮、叶数多的健壮植株。由于菠萝自然繁殖系数低，而菠萝栽培又实行密植，用苗量大，菠萝种苗往往满足不了生产快速发展的需要，尤其是在新品种的推广过程中常因种苗缺乏而进展缓慢。近年来，各地围绕提高菠萝繁殖系数进行了一系列育苗试验，以期加快种苗繁育。

（一）药物催芽育苗

利用整形素催芽育苗是增加菠萝植株繁殖系数的一项新技术，广西农业科学院园艺研究所对这一方法进行了系统的研究。当菠萝植株用乙烯利催花后，受处理植株的生长点由营养生长转化为生殖生长，形成花蕾，接着利用整形素处理，使生殖分化又改变为营养生长，而花蕾上的小花停止分化和退化，并从蕾上的小花诱发出果叶芽，从蕾基的果瘤上诱发出果瘤芽，从顶芽诱发出冠裔芽，从而在1个花蕾上诱发出多个营养芽。在广西南宁，用整形素催芽可在5~11月进行。

1. 植株选择

严格选取大于30 cm长的绿叶达30片以上、大而整齐的第一次结果株（正根苗）进行催花、催芽处理。

2. 处理时间

用乙烯利催花之后的第5 d和第12 d是进行整形素催芽处理的关键时间点，此2个时间点正是花芽原基分化和小花原基分花期，使用整形素处理，能收到较好的催芽效果。

3. 浓度和分量

催花后第5 d使用整形素1 200~1 500倍液，每株25~40 mL，第12 d使用600~750倍液，每株25~40 mL，效果比较稳定。

(二)老茎育苗

1. 老茎斜埋育苗

利用淘汰更新地段的大吸芽和结过果的老株，削去叶片，仅留5 cm长的叶基护芽，并切去过长的长根茎段，用茎苑作育苗材料。斜埋育苗的具体做法是：在育苗畦上横向开沟，沟距30 cm，深10 cm，沟内斜放1行老茎，茎上覆以松质肥土至平畦面。春、夏季育苗在30~50 d后即可萌芽，秋、冬季育苗则需到翌年春才能萌芽。萌芽后要及时淋水肥，待苗高30 cm以上时，便可分苗定植。如果护理得好，茎上的隐芽可陆续再萌芽，达到种植标准的芽就应及时分批摘下分苗，使小芽能尽快壮大。

2. 老茎切片育苗

切片育苗是利用茎节上潜伏芽有促发成苗能力的特性，把茎切成数段，在保护地的条件下萌芽、生根、快长、成苗，以加速种苗繁殖的一项技术。以大块切片、薄膜包扎法比较实用，每年3~5月进行为宜。

1)切芽片

取已结果的老茎或大吸芽为材料，老茎要求新鲜带有绿叶，削去叶片，仅留5 cm长的叶基护芽，切去果柄及过长的长根茎段，然后用利刀将老茎（连叶基）纵切4等份，每等份再横切1~2刀（只将茎部切断，护芽叶基仍与茎段相连并高出茎段）成2~3个茎段，保证每块茎段有隐芽1~2个。这样，每个老茎即可切成8~16个芽片。

2)防腐包扎

切片防腐用 70% 的甲基托布津 1 000 倍液浸泡 1 min，稍晾干后用经 2 000 倍托布津液浸泡湿润的锯木粉作培育基质，用宽 30 cm、长 180 cm 的薄膜包扎。将薄膜平铺地面，顺长向的上半侧铺上湿锯木粉，厚 2 cm，宽约 10 cm，在锯木粉的上边，按叶朝上、茎朝里均匀摆上 50 个芽片，再撒上一些锯木粉，把芽片间隔填满，使每个芽片都埋在锯木粉内，然后将膜条下半侧折起覆盖在锯木粉上，并从一头卷向另一头成一圆饼，用塑料带将其扎实成捆。

3)护理催芽

菠萝苗期有喜湿暖半阴蔽的环境，根系喜湿润疏松通气的特点。可将薄膜包扎的育苗捆放在室内框架上分层放置催芽，也可在室外搭遮阴棚架催芽。薄膜捆扎有减少水分散失的作用。前期，锯木粉本身含的水分已足够芽片汲取，切莫急于过多供水，否则易引起芽片腐烂。以后发现锯木粉过干时，才用喷雾器将苗喷湿和补充锯木粉水分。苗稍大时，还可用稀薄水肥根外喷施，以供幼苗吸收。待苗高 15 cm 左右时可转圃育壮苗或作种苗出圃定植。

3. 带芽叶扦插育苗

由于菠萝植株及芽苗的叶片基部都有 1 个腋芽，而每个发育健全的腋芽在适宜的条件下都能萌发长成 1 株苗。因此，利用植株上各类带腋芽的单叶进行扦插就可培育菠萝苗。这种育苗方法简单易行，只要有材料，全年均可进行繁殖。繁殖苗木系数较高，育苗的成活率较高，能较好地保持种性，植株结果基本无变异。广东省农业科学院果树研究所对这一方法进行了探究，获得了理想的效果。具体做法是：

1)带芽叶片的切取

用顶芽作带芽叶扦插材料时，用顶芽直接切片即可。用大吸芽和已采果的母株作繁殖材料时，应将植株老茎、老叶去掉，从茎基部向上保留 25 cm 左右的带叶茎段，以便操作。切片时左手握着材料，右手用锋利的小刀，按叶片旋向、从两叶交接处向茎心削入 2 mm 左右，然后刀锋沿叶基弧线平削，将叶片与叶片连接的小部分茎组织连同腋芽一起切下，即得到 1 片带芽的单叶，如此切削，直至叶片太幼嫩、叶基太脆不易切取完整的带芽单叶为止，切出的带芽叶片每片长 15 cm，以便于包扎。切片时要注意，当刀锋至腋芽部分时，切口要稍加深，以保证叶片带有完整无损的腋芽。一般 1 个冠芽可切 25～40 片，裔芽可切 15～25 片，大吸芽可切 15～20 片，采果后的母株可切 10～20 片，1 株菠萝上的 4 种材料可切得芽片 65～100 片，按成苗率 80% 计算，可育苗 50～80 株。

2)催芽育苗

有苗床薄膜包扎和苗床催芽育苗两种方法。薄膜包扎催芽，先准备好薄膜条，可将聚乙烯薄膜剪成宽 15～18 cm、长 120 cm 左右的片。把切好的带芽叶片用 75% 的甲基托布津或 50% 的多菌灵 800～1 000 倍液浸泡 1～2 min，晾干后即可催芽。将裁好的薄膜放平，在其上铺一层厚 0.5 cm 的木糠或椰糠，然后将带芽叶片从小到大一片靠着一片排列，叶面向上，一般每扎排 20～30 片叶，然后再铺一层木糠或椰糠（只盖叶片基部，一般盖至叶长的 1/3 处），从小叶片一端卷起成一扎，然后用绳扎紧，包好后将底部的薄膜用刀尖刺若干个洞，以利于排水，然后平放于架上或苗床上催芽，冬季最好能做到保湿、保温，夏季要遮阴。开始催芽的 7～10 d 内忌淋水，10 d 后视育苗基质干湿度适当淋水保持湿润，30 d 左右可进行根外追肥，可喷 2% 的尿素水或一些含氮量较高的叶面肥，促进芽苗生长。

用苗床直接催芽育苗，可采用室内苗床或露地苗床。苗床底层最好用 5～6 cm 厚的塘泥，表土用腐熟的有机肥与土混匀，带芽叶片按 8 cm×12 cm 株行距斜插于土中，深 0.5～1 cm，以掩住腋芽为度。插完后淋水保湿。

3）假植

将苗圃的地整好，当芽苗长至约 10 cm 高时，移到苗圃假植，株行距为 10 cm×25 cm，经 5 个月假植后，苗高 20～25 cm 时即可定植于大田。

（三）小弱苗培育

1. 小冠芽、小裔芽育苗

菠萝植株在完成营养生长进入开花结果阶段的同时，在母株不同的位置上会长出冠芽、裔芽、吸芽及蘖芽 4 种芽。在前 3 种芽充足的情况下，一般不用蘖芽作种苗。达到种苗种植标准的冠芽、吸芽及裔芽可直接用作种苗种植，而不符合标准的小裔芽、小冠芽和小吸芽从植株上摘除以后，应通过培育，达到标准后才能用作种苗。此法是利用封顶、去托、采收、更新翻种以及平常田间护理时收拾到的小冠芽、小裔芽和小吸芽（即未达定植苗标准的小芽），加以集中培育壮大。具体做法是：选择土壤疏松、土质肥厚、水源条件良好、排灌方便的地方留出育苗地，整地起畦，施足基肥；将采集来的小芽按大小分级，以每株占地 5～10 cm² 的密度假植，不能种得过深，以利根叶伸展；加强管理，适时追肥，待芽长至 25 cm 高以上即可出圃供应定植。

2. 延留果柄上裔芽和延缓更新育苗

对于供应加工厂的原料果，采果时只将果实从果柄处扭断，或鲜果出售时可以不带柄采收，保留柄上裔芽，让留在果柄上的小裔芽继续生长，待护理育壮后可作种苗用。对于待更新地段推迟耕翻，并以正常施肥培土的方式管护一段时间，如喷水肥或雨后撒施速效肥，使小芽迅速粗壮以供定植。这是近年来在广东湛江地区生产上得到普遍应用的一种育苗方式，方法简单，培育时间短，种苗健壮，效果较好。

(四)组织培养育苗

我国开展菠萝组织培养研究始于 20 世纪 70 年代中期。70 年代后期至 80 年代初，广西菠萝协作组利用叶基白色组织进行试验和繁殖，但大田定植的数千株组培苗分化严重，试验和繁殖因此被迫停止。广东省农业科学院果树研究所 1983 年开始用菠萝叶片进行组织培养，研究结果表明，用叶片组织诱导新幼株变异率较高。2000 年后，广东省农业科学院果树研究所改用菠萝茎尖培养育苗，通过大田观察，组培苗性状有分离，但变异率在 10％以内；2008 年后，中国热带农业科学院南亚热带作物研究所用组织培养方法大量繁殖菠萝新品种苗木，使其成为解决新品种苗木快速扩繁问题的有效措施之一。

1. 菠萝组培育苗必须具备的条件

1)接种室

能保证培养物在无菌条件下接种在培养基上，以便诱导出无污染的不定芽。

2)培养基

培养基是组织培养中最重要的条件之一，广东省农业科学院果树研究所通过多年的研究与实践，研发出适合菠萝组培苗生产的培养基。诱导培养基：1/2 MS＋6-BA 1.0mg/L＋NAA 0.2 mg/L＋KT 3.0 mg/L＋蔗糖 20 g/L＋琼脂 7.0 g/L。增殖培养基：MS＋6-BA 20 mg/L＋NAA 0.1 mg/L＋蔗糖 30 g/L＋琼脂 7.0 g/L。生根培养基：1/2 MS＋IBA 1.0 mg/L＋NAA 0.5 mg/L＋蔗糖 30 g/L＋琼脂 7.0 g/L＋活性炭 3 g/L＋40％的核苷酸 60 mg/L。

3)培养室

培养室一般要求保持温度在 25～28℃，超过 35℃或低于 15℃都会产生抑制作用，严重时愈伤组织或分化出的幼苗会黄化或枯死。光照对细胞组织、器官的生长分化有很大的影响，一般在培养过程中要求每天光照 10～12 h，光照强度约为 1 500 lx。

2. 组培育苗及移苗技术

1)组培育苗方法

取品种优良、无病虫的健壮植株或大吸芽，去叶片、根及部分茎，留茎尖及其以下约 2 cm 长的茎段作接种材料，用蒸馏水清洗干净，在无菌室接种台上用接种刀切成一定的大小，用 0.11％的升汞消毒，再用无菌水反复清洗 4 次以上。然后用接种刀切去材料边缘部分，将剩余部分接种到诱导培养基上。大约 40 d 后，有不定芽长出，开始转增殖培养基培养，当培养的不定芽长至 1 cm 以上时，分成单株转生根培养基培养(图 5-1)。

营养基质与沙质培养菠萝植株生长势对比　　　营养基质培养菠萝植株成苗

图 5-1　组培苗移栽营养基培养（刘传和提供）

2）移苗假植

组培苗移植水平的高低，直接影响苗木的成活率，是试管苗能否在生产中应用及迅速推广使其产生经济效益的关键因素之一。因为试管苗长期在优越的营养条件下和人为的恒温、高湿、低光照、无菌的环境中生长，组织幼嫩，抗逆性差，所以在移植前要注意炼苗。在移前 7～10 d，把有 4～6 片叶、叶色浓绿、根多的试管苗放在有自然散射光的室内炼苗，使试管苗逐渐适应新环境。然后将幼苗从培养瓶中取出，洗净根部的培养基后，移栽在准备好的苗床中培育，注意保湿、保温、防晒、防病，新根长出后每周施肥一次，待苗长至 6～10 cm 高时，再移栽一次，株行距为 10cm×15cm，经 3～4 个月的培育，苗高 25～30 cm 时即可定植于大田。广东省农业科学院果树研究所研发出一种能有效提高菠萝组培苗成苗率、促进组培苗生长、缩短成苗时间的组培苗移栽营养基质（见"一种菠萝组培苗移栽基质"，专利授权号为ZL201110042547.4）。

二、苗木出圃

繁育出的苗木一定要健壮，采用壮苗种植能缩短菠萝生长周期，也有利于提高产量。

1. 苗木出圃要求

菠萝苗木的出圃要求主要有：无论是用冠芽、裔芽、吸芽，还是组培育苗，出圃时种苗一定要纯正，以保持该品种的优良特性；其次，来自优良母株且没有检疫性病虫害，无叶伤和皮伤；再就是要达到一定的规格：不同的品种、不同的栽培地区对菠萝种苗株高的要求有一定的差别，湛江产区裔芽、吸芽苗高一般要在 35 cm 以上，中山神湾苗高一般要在 30 cm 以上，广东省农业科学院果树研究所认为组培苗出圃标准一般在 25～30 cm 高即可。

2. 种苗包装与运输

种苗出圃时应按品种、芽类、规格分别绑扎或装箱，组培苗可用纸箱包装，1 箱可装 100 株左右，苗小可装多些，纸箱周围要扎些洞，以便透气，降低箱内苗木的温度，避免发热造成苗木损失。大裔芽、吸芽 20～30 株 1 扎，扎好后苗尾部向下倒放于地面晾晒待运。

菠萝种苗生命力强、耐存放，妥善保管的情况下放置 15～30 d 种植一般没问题。但在运输过程中如果处置不当，会因种苗腐烂造成损失。不能装得太多太挤，运输过程中要防止日晒雨淋，避免产生发热现象。到达目的地若未立刻种植，种苗应放在阴蔽处，解绑，将种苗竖放，不要堆积。

第三节　菠萝种植

一、种苗分级

为了使菠萝植株生长整齐一致，便于施肥培土、催花收果等作业，定植前要按品种、芽苗种类和大小将种苗分级、分片种植，分级标准见表 5-1。

表 5-1　菠萝种苗分级标准

项目		一级		二级	
		卡因	皇后	卡因	皇后
顶芽	苗高/cm	≥30	≥25	20～25	15～18
	茎粗/cm	≥4	≥3.5	3～4	2.8～3.4
	苗重/g	≥450	≥200	300	150～180
托芽	苗高/cm	≥35	≥30	28～33	20～30
	茎粗/cm	≥3.6	2.5～3	2.5～3	2～2.3
	苗重/g	≥400	≥250	≥300	200～240
吸芽	苗高/cm	≥40	35～40	3～35	30～33
	茎粗/cm	≥4.0	≥3.6	3.5～3.8	2～2.3
	苗重/g	≥500	≥350	350～450	300～350

二、种苗消毒

种植前要对种苗进行处理：剥除种苗基部干枯叶片、果瘤，剪去叶片过长部分，并用5%的井冈霉素1 000倍液和10%的浏阳霉素1 500倍液浸苗基部10 min，浸后晾干待种。也可用500倍的辛硫磷＋500倍的多菌灵浸苗基部10 min进行消毒。

三、种植模式

1. 露地种植

土地深耕后，一般每公顷施腐熟的猪、牛粪或杂草堆沤肥的基肥22.5～30 t，再加1 800 kg过磷酸钙及三元复混肥300 kg。将种植地整理成宽度为60～80 cm或120～130 cm的种植畦，畦高约25 cm，畦面宽60～80 cm的种植2行，畦面宽120～130 cm的种植3行，一般每畦种植在3行以内有利于管理。地势平坦、排水良好的地方也可以不起种植畦，整平种植园直接栽种。植株较小的皇后类品种，株行距为30cm×40cm，株型较大的卡因类品种株行距为40cm×50cm。"深耕浅种"是定植菠萝的原则，苗要种得浅、种得稳，切忌种深。苗的生长点露在地面，覆土不能超过芽苗开叶的地方。种植深度依芽苗类型而定，大吸芽为6～8 cm，吸芽为4～5 cm，托芽和顶芽为3～4 cm。种植后，将芽苗基部土壤压实，使土壤与芽苗紧密接触。每畦植株要尽量种得平直，不歪斜弯曲。如有条件，种植后可适当淋定根水。

图5-2　菠萝露地种植（刘传和提供）

2. 地膜覆盖种植

有条件的最好先在种植畦面上铺地膜，然后再种植。近年的生产实践证明，用地膜覆盖种植，既能起到保湿、保温及抑制杂草的作用，减少果园除草用工，缩短植株生长周期，还可以提早催花、结果。

地膜覆盖种植时，由于整个生长过程中畦面被地膜所覆盖，种植后不便施肥，因此在整地做畦时要将肥一次性以基肥的形式施足，供给整个生长期需要。一般每公顷施 30.0～37.5 t 腐熟的猪、牛粪或杂草堆沤肥，或者施花生麸 7.5～12.0 t 作基肥，加过磷酸钙 2 250 kg 及三元复混肥 750 kg。将种植地整理成高 25 cm 左右的种植畦。在畦面适当淋水后铺盖地膜；宽 60～80 cm 的畦面用宽度为 1 m 的地膜铺盖，宽 120～130 cm 的畦面用宽度为 1.5 m 地膜铺盖，将地膜四周用泥土压实，以免地膜被风吹开。种植时，在地膜上挖个小孔将苗种上，苗基部要压实。宽 60～80 cm 的畦面种植 2 行，宽 120～130 cm 的畦面种植 3 行。种植后要查苗补苗，发现缺株及时补种，发现倒伏及时扶正。

图 5-3　菠萝地膜覆盖种植（刘传和提供）

地膜覆盖栽培可以改善耕作层土壤的温度状况，活化土壤养分，减少土壤水分蒸发，提高土壤的含水量和养分利用率，对农作物增产非常有效。广东省农业科学院果树研究所的试验研究表明（刘传和等，2010 年），地膜覆盖栽培菠萝，对秋季和冬季土壤温度的影响效应不同，并不只是简单的增温效应，地膜覆盖后菠萝园土壤保持在一个相对恒定、适宜的温度范围，不会出现露地栽培中高温时骤升、低温时骤降的剧烈温度变化。地膜覆盖对土壤温度的保持效应还由于地膜覆盖减少了土壤水分的蒸发，保持了土壤相对较高和稳定的含水量，水的比热较大，因此土壤温度变化较小。

地膜覆盖后，秋、冬季节菠萝植株的根系活力、株高、叶片数、地上和地下部鲜质量、新抽叶片数等指标显著高于对照。进行地膜覆盖栽培，还能提高菠萝叶片的叶绿素含量，降低叶片细胞膜的透性，降低叶片及根系的丙二醛（MDA）含量，提高抗氧化酶活性，提高可溶性糖及可溶性蛋白的含量。

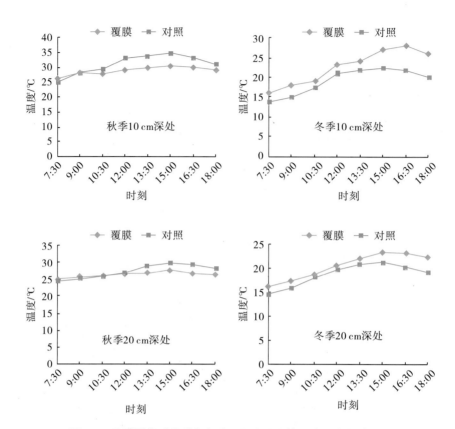

图 5-4　地膜覆盖对秋季和冬季不同土层土壤温度日变化的影响

地膜覆盖不仅促进了菠萝植株的生长，而且为缩短菠萝生长周期、提早上市创造了条件（刘传和等，2008 年，2011 年）。

地膜覆盖栽培菠萝，土壤中有机质及微生物数量增加，土壤中的酶（蛋白酶除外）的活性提高，植株生长显著加快。地膜覆盖提高了菠萝植株根系的活力，促进了对氮、磷、钾等的吸收，降低了土壤中有效氮、磷、钾的含量。所以地膜覆盖在改善根际土壤水热条件、促进菠萝植株生长的同时，也降低了土壤中有效氮、磷、钾的含量（刘传和等，2010 年）。因此，生产中应用地膜覆盖栽培菠萝时，在其生长的中、后期，应适当增施氮、磷、钾肥，以补充其旺盛生长的需要。

地膜覆盖栽培有利于促进菠萝植株提早抽蕾和成熟，提高了植株高度、株重、叶长、叶宽、青叶数、青叶重和根重等生物量指标，提高了菠萝果实单果重、纵径、横径和果眼数等外观指标，提高了果实可溶性固形物、还原糖、蔗糖、全糖的含量及糖酸比等品质指标，降低了可滴定酸（Liu 等，2011

年）。地膜覆盖栽培尽管增加了成本，但大大减少了果园的除草次数，总体上大大降低了菠萝的生产成本（刘传和等，2011 年）。

表 5-2　地膜覆盖对菠萝植株生长的影响　（刘传和等，2010 年）

处理	株高/cm		叶片数/片		根条数/条		地上部鲜重/g		地下部鲜重/g	
	秋季	冬季	秋季	冬季	秋季	冬季	秋季	冬季	秋季	冬季
覆膜	28.8±0.3	45.8±1.3	31.3±1.2	36.0±2.0	30.7±1.2	34.8±1.6	215.0±5.0	565.0±72.5	9.6±1.7	21.3±3.6
对照	20.4±0.2	36.8±0.7	23.0±0.5	26.8±0.5	20.7±0.8	23.5±1.6	91.5±4.5	194.0±21.0	5.5±1.0	9.5±1.1

表 5-3　地膜覆盖对不同土层土壤肥力的影响　（刘传和等，2010 年）

处理		0~10 cm				10~20 cm			
		有机质/(g/kg)	有效氮/(mg/kg)	有效磷/(mg/kg)	速效钾/(mg/kg)	有机质/(g/kg)	有效氮/(mg/kg)	有效磷/(mg/kg)	速效钾/(mg/kg)
秋季	覆膜	16.2±0.3	168.2±11	195.8±1.9	209.7±2.8	14.8±0.2	156.9±17.6	30.4±1.1	67.8±2.1
	对照	12±0.5	243.2±2.6	163.1±2	285±5.3	10.3±0.2	77.6±12.8	60.5±2.2	33.4±1.9
冬季	覆膜	14.2±0.1	113.9±1.1	42.7±0.6	116.2±1	10.4±0.2	47.8±1.1	6.9±0.2	42.5±0.5
	对照	10.9±0.1	139.1±1.1	115.4±1.1	136.3±3.1	9.7±0.2	54.4±1.2	38.5±0.6	71.6±0.9

3. 水肥一体化种植

水肥一体化栽培是将施肥与灌溉紧密结合的农业栽培新技术，它利用灌溉系统将由固体或液体肥料配兑而成的肥液均匀、准确地输入到作物根部土壤，能有效控制灌溉用水量和施肥量，提高水肥利用效率。水肥一体化技术具有显著的节水、节肥、节药、省工、高产、高效以及减少对环境污染等优点。

首先在种植地修筑水肥池，最好选择地势稍高的地方。一般每约 13.3 hm²（200 亩）园地要配置一个 100 m³ 容积的水池及一个 10 kW 的水泵。

采用水肥一体化模式种植菠萝，在整地时施一定的基肥后，将种植地整理成宽度为 60~80 cm 或 120~130 cm 的种植畦，畦高约 25 cm。

谢盛良等（2009 年）、严程明等（2014 年）的研究表明，与传统施肥相比，水肥一体化栽培明显促进了菠萝植株的生长，菠萝植株每月抽叶数多了 2~10 片，单果重增加，产量增加 39.04%~43.60%，商品果率提高 10.80%~11.51%，果实的商品品质大幅度提高。同时还明显节省了菠萝的种植成本，提高了产出投入比。

另外，广东省农业科学院果树研究所在广东中山市神湾镇以山坡地种植的神湾菠萝为材料进行研究，结果表明：与传统施肥相比，水肥一体化种植不仅明显促进了菠萝植株、果实的生长，还提高了菠萝果实品质，果实的可溶性固形物、蔗糖含量明显提高，果实中的酯类香气物质的相对含量增加（刘传和等，2017年）。

微喷灌　　　　　　　　　　　　　　　　膜下滴管

图5-5　水肥一体化模式种植菠萝（刘传和提供）

4.菠萝与其他作物间套种

随着农业用地的减少，大面积用于菠萝种植的土地已经越来越少。在已有木本果园、橡胶园套种菠萝，不仅能有效改善土壤理化性状，还能有效提高单位面积土地的收益，起到"以短养长"的效果。

图5-6　菠萝与其他果树间种（刘传和提供）

广东省农业科学院果树研究所的研究结果显示，不论是地膜覆盖还是露地栽培条件下，荔枝、龙眼、火龙果果园间种菠萝都提高了土壤细菌、真菌数量，提高了土壤脲酶、过氧化氢酶及酸性磷酸酶的活性，每公顷可增收菠萝 22.5~34.5 t。赵维峰等(2011 年)、张阳梅等(2014 年)的研究认为，在幼龄橡胶园间种菠萝能明显提高橡胶园的收益，平均每公顷可增收 4.7 万~7.8 万元。与其他作物间作，菠萝还能增加表土覆盖，减少水土流失及水分蒸发，抑制林下灌木、杂草生长，增加土地有机质含量，提高土壤肥力及透气性，发挥较好的生态效益。

四、种植密度

根据不同品种、自然条件、栽培管理水平和果实用途而选择适当的种植密度，是提高菠萝单位面积产量和保持果实优良品质的一个重要技术环节，我国技术人员对此进行过长期研究，获得了一批有价值的试验数据。研究表明，菠萝的种植密度与生长发育、产量和果实品质都有密切关系。在一定范围内增加种植密度，可以显著提高菠萝的单位面积产量，同时还能保持良好的果品质量，从而推动菠萝生产由传统疏植转变为合理密植这一技术改革的发展。

1. 种植密度对菠萝生长发育的影响

1）对叶片生长的影响

种植密度对菠萝植株叶片前期的生长影响不大。生长后期，种植密度大的，菠萝叶片生长较缓慢，其单株叶数和叶的宽度及厚度均与种植密度成反比，种植越密，其单株叶数越少，叶片变窄和变薄；而叶的长度与种植密度成正比，种得越密，叶越长。

但在有的试验报道中菠萝植株的单株平均叶数与种植密度的关系不大，如广东省农业科学院果树研究所与广州市郊农林局等单位协作，进行 1.5 万株/hm²、3.6 万株/hm²、4.5 万株/hm²、5.25 万株/hm² 4 种植密度的研究，其单株平均叶数仅相差 0.2~0.9 片，影响并不显著。

密植后叶的长度虽然增加了，但宽度却变窄了，所以不同种植密度植株的标准叶叶面积实际上差异并不显著；而种植密度与单位面积植株总叶面积成正相关。

2）对根生长的影响

在不同种植密度下，菠萝植株单株水平分布的根数有随密度增加而减少的表现，而对垂直分布的影响不大。在密植情况下，由于有较厚叶幕的覆蔽，密植区活根数比疏植区多，但这方面的研究目前还做得比较少。

3）对株高及冠幅的影响

菠萝植株高度随着种植密度的加大而增加，冠幅则随着种植密度的加大而减少。密度越大，植株越直立越高。

4）对各类芽抽生的影响

种植密度对各类芽的生长有较明显的影响，吸芽的抽生数和裔芽的萌发数均与种植密度成反比。

卡因类菠萝品种分蘖力较弱，其吸芽数一般随着密度的增加而递减，如果种植密度过大，吸芽的抽生数太少，宿根栽培就会在第 1 年丰产后接着出现隔年结果，不利于稳产；若适当增加密度，虽然每株的吸芽数略有减少，但由于植株数多，单位面积的总芽数会增多，产量可以保持稳定。皇后类菠萝品种分蘖力较强，在密植情况下，芽的抽生受抑制，无效分蘖变少，有效分蘖增加，对稳产反而有利，还可减少除芽用工。

5）对抽蕾期及果实成熟期的影响

密植菠萝自然果（正造果）抽蕾期比疏植延迟半个月左右，而种植密度对总的抽蕾率未见有规则的影响。密植菠萝果实成熟期比疏植推迟 15～20 d。这是由于随着种植密度增大，单位面积总叶片数量随之增加，植株之间互相阴蔽的程度也随之增加，菠萝群体的光照强度随之减弱，生长发育期拖长，抽蕾期和果实成熟期都较疏植的迟。

6）对果实重量的影响

我国有关菠萝种植密度的多项试验说明，单果重一般都随种植密度的增加而递减。但参试品种不同，其受影响的程度是不同的，皇后类菠萝品种较适于密植，卡因类品种栽种密度虽可增加，但不能过密，否则会降低果实的大小和商品品质，尤其是在土质较瘦瘠、积温较低、施肥水平较低的地区，影响更明显。

2. 种植密度对菠萝单位面积产量的影响

在原来 1.20 万～2.25 万株/hm² 的基数上增加种植密度，均可获得不同程度的增产效果。如 1972—1976 年在海南进行的卡因类品种菠萝的密植实验，试验了每公顷种植 18 000 株、36 000 株、45 000 株、52 500 株、60 000 株 5 种不同密度，密植的 4 个区均比疏植区增产，3 年平均单位面积年产量比对照增加 94%～140%，每公顷种植 36 000 株和 45 000 株的平均年产量较高。这个密植试验，收果第 1 年增产最显著，第 2 年、第 3 年增产幅度就降低了。因此，如果将菠萝密植与缩短菠萝生产周期的耕作制度相结合，其增产效果会更明显。

菠萝的单位面积产量，取决于单位面积的果数和单果重。在一定的密度范围内，单产随密度的增加而递增。生产上我国过去习惯于疏植，每公顷种植 9 000～12 000 株，单位面积产量很低；20 个世纪 70 年代种植密度增加到卡因类 18 000～22 500 株/hm²，皇后类 30 000～45 000 株/hm²，产量达到 18 000～22 500 kg/hm²；80 年代种植密度发展到卡因类 36 000～45 000 株/hm²，皇后类 52 500～67 500 株/hm²，产量达到 30 000 kg/hm² 以上。

总之，合理密植是提高菠萝单位面积产量的关键措施之一。凡是既能生产出一级果又能高产的种植密度就是合理的种植密度。从当前的生产条件、菠萝生长特性、各地种植习惯和经济效益来看，卡因合理的种植密度在 42 000～48 000 株/hm²，巴厘合理的种植密度在 52 500～60 000 株/hm²。

3. 种植密度对菠萝果实品质的影响

菠萝密植后，对果汁的糖、酸含量的影响是不显著的。但仍可看到，随着种植密度的增大，果酸含量有增加的趋势，对含糖量则影响不大。

密植后，大果比例虽有所下降，但由于单位面积产量增加显著，一、二级果的绝对量还是比疏植的增加了，卡因类品种菠萝 36 000 株/hm² 种植区一级菠萝产量比 15 000 株/hm² 种植区增加近 1 倍。在一定范围内，密植后可以提供更多的优质果实。

4. 种植密度对菠萝园小气候的影响

菠萝原是热带雨林下处于最低层次的草本植物，对光的需求较低。经长期人工驯化，对光的需求有所提高，但仍喜漫射光而忌直射光。菠萝产区的年日照时数以 852～1 577 h 为宜。光照不足时植株生长慢，果小，糖度低，味酸而淡，且无香味，耐寒力也减弱。光照过强并伴有高温时，叶和果易被日灼。适当密植可为菠萝园创造"自阴"环境，增加漫射光辐射量，减少直射强光对叶绿素的破坏，防止叶色变红，并可减轻日灼伤害。

在合理密植情况下，菠萝叶面积系数增加，形成密、厚的绿色叶幕，改变了菠萝园的环境条件，可以观测到菠萝园的小气候有较明显的改变，密植区小行间的水分蒸发量减少，土壤的含水量和空气的相对湿度增加，冬季地表温度提高，夏季地表温度降低，可减轻寒害和果实日灼。密植菠萝园的小气候条件更有利于菠萝的生长发育和减轻自然灾害。

第四节 植株管理

抽蕾后，菠萝植株上的顶芽、托芽、吸芽、地下芽等相继抽出，如全部保留势必会影响果实的生长发育和翌年结果芽的生长，因此要在适当时机摘除多余的芽，选留位置适当、生长比较健壮的吸芽或地下芽，培养成翌年的结果株或作种苗繁育。

一、除顶芽

顶芽能保护果实、减少日灼，带顶芽销售有减缓果实水分蒸发的作用。

有些菠萝种植户有在果实生长过程中将顶芽去除的习惯，认为留顶芽会降低植株对果实养分的供给，对果实的生长及品质产生影响。去除顶芽是否影响菠萝果实的生长与品质，不同的学者有不同的观点。刘岩等（2000 年）认为，去除顶芽能使菠萝增产。Chen 和 Paull（2001 年）的研究认为，顶芽去除与否对菠萝的单果重、果实品质及水渍果的发生无显著影响。陈业渊等（2003 年）的研究认为，菠萝的单果重与裔芽、吸芽、冠芽（顶芽）的多少及大小关系不大，生产中去芽的增产效果有待进一步研究。

二、去托芽

在果实发育的同时，果柄上的托芽（裔芽）也大量萌生，托芽的多少与菠萝的品种特性和季节有关。Pérola、神湾、巴厘等品种托芽较多，无刺卡因、金菠萝、台农 17 号等品种的托芽相对较少。低温季节开花的托芽较多，高温季节开花的托芽较少。托芽的数量多，会影响果实发育。通常每株只留 2～3 个托芽，其余托芽在长 3～4 cm 时分 2～3 次去除。每次只可除 1～2 个，如果 1 次摘完，会因果柄伤口大难以愈合，引起果柄收缩干萎，影响果实发育，造成果实斜生或过早成熟而减产。Lima 等（2001 年）研究认为，去除托芽有利于提高菠萝的果实重量，但对果实品质无显著影响。过早去除顶芽会使托芽的生长更加旺盛，使果形变小、果心变大、肉质变粗。

三、留吸芽

收 2～3 造果为 1 个生产周期的菠萝园，为了使翌年接替苗生长整齐，且具有一定数量的结果株，采果后要做好分苗、留苗工作。菠萝分苗、留苗的原则是：去老弱、留粗壮，去高位芽、留低位苗，每棵植株留正根苗 1 株，必须尽量保留接近地面的低部位粗壮大吸芽作为来年的结果株。经多年采果后，延续母株结果的吸芽位置愈来愈高，萌生吸芽的能力下降，植株结果后易倒伏，产量降低。

需要更新重种的菠萝园，采果后可以将吸芽保留培育，用作下茬的种苗。卡因类吸芽少，可以全部保留；皇后类吸芽多，要适当除弱留壮，通常留母株上低位的吸芽 1～2 个，其余尽早去除。除下的大吸芽可作种苗直接定植，小吸芽经培育合格后出圃定植。

四、促进芽体发生

种植材料不足时，人工催花后大约 1 个月，用 25～75 mg/L 的乙烯利注入低位叶片的叶腋中，每叶 10 mL，或用 40 mg/L 的萘乙酸 20 mL 注入，可促进低位吸芽发生。此法可解决密植园吸芽少、芽位高和使用赤霉素增大果实时带来的吸芽、托芽抽生少的问题。

第五节　花果管理

一、催花

人工催花可使果园中果实的成熟期一致，易于管理，还可以根据市场的需要调节产期。生产中常用乙烯利、电石对菠萝进行催花。在广西产区，4 月至 7 月上旬均可进行菠萝催花，超过 7 月催花则要跨年度采收。正常情况下，植株生长健壮，营养生长达到一定标准时就可进行催花。催花时的植株大小（叶片数、长度）会影响菠萝果实的大小。通常催花标准为：巴厘种长度大于 35 cm 的叶片达 30 张以上，卡因种长度大于 40 cm 的叶片达 35 张以上。

催花时乙烯利的浓度和用量要根据气温变化和品种来决定，高温季节使用的浓度稍低些。如 5～7 月，巴厘类一般用乙烯利 1 500 倍液，每株灌心 20 mL，卡因类则要用 1 000 倍液，每株灌心 30 mL；2～4 月或 8 月以后，巴厘种要用乙烯利 1 000 倍液，每株灌心 25 mL，卡因种则需用乙烯利 500 倍液，每株灌心 30 mL。在乙烯利催花时常加入 1%～2% 的尿素（刘胜辉等，2009年），以提高催花效果（Van de Poel 等，2009 年）。沸石分子筛能有效吸附乙烯，成功诱导巴厘菠萝开花，是一种新型的菠萝催花方法（刘胜辉等，2014年）。人工催花的药剂种类和使用浓度及使用量可参考表 5-4。

显微切片观察显示，乙烯利催花处理后第 8 d 开始花芽分化，茎尖变宽、向上突起，周围叶原基停止发育，花序原基开始形成；第 12 d 起进入小花分化期，第 1 层小花开始分化出萼片、花被等原基；第 32 d 花芽分化结束，茎尖恢复到未分化水平（刘胜辉等，2010 年）。乙烯利诱导菠萝成花，促进了菠萝植株内源 C_2H_4 和 ABA 的生成，同时降低了 GA_3、IAA 及 ZT 水平，促成了菠萝花芽分化（刘胜辉等，2010 年）。与乙烯生物合成、乙烯响应及乙烯受体有关的基因 *AcACS*、*AcERF*、*AcETR* 表达在乙烯利诱导后表达升高（Cazzonelli 等，1998 年；Botella 等，2000 年；Liu 等，2016 年）。其中 *AcACS2* 的表达受低温诱导（Cazzonelli 等，1998 年；Botella 等，2000 年），*AcACS2* 基因沉默后显著推迟了菠萝的开花时间（Trusov 等，2006 年）。Liu 等（2016 年）研究发现，乙烯利诱导后菠萝中与低温春化作用相关的基因 *VRN1*、*LTI* 表达升高，推测乙烯利诱导与低温春化作用在诱导菠萝成花中具有共同的作用。

表 5-4　常用人工催花药剂种类及使用

药剂	浓度	用量	植株的反应	注意事项
乙烯利	0.025%～0.05%	30～50mL/株	25～28 d 抽蕾，抽蕾率 90%	处理前 1 个月停施氮肥
萘乙酸及其钠盐	15～20 mg/L	50mL/株	35 d 后抽蕾，抽蕾率 60%	>40mg/L 时明显抑制开花，秋季处理效果不稳定
碳化钙（电石）	0.5～1.0 g 或 0.5%～1%	30～50 mL 清水/株 50 mL/株	抽蕾期较喷萘乙酸的早 15～18 d	2～5 d 后再喷 1 次，使用前 2 个月不施肥

乙烯利催花处理后，菠萝的 *AcPI*（雌蕊）基因（Lv 等，2012 年）、*AcFT* 基因（Lv 等，2012 年）、*AcAP1*、*AcCAL*、*AcAG* 基因（Liu 等，2016 年）表达升高，促进菠萝顶端分生组织向花序原基转变。

二、壮果

应用植物生长调节剂来增大菠萝果实时，主要用赤霉素和萘乙酸。使用赤霉素和萘乙酸时，先用酒精将其溶解后再稀释。赤霉素的使用浓度为 50～70 mg/L，萘乙酸的浓度为 100～200 mg/L。生产上通常喷 2 次，第 1 次在花蕾小花全部谢花时，喷后 20 d 左右再喷第 2 次。第 1 次喷洒浓度宜低，赤霉素的浓度为 50 mg/L，萘乙酸的浓度为 100 mg/L。第 2 次喷洒浓度要高，赤霉素的浓度为 70 mg/L，萘乙酸的浓度为 200 mg/L。每次喷果时，可加入 0.5% 的尿素，以提高增产效果。喷药时，要均匀喷布于全果表面，并以使果实达到湿润为度。

值得注意的是，赤霉素、萘乙酸等可增大菠萝果实，过量使用会严重影响果实品质，使果心偏大、肉质疏松、酸偏高、风味淡、成熟迟、不耐贮运。

喷药时须小心不可使药液流进叶腋，也不可喷到已除去顶芽的果顶，更不能喷到吸芽，否则吸芽会过早抽蕾。广东省农业科学院果树研究所的研究表明，经赤霉素处理后菠萝果实的硬度较对照下降 11.60％～18.24％，可溶性固形物的含量较对照下降 4.01％～11.61％，而酸含量则提高 5.61％～13.21％（刘岩等，2012 年）。Zhou 等（2003 年）、Pusittigul 等（2012 年）的研究认为，外源赤霉素处理容易导致菠萝果实心腐病的发生及褐变。

三、防寒、防晒

地处南亚热带的广东珠三角、粤东以及广西、福建等菠萝产区受季风性气候的影响，冬、春季节总会受到北方季节性寒潮的入侵（陆新华等，2010年）。受低温、霜冻为害后，菠萝植株的叶片失绿，甚至整株枯黄萎蔫，开花、结果期受害，则会导致菠萝果实发育不良、畸形，甚至顶芽脱落，严重影响菠萝的外观、产量及品质，给菠萝生产带来巨大损失。

菠萝的防寒措施，除选择无霜冻寒害地区发展菠萝生产，在避风向阳、冷空气不易沉积的地形地势建园外，还可以通过营造防护林、深耕整地、合理密植、科学施肥等综合措施，使植株生长健壮，增强抗寒能力。而在寒害来临前，采取束叶、用稻草、薄膜、网纱覆盖、喷水、熏烟等措施来防霜冻，霜冻发生后立即用水洗霜等也是减轻霜冻寒害的有效措施。

广东省农业科学院果树研究所（刘传和等，2016 年）的研究表明，在冬季低温寒潮到来之前用网纱、薄膜覆盖菠萝植株能有效提高菠萝的抗寒能力。网纱覆盖后菠萝植株的新抽叶片数量及新抽叶片的长度均明显增加（图 5-7）。处于果实生长阶段的菠萝用网纱覆盖后果实的大小、单果重增加，纵、横径增大，而对果实品质无显著影响（表 5-5）。

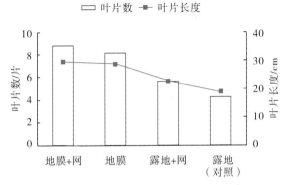

图 5-7 地膜（网纱）覆盖对菠萝植株新抽叶片数及长度的影响

表 5-5　地膜(网纱)覆盖对菠萝果实大小及品质的影响

处理	单果重/g	纵径/cm	横径/cm	可溶性固形物/%	可滴定酸/%	固/酸比
地膜+网	772.67±20.51 a	10.83±0.17 a	10.40±0.10 a	20.27±0.82 a	0.70±0.07 a	30.10±4.77 a
地膜	795.29±8.43 a	11.17±0.17 a	10.37±0.12 a	20.33±0.07 a	0.78±0.06 a	26.35±1.89 a
露地+网	702.09±34.06 b	10.67±0.17 a	9.77±0.14 b	20.00±0.53 a	0.65±0.03 a	30.96±2.10 a
露地(对照)	604.98±8.58 c	9.83±0.17 b	8.83±0.17 c	19.67±0.35 a	0.68±0.03 a	29.00±0.87 a

　　夏季菠萝果实常因烈日灼伤果皮及果肉而引起生理病变，因此在 5 月下旬或 6 月上旬要进行束叶或盖草、网纱护果，避免日灼现象发生。Liu 等(2012 年)的研究认为，网纱遮阴能有效降低果园小环境的温度，增加空气湿度，对菠萝果实具有较好的防晒效果，但如果网纱遮阴过度会对菠萝果实的品质产生一定的影响。

第六节　菠萝生产周期与种植更新

一、菠萝生产周期

　　在一个地段上种植菠萝，从开地种苗到最后淘汰放弃，这段时间称做 1 个菠萝生产周期。1 株菠萝植株可以连续结果达 10 余年之久，但果实是一造比一造小。过去，1 个菠萝生产周期比较长，总产量不高。如广西宁明华侨农场，20 世纪 60 年代 1 个菠萝生产周期为 8～9 年，单产约为 4 800 kg/hm²；70 年代初 1 个菠萝生产周期为 5 年，单产约为 10 500 kg/hm²；70 年代末至 80 年代 1 个菠萝生产周期为 4～5 年，单产约为 19 000 kg/hm²；小面积试验单产可以达到 45 000 kg/hm² 以上。生产周期越长、植株越老，气生根的吸收功能越弱，植株受害的程度越重。如广西武鸣华侨农场 1984 年受寒害影响，在 1 年苗龄的菠萝植株中 1～2 级寒害占 57.2%，3～4 级寒害占 36.8%；在 3 年苗龄的植株中 1～2 级寒害占 40.8%，3～4 级寒害占 55.7%。

　　近年菠萝生产周期缩短为 5 年 3 造、4 年 3 造、3 年 2 造等，单位面积产量、果实品质不断提高。

二、菠萝老园种植更新

菠萝老园的更新，应根据地势、机械化程度和种苗、肥料、劳力、资金等方面的情况来决定更新方法。老园更新的方法有三种。

1. 全翻重植法

这种方法适用于大片低丘缓坡地的机械化作业。整地前移出能作种苗的芽苗，然后用曳行机带多级圆盘耙切碎机，将老株的茎叶切碎，深耕 30 cm。1 个月后再犁翻晒土，再过 1 个月后深耕 40～50 cm，然后起畦种植。

2. 人工就地翻种法

这种方法适用于耕地坡度陡、不便畜力和机耕的土地。在果实采收后把老株搬离，挖除杂草和残株，在原来的畦地深翻 30 cm，使土壤保持团块结构，以利通风透气，然后施基肥，选苗定植。残叶覆盖行间，保持土壤湿润，防止杂草滋生。

3. 畦沟轮换种植法

这种方法适用于耕地坡度陡、不便畜力和机耕的土地。在春季把杂草压在沟底层，然后放基肥，覆盖表土。就近将粗壮的吸芽苗定植在沟内，同时保持原有的结果株继续结果。

老园更新无论采用哪种方法都必须注意要增施大量的有机肥。土地充足的应种植花生、芝麻或绿肥等作物进行轮作，以恢复地力。

老园更新时尽量将上茬菠萝的茎叶经粉碎后深翻还田作绿肥，广东省农业科学院果树研究所（刘传和等，2012 年；Liu 等，2013 年）的研究表明，菠萝茎叶粉碎后直接还田或者经发酵堆沤后再还田（图 5-8、图 5-9）均能有效降低土壤的容重，提高土壤的有机质含量及肥力水平，土壤中的脲酶、过氧化氢酶、酸性磷酸酶以及转化酶活性增强，增加了土壤微生物多样性；进而有利于下茬菠萝植株、果实的生长，提高果实的产量与品质，促进果实香气物质的形成（表 5-6、表 5-7、表 5-8、表 5-9）。

图 5-8　菠萝茎叶粉碎后直接还田（刘传和提供）

图 5-9　菠萝茎叶粉碎后经堆沤再还田（刘传和提供）

表 5-6　茎叶还田对土壤容重及土壤肥力的影响

处理	土壤容重 /(g/cm³)	有机质 /(g/kg)	有效 N /(mg/kg)	有效 P /(mg/kg)	速效 K /(mg/kg)
直接还田					
还田	1.16±0.06	2.19±0.08	366.7±27.3	97.8±24.7	288.0±224.0
对照	1.46±0.04	2.14±0.27	330.0±175.2	77.4±16.2	52.7±12.7
堆沤还田					
还田	1.01±0.01	21.5±2.1	440.0±11.5	163.0±29.7	1148.7±174.8
对照	1.68±0.06	18.0±1.7	400.0±111.3	102.4±4.4	468.7±139.7

表 5-7　茎叶还田对土壤酶活性的影响

处理	脲酶 /(mg/(kg·h))	过氧化氢酶 /(mL/(g·h))	酸性磷酸酶 /(mg/(g·h))	转化酶 /(mL/(kg·h))
直接还田				
还田	95.6±4.9	4.14±0.5	218.7±38.7	30.0±1.3
对照	67.1±33.9	2.70±1.0	149.0±20.0	14.9±4.0
堆沤还田				
还田	89.2±7.1	2.85±0.9	299.7±15.2	46.4±24.1
对照	70.1±3.1	1.28±0.1	152.7±14.5	19.2±0.6

表 5-8 茎叶还田对下茬菠萝植株生长的影响

处理	株高/cm	叶长/cm	叶宽/cm	青叶数/片	根条数/条	根长/cm	地上部鲜质量/g	地下部鲜质量/g
				直接还田				
还田	97.3±1.2	88.0±1.5	6.3±0.1	22.7±0.9	37.7±0.9	50.7±5.8	1333.3±92.8	49.9±1.4
对照	72.0±1.5	67.7±1.4	3.8±0.2	21.0±1.5	30.3±0.3	40.3±4.8	683.3±44.1	44.6±5.7
				堆沤还田				
还田	95.3±1.2	91.0±1.2	6.0±0.2	25.7±0.9	36.3±0.9	54.0±4.7	1083.3±83.3	41.1±2.9
对照	71.7±0.9	67.0±2.3	3.9±0.1	16.7±1.2	29.3±0.3	37.3±9.1	566.7±33.3	33.3±2.7

表 5-9 茎叶还田对下茬菠萝植株相关生理指标的影响

处理	叶绿素a含量/(mg/g)	叶绿素b含量/(mg/g)	可溶性糖含量/(mg/g)	可溶性蛋白含量/(mg/g)	根系活力/(mg/(g·h))
			直接还田		
还田	7.52±1.22	0.74±0.12	9.60±0.09	2.77±0.14	1.61±0.05
对照	6.97±0.9	0.68±0.09	6.92±0.15	2.34±0.04	1.12±0.03
			堆沤还田		
还田	10.39±0.73	1.03±0.07	10.05±0.07	2.72±0.09	1.75±0.02
对照	7.95±0.62	0.79±0.06	7.20±0.21	2.10±0.10	1.18±0.03

无论是直接还田还是堆沤还田，菠萝茎叶还田明显促进了下茬菠萝果实的生长。直接还田时，下茬菠萝果实的横径、纵径分别提高了 33.3% 和 31.5%，单果重提高了 53.0%。堆沤还田时，下茬菠萝果实的横径、纵径分别提高了 41.1% 和 38.5%，单果重提高了 51.3%。

参 考 文 献

[1]Azevedo P V，Souza C B，Silva B B，et al. Water requirements of pineapple crop grown in a tropical environment [J]. Brazil Agricultural Water Management，2007，88：201-208.

[2]Botella J R，Cavallaro A S，Cazzonelli C I. Towards the production of transgenic pine-

apple to control flowering and ripening[J]. Acta Horticulturae, 2000, 529: 115-122.

[3]Cazzonelli C I, Cavallaro A S, Botella J R. Cloning and characterization of ripening-induced ethylene biosynthetic genes from non-climacteric pineapple(*Ananas comosus*) fruits [J]. Australian Journal of Plant Physiology, 1998, 25: 513-518.

[4]Chen C C, Paull R E. Fruit temperature and crown removal on the occurrence of pineapple fruit translucency[J]. Scientia Horticulturae, 2001, 88(2): 85-95.

[5]Dusek J, Ray C, Alavi G, et al. Effect of plastic mulch on water flow and herbicide transport in soil cultivated with pineapple crop: A modeling study[J]. Agricultural Water Management, 2010, 97(10): 1637-1645.

[6]José S J, Montes R, Nikonova N. Seasonal patterns of carbon dioxide, water vapour and energy fluxes in pineapple [J]. Agricultural and Forest Meteorology, 2007, 147: 16-34.

[7]Lima V P D, Reinhardt D H, Costa E J A. Slips thinning from the pineapple cv. Pérola-1. production and fruit quality [J]. Revista Brasileira de Fruticultura, 2001, 23(3): 634-638.

[8]Dass H C, Randhawa G S, Singh H P, et al. Effect of pH and urea on the efficacy of ethephon for induction of flowering in pineapple[J]. Scientia Horticulturae, 1976, 5: 265-268.

[9]Liu C H, Fan C. *De novo* transcriptome assembly of floral buds of pineapple and identification of differentially expressed genes in response to ethephon induction[J]. Frontiers in Plant Science, 2016, 7: 203.

[10]Liu C H, Liu Y, Fan C, et al. Pineapple residues returning on chemical quality and aroma components of nextcropped pineapple fruits Journal of Food[J]. Agriculture & Environment, 2013, 11(3&4): 1243-1247.

[11]Liu C H, Liu Y, Fan C, et al. The effects of composted pineapple residue return on soil properties and the growth and yield of pineapple[J]. Journal of Soil Science and Plant Nutrition, 2013, 13(2): 433-444.

[12]Liu C H, Liu Y, Yi G J, et al. Effects of film mulching on aroma components of pineapple fruits[J]. Journal of Agricultural Science, 2011, 3(3): 196-201.

[13]Liu C H, Liu Y. Impacts of shading in field on micro-environmental factors around plants and quality of pineapple fruits[J]. Journal of Food, Agriculture & Environment, 2012, 10(2): 741-745.

[14]Lv L L, Duan J, Xie J H, et al. Cloning and expression analysis of a *PISTILLATA* homologous gene from pineapple(*Ananas comosus* L. Merr)[J]. International Journal of Molecular Science, 2012, 13: 1039-1053.

128

[15]Lv L L, Duan J, Xie J H, et al. Isolation and characterization of a *FLOWERING LO-CUS T* homolog from pineapple(*Ananas comosus*(L.)Merr)[J]. Gene, 2012, 505: 368-373.

[16]Paull R E, Reyes M E Q. Preharvest weather conditions and pineapple fruit translucency[J]. Scientia Horticulturae, 1996, 66: 59-67.

[17]Pusittigul I, Kondod S, Siriphanich J. Internal browning of pineapple(*Ananas comosus* L.)fruit and endogenous concentrations of abscisic acid and gibberellins during low temperature storage[J]. Scientia Horticulturae, 2012, 146: 45-51.

[18]Van de Poel B, Ceusters J, Proft M P D. Determination of pineapple(Ananas comosus, MD-2 hybrid cultivar) plant maturity, the efficiency of flowering induction agents and the use of activated carbon[J]. Scientia Horticulturae, 2009, 120: 58-63.

[19]Wan Y, El-Swaify S A. Runoff and soil erosion as affected by plastic mulch in a Hawaiian pineapple field[J]. Soil and Tillage Research, 1999, 52: 29-35.

[20]Zhou Y, O'Hare T J, Jobin-Décor M, et al. Transcription regulation of pineapple polyphenol oxidase gene and its relationship to blackheart[J]. Plant Biotechnology Journal, 2003, 1: 463-478.

[21]陈菁, 石伟琦, 孙光明, 等. 干旱胁迫对菠萝苗期生长及叶绿素含量的影响[J]. 热带农业科学, 2012, 32(7): 9-11.

[22]陈业渊, 杨连珍, 邓穗生, 等. 菠萝果重与营养器官的相关性分析[J]. 热带作物学报, 2003, 24(4): 35-38.

[23]凌铁琦. 琯溪蜜柚间种菠萝高效栽培技术[J]. 南方园艺, 2009, 20(2): 20, 29.

[24]刘传和, 凡超. 地膜/网纱覆盖对冬季菠萝园小环境及菠萝生长和果实品质特性的影响[J]. 西北植物学报, 2016, 36(1): 139-146.

[25]刘传和, 刘岩, 廖美敬, 等. 地膜覆盖对菠萝植株生物量的影响及其成本分析[J]. 广东农业科学, 2011, 9: 29-31.

[26]刘传和, 刘岩, 易干军, 等. 地膜覆盖对菠萝植株生长及土壤理化特性的影响[J]. 土壤通报, 2010, 41(5): 1105-1109.

[27]刘传和, 刘岩, 易干军, 等. 地膜覆盖对菠萝植株有关生理指标的影响[J]. 热带作物学报, 2008, 29(5): 546-550.

[28]刘传和, 刘岩, 凡超, 等. 菠萝茎叶还田对土壤理化特性及下茬菠萝生长的调控效应[J]. 热带作物学报, 2012, 33(12): 2230-2235.

[29]刘胜辉, 臧小平, 孙光明, 等. 乙烯利对珍珠菠萝综合催花效应研究[J]. 广东农业科学, 2009, 8: 78-80.

[30]刘胜辉, 臧小平, 张秀梅, 等. 乙烯利诱导菠萝[*Ananas comosus*(L.)Merril]花芽分化过程与内源激素的关系[J]. 热带作物学报, 2010, 31(9): 1487-1492.

[31]刘胜辉，吴青松，张秀梅，等. 活性炭与分子筛吸附乙烯诱导巴厘菠萝开花的研究［J］. 广东农业科学，2014，10：38-41.

[32]刘岩，刘传和，凡超，等. 赤霉素对菠萝果实生长发育及品质的影响［J］. 广东农业科学，2012，12：42-43.

[33]刘岩，徐舜全，黎光华. 菠萝高效益栽培技术100问［M］. 北京：中国农业出版社，2000.

[34]陆新华，孙德权，石伟琦，等. 不同时期套袋对菠萝果实发育和品质的影响［J］. 热带作物学报，2010，31(10)：1716-1719.

[35]陆新华，孙德权，吴青松，等. 不同纸质果袋套袋对菠萝果实品质的影响［J］. 果树学报，2011，28(6)：1086-1089.

[36]陆新华，孙德权，叶春海，等. 低温胁迫下菠萝幼苗生长与生理特性变化［J］. 西北植物学报，2010，30(10)：2054-2060.

[37]陆新华，叶春海，孙德权，等. 低温胁迫下10份菠萝种质幼苗的耐寒性评价［J］. 热带作物学报，2010，31(11)：1937-1940.

[38]陈杰忠. 果树栽培学各论(南方本)［M］. 北京：中国农业出版社，2011：181-197.

[39]习金根，吴浩，王一承，等. 土壤水分对菠萝地上部和地下部生长的影响［J］. 热带作物学报，2010，31(5)：701-704.

[40]谢盛良，刘岩，周建光，等. 水肥一体化技术在菠萝上的应用效果［J］. 福建果树，2009，4：33-34.

[41]严程明，张江周，石伟琦，等. 滴灌施肥对菠萝产量、品质及经济效益的影响［J］. 植物营养与肥料学报，2014，20(2)：496-502.

[42]张阳梅，高世德，赵志平，等. 西双版纳幼龄橡胶园间作菠萝栽培技术［J］. 热带农业科技，2014，37(1)：19-21.

[43]赵维峰，杨文秀，魏长宾，等. 西双版纳地区橡胶林间作菠萝高效栽培模式［J］. 农业研究与应用，2011，6：28-30.

[44]刘传和，陈少华，黎锦洪. 水肥一体化对山地栽培菠萝生长及品质的影响［J］. 灌溉排水学报，2017，36(1)：102-106.

第六章　果园肥水与土壤管理

养分管理是作物高产高效栽培的基本措施之一。由于我国菠萝栽培区的果农对菠萝养分的需求缺乏了解，养分管理技术欠缺，菠萝主产区普遍存在肥料用量过少和泛施肥料的现象。虽然菠萝是 CAM 植物，气孔在晚上打开，日出后关闭，蒸腾作用小，具有抗旱和水分高效利用的特性，但是，在关键时期适当灌溉有利于提高产量、改善品质。然而，我国的菠萝生产基本上没有灌溉，大多处于靠天吃饭的状态。保持和提高土壤肥力，是可持续生产的根本保障，我国果农在长期实践中不断完善残茬粉碎回田技术，对维护土壤肥力与果园生态环境效果显著。进一步探明养分元素的生理作用，掌握养分、水分的需求规律，集成与推广高效水肥管理、水肥一体化和土壤培肥技术体系，是高产、优质、高效、安全生产的根本保障。

第一节　菠萝养分管理

一、菠萝的营养特点

了解生物量变化规律是养分管理的基础。Hanafi 等（2009 年）报道了马来西亚不同菠萝品种干物质积累量，Gandul 为 733.5 g，N-36 为 842.3 g，Moris 为 927.4 g，Josapine 为 434.8 g，Sarawak 为 2446.9 g；叶片占植株干重的 48.5%，果实占 22.9%，茎占 21.6%，根、果柄和冠芽占 1.2%～2.5%。但是，他们没有研究不同生长阶段干物质积累的变化。我们测定了秋植主栽鲜食品种巴厘和加工品种卡因不同发育阶段根、茎、叶、芽和果实的生物量。

1. 巴厘品种生物量积累规律
植株生物量积累速度从定植至见红期（植后 393 d）逐步加快，在果实发育初期(植后 423 d)下降较快，随着果实的快速发育再次上升(植后 483 d)，果实成熟期又下降，其生物量积累速度的最快时期为催花期(植后 352 d)至见红期，达 2.04 g/d，这一时期的叶面积指数最大。其次为植株快速生长期至催花期，而生长前期的生物量积累较慢(图 6-1)。

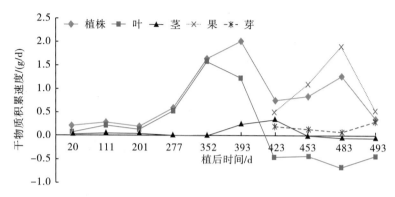

10 个采样节点分别为：植后 20 d(恢复期)，植后 111 d(缓慢生长Ⅰ期)，植后 201 d(缓慢生长Ⅱ期)，植后 277 d(快速生长期)，植后 352 d(催花期)，植后 393 d(见红期)，植后 423 d(谢花期)，植后 453 d(果实发育中期)，植后 483 d(果实发育后期)，植后 493 d(收获期)

图 6-1　巴厘品种各器官干物质的积累速度

巴厘品种的叶片生物量从定植至催花期干物质积累速度一直增加，此后直至收获因不再抽生新叶，加上果实生长消耗，干物质积累速度逐步下降，甚至为负值。茎生物量在见红期至果实发育中期积累速度最快，然后逐渐下降。根生物量在催花期至见红期积累最快，此后逐渐下降。果实干物质则是在果实发育中后期(植后 453~483 d)积累最快。

根据生长节奏和气候条件，巴厘品种植株生物量的积累可粗略分为四个阶段：第一阶段从定植至翌年春初(定植至植后 201 d)，由于低温干旱，生长极为缓慢，为生物量缓慢积累阶段，此期干物质积累量占收获时积累量的 12.6%，积累速度为 0.25 g/d；第二阶段从翌年春初至催花期，是植株的快速生长期，为干物质快速积累阶段，此期干物质积累量占收获时积累量的 43.1%，积累速度为 1.12 g/d；第三阶段从催花期至见红期，是干物质积累最快的阶段，此期干物质积累量占收获时干物质质量的 21.2%，积累速度为 2.04 g/d；第四阶段从见红期至收获期，此期干物质积累量占收获时积累量的 23.1%，积累速度为 0.91 g/d。

2.卡因品种生物量积累规律

卡因品种的植株生物量积累速度从定植至快速生长期(植后 397 d)随着植株的生长发育而加快，然后下降，谢花后至果实发育中后期快速增加，果实生长末期又下降。其生物量积累速度的最快时期为谢花后果实生长发育中后期(1.96 g/d)和植株快速生长时期(1.83 g/d)。生长前期生物量积累速度最慢,仅为约 0.3 g/d,这与叶面积指数小以及低温干旱气候条件有关。在催花期,叶面积系数达到最大值,但由于催花期气温开始变低、进入旱季,因而生物量积累速度慢于果实生长期和花芽分化之前的植株快速生长期(图 6-2)。

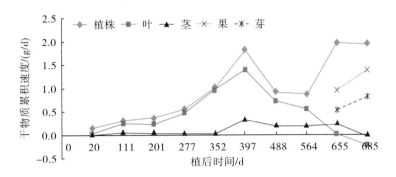

10 个采样节点分别为:植后 20 d(恢复期),植后 111 d(缓慢生长Ⅰ期),植后 201 d(缓慢生长Ⅱ期),植后 277 d(快速生长Ⅰ期),植后 352 d(快速生长Ⅱ期),植后 397 d(快速生长Ⅲ期),植后 488 d(催花期),植后 564 d(谢花期),植后 655 d(果实发育中后期),植后 685 d(收获期)

图 6-2 卡因品种各器官干物质的积累速度

卡因品种叶片生物量从定植至植后 397 d 积累速度持续增加,此后直至收获其积累速度逐步降低,甚至为负值。茎生物量在植后 352～397 d 积累速度最快,在植株生长前期、果实发育后期积累速度较慢。根生物量积累与茎相似。果实生物量积累速度随着果实生长发育而逐步加快。茎、根生物量积累最快时期也与植株生物量积累最快时期相吻合,即在气温、雨量适宜,叶面积指数较大时积累速度最快,此后逐渐减慢。

卡因品种生物量积累也可分为四个阶段:第一阶段从植后至翌年春初(植后 201 d),为生物量缓慢积累阶段,此期干物质积累量占收获时积累量的 9.6%,积累速度为 0.31 g/d,秋植卡因在前期(冬春季)由于气温低、雨水少,生长极为缓慢,翌年春初才开始快速生长;第二阶段从翌年春初至催花期(植后 488 d),是植株营养生长最快的阶段,此期干物质积累量占收获时积累量的 43.8%,积累速度为 0.99 g/d;第三阶段从催花期至谢花期(植后 488～564 d),干物质积累量占收获时积累量的 10.1%,积累速度为 0.87 g/d;第四阶段为谢花期至果实成熟期(植后 564～685 d),干物质积累量占收获时积累量的 36.5%,积累速度为 1.96 g/d,卡因为大果品种,其果实快速发育期干物质积累最快。

3. 菠萝不同部位生物量相关性分析

巴厘、卡因两个品种除了根系鲜重与果实鲜重相关系数不显著外，其他部位和植株总鲜重都与果实鲜重呈显著或极显著正相关（见表 6-1、表 6-2），因而培养健壮营养体是取得菠萝高产的关键。

表 6-1　巴厘果实鲜重与其他部位鲜重的相关系数

	植株鲜重	叶鲜重	茎鲜重	根鲜重	果柄鲜重	芽鲜重
果实鲜重	0.960**	0.881**	0.909**	0.543	0.874**	0.741*

* 表示在 $P=0.05$ 上显著相关，** 表示在 $P=0.01$ 上显著相关。

表 6-2　卡因果实鲜重与其他部位鲜重的相关系数

	植株鲜重	叶鲜重	茎鲜重	根鲜重	果柄鲜重	芽鲜重
果实鲜重	0.938**	0.914**	0.767*	0.584	0.795**	0.745*

* 表示在 $P=0.05$ 上显著相关，** 表示在 $P=0.01$ 上显著相关。

二、菠萝不同生长阶段的养分需求

陈菁等（2010 年）系统研究了巴厘和卡因两个品种氮、磷、钾的吸收规律。

（一）巴厘品种不同生长阶段的养分积累

1. 氮积累

图 6-3 为巴厘品种各器官氮积累速度的变化。巴厘品种植株的氮积累速度从定植至植后 393 d 随着时间增加而提高，在植后 352 d（催花期）至 393 d（见红期）达到最大值，达 17.4 mg/d，此后至第 423 d 快速下降，植后 423～493 d（成熟期），呈现上升、下降又上升的波动，植株氮积累速度均为正值。植株各器官的氮积累速度变化如下：叶片氮积累速度在催花前随植后时间的增加而提高，至谢花期叶片的氮积累速度一直下降（降为负值），自谢花期至果实成熟期，叶片的氮积累速度基本上都是负值，说明花芽分化、果实发育和芽的生长利用了叶片中的氮；茎的氮积累在植后 201～277 d 和植后 352～423 d 有两个积累高峰，在植后 423 d 至植后 453 d 积累速度变为负值，表明花、果、芽的生长发育也利用了茎的氮；果实的氮积累速度先上升后下降，而芽的氮积累速度则是先上升、后下降、再上升。

巴厘植株四个阶段的氮积累：第一阶段从定植至翌年春初（植后201 d），为氮缓慢积累阶段，此期氮的积累量占总积累量的 14.1%；第二阶段从翌年春初至催花期(植后 352 d),为快速积累阶段,此期氮的积累量占总积累量的 55.8%;第三阶段从催花期至见红期,是最快的积累阶段,此期积累量占总积累量的 22.2%;第四阶段从见红期至收获期,氮的积累速度减缓,积累量仅占总积累量的 8.0%。

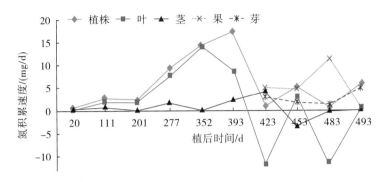

图 6-3 巴厘品种各器官氮积累速度

2. 磷积累

巴厘品种四个阶段的磷积累见图 6-4。第一阶段磷的积累非常少,此期整株磷积累量仅占总积累量的 8.8%;第二阶段,伴随着干物质的快速积累,植株磷也快速积累,此期整株磷积累量占总积累量的 52.4%;第三阶段是植株磷积累最快的时期,此期磷积累量占总积累量的 20.4%;第四阶段仍有一定的积累,占总积累量的 18.4%。可见,与果实生长期植株需要氮较少不同,此期还需要一定量的磷。

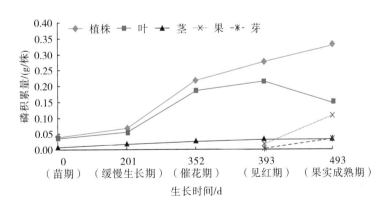

图 6-4 巴厘品种各器官不同时期的磷积累量

3. 钾积累

巴厘品种四个阶段的钾积累见图 6-5。第一阶段植株的钾积累较少,但明显比氮、磷多，此期整株钾积累量占总积累量的 17.1%，每株每天钾的积累量为 5.43 mg；第二阶段，伴随着干物质的快速积累，植株的钾也快速积累，此期钾的积累量占总积累量的 62.5%，每株每天钾的积累量为 26.44 mg；第三阶段植株钾的积累量占总积累量的 14.1%，每株每天钾的积累量为 21.92 mg；第四阶段，虽然由于果实和芽的生长带动整株干物质的积累加速，但此期钾的积累量很少，仅占总积累量的 6.4%，每株每天钾的积累量仅有 4.06 mg，略低于第一阶段。可见，在果实生长发育期，从土壤中吸收的钾已很少，这与其他果树在果实发育期需要较多的钾不同。

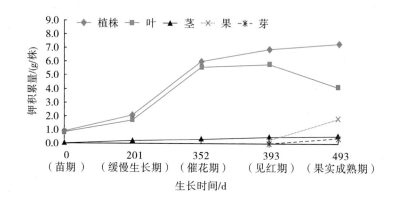

图 6-5　巴厘品种各器官不同时期钾积累量

（二）卡因品种不同生长阶段的养分积累

1. 氮积累

卡因植株的氮积累速度从定植至植后 352 d(快速生长期)逐步上升，此后至 564 d(谢花期)逐步下降，谢花期至植后 655 d(果实发育中后期)积累速度又上升并达到最大值，此后直至收获期积累速度又下降(图 6-6)。

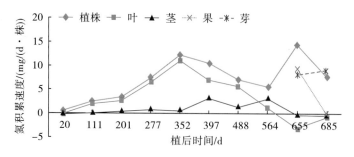

图 6-6　卡因品种各器官氮积累速度

叶片的氮积累速度从定植至快速生长期逐渐上升，此后一直下降，直至 655 d，收获期又略有回升。在谢花期之前，叶片的氮积累规律与整株的氮积累规律相吻合，但在果实发育期，叶片的氮积累量下降为负值，而整株的氮积累速度达到最大值，这说明果实生长发育利用了叶片中的氮。谢花后，只有果实和芽的氮快速积累，而根、茎、叶氮积累速度为负值。

卡因品种四个阶段植株的氮积累量见图 6-7。第一阶段从定植至翌年春初，为氮缓慢积累阶段，此期氮积累量占总积累量的 10.5%；第二阶段从春初至催花期，为氮快速积累阶段，此期氮积累量占总积累量的 51.2%；第三阶段从催花期至谢花期，是氮缓慢积累阶段，此期氮积累量占总积累量的 8.3%；第四阶段从谢花期至成熟期，此期氮积累速度又回升，氮积累量占总积累量的 30.0%。在各个器官中，叶片的氮积累量以第二阶段最大，在催花期至谢花期积累很少，谢花期至果实成熟逐步下降，而茎氮也是在第二阶段积累最多，但在第三阶段（花芽分化至谢花期）还有较多积累，谢花期至收获期略有下降；根系氮积累在第一、第二阶段较多，分别为占总积累量的 40.4% 和 45.2%。与巴厘品种不同，卡因品种在第三阶段根系基本上不再积累氮，但在第四阶段根系的氮积累显著，其积累量占总积累量的 21.5%；果、芽、果柄的氮积累量都是随着果实生长而增加。收获时期卡因菠萝每株积累氮 5.5 g。

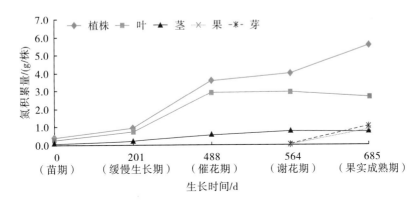

图 6-7　不同生长阶段卡因品种各器官氮积累量

2. 磷积累

卡因品种的磷积累速度从定植至植后 397 d，总体呈上升趋势，然后开始下降，在果实发育中后期再升高并达到高峰[14.28 mg/(d·株)]，此后下降直至收获(图 6-8)。

谢花期至收获期，叶片和茎的磷积累速度都为负值，植株的磷积累速度在果实发育后期达到最大值，这说明果实生长发育利用了叶片和茎中的磷。

根的磷积累速度在植后 20 d、植后 277～352 d 较快,其他时期较慢。果实的磷积累速度在中期达到最大值,至收获期则大幅度降低,而芽的磷积累速度则是在后期达到最大值。

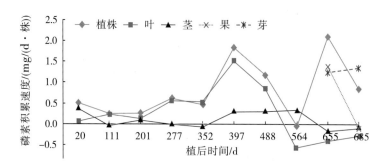

图 6-8 卡因品种各器官磷积累速度

卡因品种四个阶段植株磷积累量见图 6-9。第一阶段从定植至植后翌年春初,为磷缓慢积累阶段,磷积累量占总积累量的 10.1%;第二阶段从春初至催花期,为磷快速积累阶段,此期磷积累量占总积累量的 50.5%;第三阶段从催花期至谢花期,此期磷基本上不积累;第四阶段自谢花期至成熟期,此期磷较快积累,磷积累量占总积累量的 39.9%。

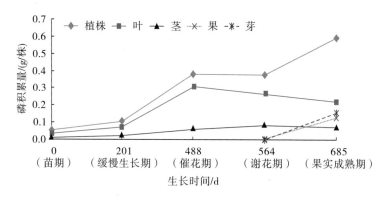

图 6-9 卡因品种各器官不同生长阶段的磷积累量

3. 钾积累

卡因品种植株的钾积累速度在种植后 277～352 d 达到最大值[32.1 mg/(d·株)],此后至植后 397 d,一直维持在较高水平,植后 397～564 d 积累速度逐步下降,谢花期至果实生长中后期又复升高,此后开始下降,直至收获(图 6-10)。叶片的钾积累速度变化规律在植后 564 d 以前与植株的钾积累速度变化规律一样,在果实生长期,叶片的钾积累速度继续下降,并变为负值，可见果实生长利用了叶片中的钾。茎的钾积累速度在植后 352～397 d、植后488～564 d 和植后 564～655 d 都较高，在果实生长后期积累速度变为负值，果实生长后期可能利用了茎中的钾。果实的钾积累速度随果实生长而下降，而芽则是随果实生长略为增加；根系在菠萝苗期、快速生长期和果实生长中期的钾积累速度较快，而在快速生长后期、催花期和果实生长前期的积累速度较慢，可能与这段时间干旱、低温有关。

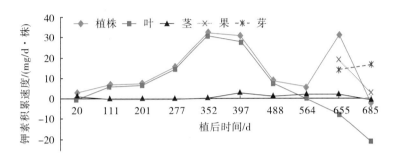

图 6-10　卡因品种的钾积累速度

卡因菠萝四个阶段植株的钾积累量见图 6-11。第一阶段从定植至翌年春初，为钾缓慢积累阶段，此期钾积累量占总积累量的 13.5%；第二阶段从春初至催花期，为钾快速积累阶段，钾积累量占总积累量的 55.6%；第三阶段自催花期至谢花期，此期钾积累很少，仅占总积累量的 4.2%；第四阶段为谢花期至成熟期，此期钾有一个积累小高峰，积累量占总积累量的 26.7%。

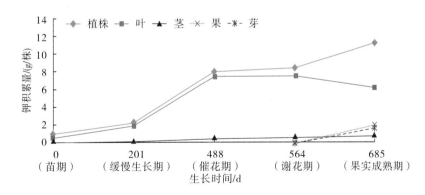

图 6-11　卡因品种不同生长阶段的钾积累量

在果实生长期卡因品种的积累钾、氮比例低于营养生长期，而磷、氮比例则高于营养生长期，其原因可能是由于果实生长利用了部分叶片积累的钾，减少了土壤钾的吸收，因而钾肥应提前施用。

巴厘、卡因两个品种的氮、磷、钾积累差异主要有：从种植到见红期，巴厘植株氮、磷、钾积累量占收获期植株氮、磷、钾积累量的百分比远远高于卡因；在果实生长发育期，巴厘植株氮、钾积累量已很少，磷有 16.0% 的积累，但卡因氮、磷、钾分别有 27.7%、36.3% 和 24.8% 的积累；卡因植株每公顷积累的氮、磷、钾量分别为 282.4 kg、30.4 kg、573.2 kg，比巴厘植株氮、磷、钾积累量分别高出 33%、54% 和 31%。由于卡因品种在果实生长发育期（谢花期至果实发育中后期）还有一个氮、磷、钾的积累高峰，故此期还应施一次肥料，约占总施肥量的 25%，以满足果实生长发育的需要。可见，菠萝的养分管理要因种而异。

三、菠萝的矿质营养生理

矿质养分对菠萝植株的生长、生理代谢、植株抗逆性、光合作用、果实发育以及果实品质均有调控作用。掌握矿质营养生理是科学施肥的基础。

1. 营养元素对根系活性、叶绿素含量及小苗生长的影响

何应对（2007 年）进行了氮、磷、钾、钙、镁 5 种元素对菠萝生理代谢以及小苗生长的影响的水培试验。试验设 5 个因子（其中，氮用 NH_4NO_3，磷用 $NaH_2PO_4 \cdot 2H_2O$，钾用 KCl，钙用 $CaCl_2$，镁用 $MgCl_2$），每个因子设计 4 个处理，浓度分别为 20 mg/L、40 mg/L、80 mg/L 和 160 mg/L，以清水作为对照，培养 48 d 后测定根系活性、根重量、叶绿素含量、冠幅、株高和茎粗。

菠萝根系活力随营养元素种类及浓度发生相应变化（图 6-12），各营养元素效应顺序为氮＞磷＞钾＞钙＞镁。氮对根系活力的提高极显著优于其他营养元素，其中以浓度为 20 mg/L 的 NH_4NO_3 处理的根系活力最大，达 0.041 mg/(g·h)；随着磷浓度的增加根系活力降低。钾的浓度对根系活力的

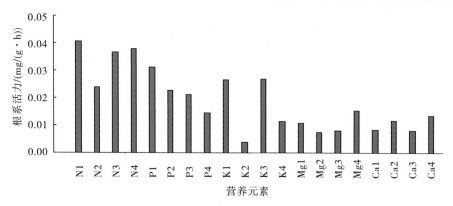

图 6-12　不同水平的各个营养元素对菠萝根系活力的影响

影响没有规律性，高浓度的钙和镁可明显提高根系活力。

各营养元素对菠萝叶绿素影响的顺序为：钙＞镁＞氮＞钾＞磷（图 6-13）。以浓度为 20 mg/L 的 $CaCl_2$ 处理的叶绿素含量最高，达到 10.27 mg/g。

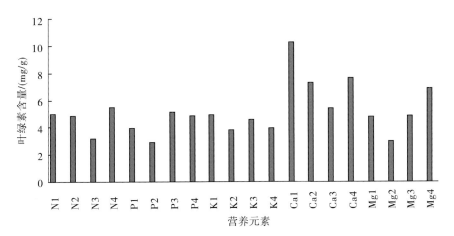

图 6-13　营养元素对菠萝叶绿素含量的影响

不同营养元素对菠萝幼苗生长的影响有明显差异。其中氮营养在 20 mg/L 时的冠幅、株高值最大，且达到了显著水平，是对照处理的 2.5 倍。磷效果次之，钾、钙、镁对幼苗冠幅、株高、茎粗的影响较小。说明在苗期施用低水平的氮可以促进菠萝生长，苗期氮的及时补给非常关键。

矿质营养对植物根系形态有调控作用。习金根等（2009 年）研究了不同施硼浓度对菠萝根系形态、根系活力、植株生长量、各营养器官含硼量的影响，施硼处理后菠萝根系的根长、根数、根粗、根系表面积、根体积都有所增加，其中施硼浓度为 4.0 mg/kg 时的各项指标最佳，植株表现出最旺盛的生长状况。

通过盆栽试验研究了不同硼、锌浓度对叶绿素含量的影响。用 H_3BO_3 作为硼肥，设计了 5 个处理，分别为每千克土含硼肥 0 mg（对照）、0.5 mg、1.0 mg、2.0 mg 和 4.0 mg。锌肥用 $ZnCl_2$，共设计了 8 个处理，相应浓度为 0 mg/L、0.001 mg/L、0.0025 mg/L、0.005 mg/L、0.01 mg/L、0.02 mg/L、0.04 mg/L 和 0.08 mg/L。

结果表明，不同浓度的硼处理对叶绿素含量有明显影响（图 6-14）。定植后第 20 d，处理 3 和处理 4 的叶绿素含量显著高于对照以及处理 1 和处理 2，但处理 3 与处理 4 的差异不显著，在植后 100 d 前，叶绿素含量呈增加的趋势，在植后 160 d 各个处理叶绿素含量的大小为：处理 3＞处理 2＞处理 4＞处理 1＞对照。处理 3 比对照增加了 90%，差异极为显著。

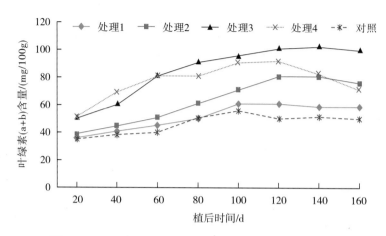

图 6-14　不同浓度硼处理对菠萝叶片中叶绿素含量的影响

不同浓度的锌对菠萝叶绿素的含量也有显著影响，其中处理 1 和处理 2 的叶绿素 a 和叶绿素 b 含量最高，随着锌浓度的提高，菠萝叶绿素的含量降低，处理 7 的叶绿素含量与对照的已没有显著差异，可见适量的锌浓度可促进菠萝叶片中的叶绿素合成(图 6-15)。

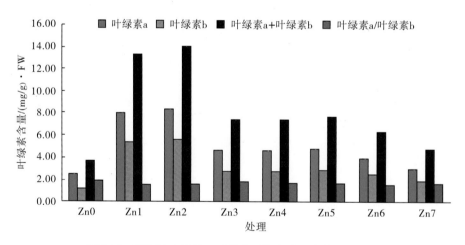

图 6-15　不同浓度锌处理对菠萝叶片中叶绿素含量的影响

何应对(2008 年)的试验也发现，在果实发育期随着氮、钾施用量的增加，叶绿素的含量不断增长，其中以硫酸钾的影响最大。

2. 硼、锌对菠萝抗性生理指标的影响

祁寒等(2009 年)和习金根等(2009 年)分别采用土培和水培盆栽试验研究了不同浓度的硼、锌对巴厘品种超氧化物歧化酶(SOD)、过氧化物酶(POD)、过氧化氢

酶(CAT)和多酚氧化酶(PPO)活性以及丙二醛(MDA)、超氧阴离子($O_2^{\cdot-}$)含量的影响。硼肥用 H_3BO_3，设计了每千克土含硼肥 0 mg、0.50 mg、1.0 mg、2.0 mg、4.0 mg 的 5 个处理。锌肥用 $ZnCl_2$，设计了 0 mg/L、0.001 mg/L、0.0025 mg/L、0.005 mg/L、0.01 mg/L、0.02 mg/L、0.04 mg/L 和 0.08 mg/L 的 8 个处理。

　　对于不同浓度的硼处理，POD 活性、SOD 活性、MDA 含量的变化见图 6-16、图 6-17 和图 6-18。在相同硼浓度下，随着时间的推移，POD 活性、SOD 活性逐渐升高，随后又降低，但是 MDA 含量却相反。不同浓度硼处理，POD 活性、SOD 活性、MDA 含量变化差异很大。在定植后 20～60 d，各个处理间的 POD 活性、SOD 活性变化不大而且增长缓慢。植后 120 d，各处理的 POD 活性的大小顺序为：处理 3＞处理 2＞处理 1＞处理 4＞对照；不同处理的 SOD 活性的大小顺序为：处理 2＞处理 3＞处理 1＞对照＞处理 4；MDA 含量高低的顺序是：处理 4＞对照＞处理 1＞处理 3＞处理 2。表明适当浓度的硼(每千克土含硼肥 0.50～2.00 mg)能增强 POD 和 SOD 的活性，缺硼或富硼均会导致酶活性降低，清除自由基及过氧化物的能力减弱，膜脂过氧化作用

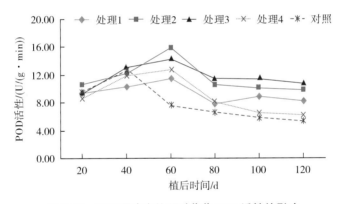

图 6-16　不同硼浓度处理对菠萝 POD 活性的影响

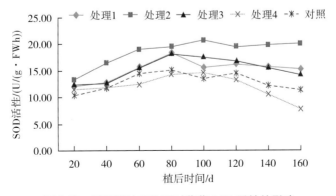

图 6-17　不同硼浓度处理对菠萝 SOD 活性的影响

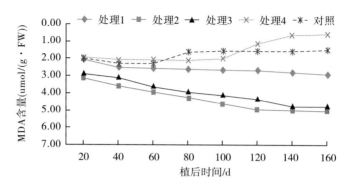

图 6-18　不同硼素浓度处理对菠萝 MDA 含量的影响

加剧，直接表现为 MDA 含量增加。进一步试验表明，营养液中的 H_3BO_3 浓度为 0.9 mg/L 时能够显著促进菠萝根系的生长，根长、根重增加，显著提高了叶片的 SOD 活性和 POD 活性。

　　锌是植物体内 Cu-Zn-SOD 酶的组成成分，对 SOD 活性有直接影响。不同浓度的锌处理对菠萝幼苗叶片抗性的影响见表 6-3。不同浓度的锌处理，菠萝叶片 SOD 活性的变化规律不明显，以处理 2 最高，处理 7 最低。不同浓度的锌对菠萝 CAT 活性、PPO 活性和 MDA 含量有显著影响，处理 1、处理 3、处理 4 的菠萝 CAT 活性较高，处理 5、处理 6、处理 7 的较低；处理 5 的菠萝 PPO 活性最高，显著高于对照，其他处理的菠萝 PPO 活性与对照没有显著差异；就 MDA 含量而言，以处理 3 的最低，显著低于对照，而其他浓度锌处理与对照没有显著差异。不同浓度锌处理 POD 活性没有显著差异。不同浓度锌处理，$O_2^{\cdot-}$ 含量差异明显但没有规律。

表 6-3　锌对菠萝幼苗叶片抗性指标的影响

	SOD/	CAT/	MDA/	POD/	PPO/	$O_2^{\cdot-}$/
	(u/gFW·h)	(u/gFW·min)	(umol/gFW)	(u/g·min)	(u/gFW)	(nmol/min·gFW)
对照	213.41abc	1.34c	4.37a	7.74a	0.44b	2.94ab
处理 1	177.28abc	3.23ab	3.15ab	10.05a	0.54b	2.83ab
处理 2	266.55a	2.00bc	3.03ab	10.23a	0.69ab	3.78ab
处理 3	209.45abc	3.74a	2.06b	8.23a	0.90ab	3.43ab
处理 4	172.25abc	3.56ab	3.42ab	11.32a	0.90ab	2.66b
处理 5	138.78bc	1.52c	3.46ab	8.51a	1.31a	2.79b
处理 6	253.55ab	1.16c	3.90ab	9.15a	0.77ab	4.00ab
处理 7	133.06c	0.99c	4.05ab	7.12a	0.50b	4.57a

3. 钙对内源激素含量的影响

我们以巴厘组培苗为试材，钙处理设计了 6 个浓度，分别为 0 mg/L、5 mg/L、10 mg/L、20 mg/L、40 mg/L 和 80 mg/L，水培 48 d 后测定菠萝内源激素的含量。加钙的 5 个处理，菠萝 ZT 含量高于对照，显示钙有促进 ZT 在菠萝体内合成的作用，在 5 个不同浓度的钙处理中，以 40 mg/L 浓度的钙处理 ZT 含量最高。低浓度钙不能显著提高菠萝体内 GA$_3$ 和 IAA 的含量，较高浓度的钙(40 mg/L、80 mg/L)能显著提高菠萝体内 GA$_3$ 和 IAA 的含量。低浓度钙(5 mg/L)可显著提高菠萝体内 ABA 的含量，钙浓度为 40 mg/L 时对菠萝体内的 ABA 含量没有影响。

四、高效施肥技术

矿质营养水平不但影响植株的生长，同时也影响果实的发育，关系到果实的产量与品质，养分不平衡还会引起果实的生理失调。菠萝施肥前期以肥促根、促苗，花前控制氮养分以提高催花效率，后期施肥壮果并改善品质。施肥方法有沟施、撒施、叶面喷施、施肥枪和水肥一体化技术。

1. 施肥对菠萝生长、产量和品质的影响

关于施肥对菠萝产量和品质的影响，国内外进行了大量研究，施肥的效果因土而异、因肥而异、因种而异。Abutiate 等报道，氮和钾的施用可明显提高无刺卡因产量，而磷会降低产量，可溶性固形物含量因氮用量的提高而降低，因钾用量的增加而提高，每公顷施氮 112 kg、钾 448 kg 效果最佳。但 Ganeshamurthy 等人的结果是，在磷用量为 0～10 g/株，钾用量为 0～8 g/株的范围内，卡因菠萝产量随施肥量的增加而增加，可溶性固形物含量随磷用量的增加而线性上升。在 Hartinee 等人的氮肥、钾肥试验中，氮、氧化钾的施用量均设为 0 kg/hm²、200 kg/hm²、400 kg/hm² 和 800 kg/hm²，当氮和氧化钾的施用量分别为 200 kg/hm² 和 400 kg/hm² 时生物量最大。施氮量为 200 kg/hm²，施氧化钾量为 200 kg/hm² 或 400 kg/hm² 时果实最大，高氮无钾处理的可溶性固形物仅为 11.0°Brix，而低氮高钾处理的可溶性固形物达到 18.0°Brix。Omotoso 等人的试验结果是，施氮在 200 kg/hm² 的范围内，叶片数、叶面积和 D 叶长随施肥量的增加而显著增加，但果实总固形物、酸和维生素 C 含量随施氮量的增加而降低，施氮量为 150 kg/hm² 时可获最高产量且品质较好。Spironello 等报道，施氮量为 498 kg/hm²、施氧化钾量为 394 kg/hm² 时产量最高，磷肥对产量没有影响；随着氮肥用量的增加，果实变大但含糖量降低，品质下降。Bhugaloo 对 Queen Victoria 进行了氮肥用量试验，结果表明：施氮量在 0～840 kg/hm² 范围时果实酸度随施肥量的增加而降低，施氮量在 0～

420 kg/hm² 范围时产量随施肥量的增加而提高。

臧小平等（2013 年）在广东湛江进行了卡因品种果实发育期滴灌施肥试验，试验设计了 7 个处理（含对照），尿素的施用量分别为 22.5 kg/hm²、67.5 kg/hm²、112.5 kg/hm²，硫酸钾的施用量分别是 90 kg/hm²、180 kg/hm²、270kg/hm²，每个处理重复三次。在菠萝的果实生长发育期分两次进行追肥，两次追肥间隔 10 d，施用方式为将肥料溶于水，用滴灌方式施入。对照灌溉相同体积的清水，以消除水分对菠萝生长的影响。结果见表 6-4。

表 6-4　果实发育期滴灌施肥对菠萝产量和品质的影响

处理	肥料用量/(kg/hm²)	单果重/g	总糖/%	维生素 C 含量/(mg/100g)
对照		907.1b	13.21 ab	17.35 b
尿素	22.5	860.2b	14.42 a	21.26 a
	67.5	881.2b	13.03 ab	18.06 ab
	112.5	1111.3a	13.81 ab	18.05 ab
硫酸钾	90	925.2b	12.08 b	19.10 ab
	180	997.2ab	15.11 a	22.91 a
	270	1168.8a	13.40 ab	19.43 ab

卡因品种的果实发育期较长，这一时期仍需要较多的养分，追施氮、钾肥可明显提高菠萝叶片的叶绿素含量，112.5 kg/hm² 浓度的尿素和270 kg/hm² 浓度的硫酸钾处理均可显著提高单果重而对果实品质没有不利影响，22.5 kg/hm² 浓度的尿素和 180 kg/hm² 浓度的硫酸钾处理可使果实的总糖和维生素 C 含量明显提高。

张秀梅（2011 年）等发现，施用钾肥提高了菠萝果实果糖、葡萄糖和蔗糖的含量。不同施钾处理均增加了果实转化酶和蔗糖合成酶的分解活性，降低了果实蔗糖磷酸合成酶和蔗糖合成酶的合成活性。其中以混合使用喷施硫酸钾和土施硫酸钾对果实糖含量和相关酶活性的影响效果最好，其次为喷施硫酸钾，土施的效果不明显。土施和喷施两种方法一起使用可改变 4 种酶的活力，从而提高库强度，果实库强度的增加相应地促进了同化产物的运输。

林新莲等（2012 年）的研究结果表明，适当施用尿素可提高采收时果实的重量、可溶性固形物和可溶性总糖含量。中等施氮量（225 kg/hm²）可提高贮藏后期的可溶性总糖含量，高氮量（375 kg/hm²）可提高贮藏后期的可滴定酸含量。施用硫酸钾不仅能提高采收时的可溶性固形物含量，而且能提高贮藏中后期的维生素 C 和可溶性蛋白含量。刘长全（1995 年）等发现，台农 4 号菠萝果实的总糖含量和糖、酸比随氮、磷、钾、镁的用量先上升后下降，钙肥的影响不明显；维生素 C 含量随氮、钾施用量的增加明显上升，而镁的作用则相反，磷、钙的影响规律不明显。5 种肥料对菠萝耐贮性都有不同程度的影响，影响程度顺序为镁＞氮＞磷＞钙＞钾。Quaggio 等比较了施用硫酸钾、氯化钾以及两者混合施用对菠萝果实采后品质的影响，采收时钾肥种类对可溶性固形物含量没有影响，而施 350 kg/hm² 浓度的氧化钾，可溶性固形物含量最高；贮藏 3 周后，氯化钾处理的可溶性固形物含量明显降低。Antonio 等报道，每株施 16 g 氧化钾可明显降低 PPO、POD 和 PAL 的活性，减少酚类物质的含量，减少采后褐腐病的发生。Herath 的试验结果表明，施钙 125 kg/hm² 和 150 kg/hm² 可明显减少贮藏过程中的褐腐病，减少果实失重，并提高可溶性固形物和维生素 C 的含量。

陈菁(2012 年)等在广东湛江雷州市调风、英利、龙门、丰收农场和徐闻县锦和、曲界进行菠萝叶面喷施中微量元素试验，试验设 4 个处理：处理 1 用 1％的七水硫酸镁，处理 2 用 0.2％的一水硫酸亚铁，处理 3 用 0.2％的七水硫酸锌，处理 4 用清水。结果表明，喷施镁、铁、锌对菠萝叶片长度、宽度、叶片数有显著影响。6 个试验点叶面喷施铁都显著增加了叶片长度、宽度和叶片数；叶面喷施镁、锌对叶片长度、宽度和叶片数的影响因地而异，调风、英利、龙门试验点喷施镁、锌对菠萝的叶片长度、叶宽、叶片数没有显著影响，锦和、曲界试验点叶面喷施镁能显著增加菠萝的叶片长度、宽度及叶片数，叶面喷施锌有提高菠萝的叶片长度、宽度以及叶片数的效果，但没有达到显著水平(表 6-5)。叶面喷施硫酸亚铁显著提高了各个试验点的产量、单果重及商品果率，产量提高幅度在 8.5％～14.5％，单果重提高幅度在 8.5％～12.8％，商品果率提高幅度在 6.4％～8.3％；叶面喷施镁在土壤含镁相对较低的锦和、曲界能提高菠萝产量，但增产幅度仅有 2.8％～2.9％；叶面喷施硫酸锌没有显著增加产量(表 6-6)。这一结果启示我们，尽管雷州半岛的土壤是富铁砖红壤，但存在潜在性缺铁问题，这可能与季节性干旱有关，也可能与磷肥施用量过多及土壤中的活性锰含量过高有关。在春、秋、冬季叶面喷施补铁，是提高菠萝产量的有效措施之一。

我们探索了长效缓释肥料对菠萝生长、产量及品质的影响。菠萝生长周期长，从种植到收获巴厘品种要 14～16 个月，卡因类品种要 21～23 个月，但菠萝在封行后(植后 7～10 个月)，就很难施肥，因而使用长效肥料或采用喷、滴灌方式进行施肥可以克服由于菠萝封行造成的不便，及时提供菠萝生长所需的养分。使用添加尿酶抑制剂、硝态氮抑制剂复合肥(16-8-18)，在雷州调风镇和徐闻曲界镇进行了试验。调风的试验设计为：处理 1 用常规施肥(普通复合肥＋单质肥，每公顷纯氮磷钾施用量为 1 239 kg，N∶P₂O₅∶K₂O＝1∶0.98∶1.19)，处理 2 用等量养分长效肥[长效复合肥(16-8-18)＋单质肥，每公顷纯氮磷钾施用量为 1239 kg]，处理 3 用减量 20％的长效肥[长效

表 6-5　喷施镁、锌和铁对菠萝生长的影响

项目	处理	调风	英利	龙门	丰收	锦和	曲界
叶长 /cm	处理 1(喷镁)	41.7b	41.5b	42.1b	41.6b	42.2b	43.6b
	处理 2(喷铁)	44.1a	44.9a	45.2a	43.8a	44.3a	45.1a
	处理 3(喷锌)	41.8b	41.7b	41.9b	41.5b	41.9b	42.3c
	处理 4(喷水)	41.5b	40.9b	42.0b	41.3b	40.6c	41.1d
叶宽 /cm	处理 1(喷镁)	4.0b	4.0b	4.0b	3.8b	3.9b	4.0b
	处理 2(喷铁)	4.3b	4.4a	4.4a	4.3a	4.3a	4.4a
	处理 3(喷锌)	3.9b	3.9b	3.9b	3.8b	3.9b	4.0b
	处理 4(喷水)	3.9b	3.8b	4.0b	3.9b	3.7c	3.8c
叶数 /片	处理 1(喷镁)	42b	41b	42b	41b	42b	45b
	处理 2(喷铁)	46a	48a	48a	46a	46a	48a
	处理 3(喷锌)	42b	42b	41b	40b	41b	41c
	处理 4(喷水)	41b	39b	42b	40b	38c	42c

表 6-6　不同处理的菠萝产量、单果重及商品果率

项目	处理	调风	英利	龙门	丰收	锦和	曲界
产量/ (t/hm²)	处理 1(喷镁)	54.0b	52.8b	54.8b	53.9b	53.9b	55.5b
	处理 2(喷铁)	59.7a	59.4a	60.3a	57.8a	57.6a	60.8a
	处理 3(喷锌)	53.7b	53.3b	54.5b	53.0b	53.4bc	54.8bc
	处理 4(喷水)	53.0b	51.9b	53.7b	53.3b	52.4c	54.0c
单果重/kg	处理 1(喷镁)	0.90b	0.88b	0.91b	0.90b	0.90b	0.93b
	处理 2(喷铁)	1.00a	0.99a	1.01a	0.96a	0.96a	1.01a
	处理 3(喷锌)	0.90b	0.89b	0.91b	0.88b	0.89bc	0.91bc
	处理 4(喷水)	0.88b	0.88b	0.90b	0.89b	0.87c	0.90c
商品果率/%	处理 1(喷镁)	81.2b	82.0b	81.6b	80.7b	79.4b	81.2b
	处理 2(喷铁)	86.8a	87.5a	87.9a	85.0a	84.8a	88.0a
	处理 3(喷锌)	80.5b	81.3b	81.3b	80.2b	78.9bc	80.6bc
	处理 4(喷水)	80.9b	81.1b	81.3b	79.9b	78.3c	81.5c

复合肥(16-8-18)＋单质肥，每公顷纯氮磷钾施用量为 992 kg]，处理 4 用增量 30% 的长效肥[长效复合肥(16-8-18)＋单质肥，每公顷纯氮磷钾施用量为 1 611 kg]。曲界试验设计为：处理 1 用常规处理(每公顷纯氮磷钾施用量为 2 192 kg，$N:P_2O_5:K_2O=1:0.70:0.9$)；处理 2 用等量养分长效肥(每公顷纯氮磷钾施用量为 2 192 kg)，处理 3 用减量 20% 的长效肥(每公顷纯氮磷钾施用量为 1 754 kg)。在施肥次数上，长效肥处理比常规肥处理少施三次。

在调风试验点，植后 12 个月(催花前)，长效肥处理(处理 2、处理 3、处理 4)的菠萝 D 叶长度低于常规肥处理，减量 20% 的长效肥处理的菠萝 D 叶宽

度、叶重与常规肥处理没有显著差异，但等量养分长效肥、增量30％的长效肥处理的菠萝D叶宽度、叶重显著高于常规肥处理（表6-7）。减量20％的长效肥处理的菠萝产量、品质与常规肥的没有显著差异，但等量长效肥或增量30％的长效肥处理的菠萝的产量、单果重、商品果率显著高于常规肥处理，可溶性固形物含量两者没有显著差异。这一结果表明，等量长效肥能提高菠萝的产量、单果重和商品果率，分别提高7.4％、7.2％、5.7％，减量施肥不利于菠萝生长和产量、品质的提高（表6-8）。

表6-7 调风试验点长效肥对菠萝D叶叶长、叶宽及重量的影响

项目	处理1	处理2	处理3	处理4
D叶长/cm	88.5a	83.7b	84.9b	85.3b
D叶宽/cm	5.8b	6.0ab	6.2a	6.2a
D叶重/g	48.3b	47.8b	51.6a	51.9a

表6-8 调风试验点长效肥对产量及品质的影响

项目	处理1	处理2	处理3	处理4
产量/(t/hm^2)	40.8b	40.3b	43.8a	44.1a
单果重/kg	0.69b	0.68b	0.74a	0.74a
商品果率/％	73.5b	74.1b	77.7a	77.5a
可溶性固形物含量/°Brix	15.5a	15.6a	15.7a	15.6a

在曲界试验点，减量20％的长效肥处理和等养分长效肥处理的菠萝D叶长度仍然低于常规肥处理的，但D叶宽度、重量显著高于常规肥处理的，说明长效肥有利于菠萝叶片的生长（表6-9）。减量20％的长效肥和等养分长效肥处理的菠萝产量、单果重、商品果率、可溶性固形物含量都没有显著差异，但两种处理的产量、单果重、商品果率分别比常规肥处理的高7.6％、8.2％、3.2％（表6-10）。这一结果表明，长效肥养分缓慢释放特别是氮养分缓慢释放有利于菠萝叶片宽度、重量增加，从而提高了菠萝产量。刘传和等（2012年）报道，冬季施用有机肥可增加菠萝单果重，提高可溶性固形物和总糖含量，降低可滴定酸含量，并促进成熟。

表6-9 曲界试验点长效肥对D叶长、叶宽及重量的影响

项目	处理1	处理2	处理3
D叶长/cm	98.1a	93.8b	94.1b
D叶宽/cm	6.6b	7.1a	7.0a
D叶重/g	56.1b	60.6a	59.9a

表 6-10 曲界试验点不同处理的菠萝产量及品质

项目	对照 1	处理 2	处理 3
产量/(t/hm²)	51.0b	55.2a	54.9a
单果重/kg	0.85b	0.93a	0.92a
商品果率/%	85.1b	88.1a	87.8a
可溶性固形物含量/Brix°	15.4a	15.5a	15.3a

张钰乾（2013 年）研究了氮、磷、钾施用量对巴厘菠萝芳香物质的影响，具体处理设计为：氮肥，N_0（0 kg/hm²），N_1（250 kg/hm²），N_2（400 kg/hm²），N_3（600 kg/hm²）；磷肥，P_0（0 kg/hm²），P_1（50 kg/hm²），P_2（100 kg/hm²），P_3（200 kg/hm²）；钾肥，K_0（0 kg/hm²），K_1（250 kg/hm²），K_2（500 kg/hm²），K_3（800 kg/hm²）。结果如下：

1）氮对香气成分的影响

醇类：磷、钾水平一定的情况下，N_1 水平醇类含量较高，为 0.72%。随着氮水平的上升，醇类含量呈先上升后下降的趋势。

酯类：作为菠萝的主要芳香物质，酯类物质随着氮水平的上升呈不断上升的趋势，4 个施氮水平均检测到的酯类有 4 种，分别为己酸甲酯、辛酸甲酯、正己酸乙酯、3-甲硫基丙酸甲酯。

烯类：随着氮水平的上升，烯类不断减少，从 N_0 至 N_3 水平，依次为：64.92%，35.34%，16.17%，7.74%。4 个水平均检测到的有 6 种，分别为：穗槐二烯、δ-杜松烯、(Z)-3,7-二甲基-1,3,6-十八烷三烯、E-3,7-二甲基-1,3,6-辛三烯、(E,Z)-2,6-二甲基-2,4,6-辛三烯、异喇叭烯。

酸类：总变化为先上升后下降，N_2 水平达到最高。

2）磷对香气成分的影响

醇类：辛醇在磷的 4 个水平均被检测出来。总醇含量先升高、后降低，在 P_2 水平总醇含量达到最高。

酯类：4 个施磷水平均检出的酯类有 14 种：苯乙酸乙酯、丁酸乙酯、己酸甲酯、癸酸乙酯、癸酸甲酯、辛酸甲酯、壬酸乙酯、正己酸乙酯、棕榈酸乙酯、2-甲基丁酸乙酯、3-甲硫基丙酸乙酯、Z-4-辛烯酸甲酯、DL-3-乙基乙酸丁酸酯、10-甲基十一烷酸甲酯。对总含量的影响为：$P_3 > P_2 > P_0 > P_1$。

烯类：4 个施磷水平均检出的物质有：1-石竹烯、α-古云烯、δ-杜松烯、萜品油烯、(Z)-3,7-二甲基-1,3,6-十八烷三烯、E-3,7-二甲基-1,3,6-辛三烯、(E,Z)-2,6-二甲基-2,4,6-辛三烯、α-依兰烯。对总含量的影响为：$P_2 > P_1 >$

$P_0 > P_3$。

酸：随着磷水平的提高先上升后降低。

3)钾对香气成分的影响

醇类：醇类物质随着钾水平的升高被检出的种类和含量均有差异，总量上无规律性变化。

酯类：4个施钾水平均有检出的酯类物质有11种：苯乙酸乙酯、丁酸乙酯、己酸甲酯、癸酸乙酯、癸酸甲酯、辛酸甲酯、壬酸乙酯、正己酸乙酯、棕榈酸乙酯、2-甲基丁酸乙酯、3-甲硫基丙酸乙酯。对总含量的影响为：$K_2 > K_0 > K_1 > K_3$。

烯类：共有的烯类有5种，分别为：石竹烯、δ-杜松烯、(Z)-3,7-二甲基-1,3,6-十八烷三烯、E-3,7-二甲基-1,3,6-辛三烯、(E，Z)-2,6-二甲基-2,4,6-辛三烯。对总含量的影响为：$K_1 > K_2 > K_3 > K_0$。

可见，恰当的养分水平对菠萝果实香气的形成较为有利。

魏长宾等(2009年)研究了不同肥料对菠萝果实香气成分的影响。以鲜食巴厘菠萝为试材，试验设计了4个处理，分别为：处理1用2％的氨基酸钙果面喷施，处理2用2％的腐殖酸钙果面喷施，处理3用1％的硫酸钾果面喷施，对照用清水果面喷施。

结果表明(表6-11)，菠萝果实挥发性成分主要由酯类物质组成，处理1共检测出11种酯类物质，处理2检出11种，处理3检出11种，对照处理检出8种。3-甲硫基丙酸乙酯(即菠萝乙酯)，处理1和处理2的果实含量达13％以上，处理3为8.53％，对照最低，为2.81％。2-甲基丁酸乙酯在处理2中含量为7.27％，其他处理为2％～4％。己酸乙酯在处理1、2和对照中的含量分别为5.81％、7.00％和4.57％，在处理3中未检出。4个处理的果实都含有辛酸甲酯，分别为0.26％、0.46％、1.33％和5.91％。辛酸乙酯在处理1、2、3中的含量相对较高，分别为11.74％、11.16％和23.39％。癸酸乙酯在处理1、2、3中的含量都比较高，分别为17.71％、10.30％和13.18％，对照中未检出。在对照中检出少量α-古巴醇，而在其他处理中没有。在处理1、2和3中还有少量的呋喃酮类化合物，处理1中含有5-乙基二氢化-2(3H)-呋喃酮和4-甲氧基-2,5-二甲基-3(2H)-呋喃酮，分别为0.32％和0.62％，5-丁基-二氢-2(3H)-呋喃酮在处理1、2和3中存在，其中处理1含有2.14％。酯类、内酯类、呋喃类、含硫化合物为菠萝的重要香气成分，在各个处理中以酯类含量为主，处理1酯类含量55％，处理2含54％，处理3含55％，对照处理含45％。可见叶面喷施肥料有助于菠萝果实香气的形成，氨基酸钙处理相比其他处理更有助于增加香气。

表 6-11　不同处理下菠萝主要酯类等挥发性成分

香气成分	处理1	处理2	处理3	对照
2-甲基丁酸甲酯			0.29	11.75
2-甲基丁酸乙酯	2.30	7.27	4.06	2.64
己酸甲酯	0.25	0.66	0.31	4.77
(甲基硫代)乙酸乙酯	0.26	0.58	0.44	
2,3-丁二醇二乙酸酯		0.44	0.90	
己酸乙酯	5.81	7.00		4.57
5-乙基二氢化-2(3H)-呋喃酮	0.32			
4-甲氧基-2,5-二甲基-3(2H)-呋喃酮	0.62			
3-甲硫基丙酸甲酯				5.36
3-甲硫基丙酸乙酯	13.49	14.74	8.53	2.81
辛酸甲酯	0.26	0.46	1.33	5.91
(Z)-4-辛烯酸乙酯			1.02	
辛酸乙酯	11.74	11.16	23.39	
5-丁基-二氢-2(3H)-呋喃酮	2.14	0.84	0.39	
2-羟基戊酸乙酯	2.05			
癸酸甲酯		1.21	1.38	1.29
癸酸乙酯	17.71	10.30	13.18	
十一酸乙酯	0.14			
十三碳三烯	0.45			
十二酸乙酯	1.60	0.66	0.39	
α-古巴醇				6.81
合计	59.14	55.32	55.61	45.91

2. 合理施肥

随着化肥用量的不断增加，有机肥的用量减少，使得土壤退化，肥料回报率渐低。合理施肥是提高产量、改善品质、降低成本、保护环境的主要措施之一。实施营养诊断，根据植株的营养状况来确定施肥与否是菠萝养分管理的有效方法。传统营养诊断使用临界值法，Beaufils 于 1973 年提出综合诊断施肥法(diagnosis and recommendation integrated system，DRIS)，经 Sumner 等人的完善，成为较为先进的诊断施肥技术，广泛应用于甘蔗、玉米、大豆、马铃薯等作物。临界值法对植株养分丰缺的诊断指标由作物产量与养分含量的相关曲线产生，综合诊断施肥法的诊断指标取高产样品群的平均值或由边界曲线法产生。临界值法在作物营养诊断指导施肥方面曾起到过非常重要的作用。但是，由于作物产量不仅受养分含量的影响，同时还受土壤性质、水分状况和气候条件等外在因素的限制，在其他条件不利的情况下，即使各种养分处于最佳水平，作物也不可能高产。此外，即使其他条件处于最适宜状态，作物产量仍受最小养分律的支配。也就是说，当 1 个或者多个养分不足或过多时，即使其他养分均达到最适水平，作物产量仍受不足或过多的养分的限制。在实际生产中，作物生长的外界条件难以全部达到最适合的状态，所有的养分也不可能全部达到平衡，经常出现某些养分不足而另一些养分却过多的现象，因而作物产量与养分含量之间并不普遍存在准确的相关关系，按临界值法很难准确地制定营养诊断指标，其诊断的准确性也就受到影响。综合诊断施肥法的养分标准值由高产样品群产生，或者通过边界曲线筛选出养分含量与作物产量关系密切的样品产生，显然，高产样品受外界不利因素的影响较小，也不存在严重的养分不平衡问题，其诊断指标的制定很大程度上避免了临界值法所受到的干扰。此外，临界值法的诊断指标只考虑到单个养分的绝对含量，而综合诊断法则顾及了各养分元素的平衡关系，根据某一元素的含量及其与其他养分的平衡程度来判断其丰缺，使诊断的准确性得到了提高。许多研究者制定了传统临界值法菠萝叶片养分指标，这些指标的变化范围为：氮 1.0%～1.7%，磷 0.08%～0.23%，钾 1.8%～4.2%。1978年 Langenegger 和 Smith 建立了菠萝的 DRIS 诊断指标；Angeles 等的菠萝DRIS 诊断标准收集了 10 个国家共 1 185 套观察数据，并认为在菠萝上采用DRIS 法比临界值方法更准确。表 6-12 列出了不同研究者制定的菠萝营养诊断指标。

不同国家和地区施肥量差别很大，表 6-13 列出了我国不同菠萝种植区以及世界菠萝主产国的施肥量。由于缺少科学施肥指导，我国果农在施肥时有很大的盲目性，海南菠萝产区是我国施肥量最高的产区，据调查，其氮磷钾的使用量高达 6 795 kg/hm²，而云南不少果农基本上不给菠萝施肥。因此，我国菠萝施肥管理亟待提高。

周柳强等(1994 年)的试验结果表明，对广西浅海沉积物母质发育的红沙土，巴厘品种菠萝每公顷施 N 240～480 kg、P_2O_5 75～150 kg、K_2O 300～600 kg，养分基本平衡，可获得较高的产量与经济效益。我们在雷州半岛玄武岩砖红壤的施肥试验结果表明，巴厘品种 N、P_2O_5、K_2O 的适宜施用量分别为 480～600 kg/hm²、225 kg/hm² 和 600～900 kg/hm²；卡因品种 N、

P_2O_5、K_2O 的适宜施用量分别为 720 kg/hm²、225 kg/hm² 和 900 kg/hm²。在巴西，采用综合栽培技术可使氮、磷、钾肥平均施用量分别减少 28%、25% 和 43%。

表 6-12　不同研究者的菠萝 DRIS 标准

养分参数	Agbangba 等，2011 年	Akali 等，2010 年	Teixeira 等，2009 年	Angeles 等，1990 年	Langenegger 等，1978 年
N		1.21%～1.85%		1.43%	1.52%
P		0.13%～0.18%		0.25%	0.11%
K		1.19%～1.62%		3.24%	2.76%
Ca		0.27%～0.35%			
Mg		0.43%～0.56%			
Fe		$(78.4～102.5)×10^{-6}$			
Mn		$(41.5～58.3)×10^{-6}$			
Cu		$(7.4～10.2)×10^{-6}$			
Zn		$(12.2～15.8)×10^{-6}$			
N/K	0.6		0.59		
N/Ca	0.7		3.25		
P/N				0.18	0.07
P/K	0.3		0.04		
K/N				2.30	1.70
K/P				13.90	25.51
Ca/K	0.9		0.20		
Mg/K	0.4		0.14		
Mg/Ca	0.4		0.72		

　　Jimenez 和 Carlos 给出了菠萝主要养分的最佳施用方法：氮用硝态氮或铵态氮叶面喷施，磷用磷酸一铵叶面喷施，钾用氯化钾土施或者叶面喷施，钙用碳酸钙土施，镁用白云石灰土施。微量元素用叶面喷施。

　　根据我国菠萝的栽培特点，菠萝施肥分基肥、攻苗壮株肥、催蕾肥、壮果肥和壮芽肥 5 类，对应 5 个施肥关键期，按照"前期勤施、薄施，中期重施，后期补施"的原则进行施肥。施肥方法有撒施、条施、滴灌施、施肥枪注施和叶面喷施等。

表6-13　部分菠萝产区的施肥量

国家或地区	养分				土壤类型
	N /(kg/hm²)	P₂O₅ /(kg/hm²)	K₂O /(kg/hm²)	MgO /(kg/hm²)	
福建龙海	1 120	1 024	844		黏土
福建上坪	1 058	353	338		沙壤土
海南昌江	660	222	383		壤土
海南陵水	1 373	338	1 688		沙土
广东徐闻	534	527	728		黏土
广东雷州	366	293	499		黏土
广西防城	240～480	75～150	300～600		沙壤土
广西南宁	375	203	435		壤土或黏土
云南	469	195	525		壤土或黏土
巴西	616	197	663	56	沙壤土
法国	204	102	510	102	
美国	587	75	585	128	壤土或沙壤土
泰国	540～750				
印度	648～864				

　　菠萝基肥的施用量很大，一般占全部施肥量的20%～60%，具体的施用量应根据土、肥和栽培方式来确定。由于苗期生长较慢，若用速效化肥作为基肥，肥料用量则不宜超过当造施肥总量的20%，以免造成养分流失和环境污染。基肥包括全部农家肥、有机生物肥和60%的化学磷肥、10%的化学氮肥和钾肥，于种植前一次性施用。施用基肥最好先用机械开深沟，将肥料与土壤混匀后撒入沟内并用土壤覆盖，这样有利于根系深扎，提高抗旱能力。如果采用覆膜栽培，应将80%～100%的肥料当基肥施。

　　攻苗壮株肥在定植后20 d至催花前2个月分次施用，化肥用量占当造施肥量的40%～50%。秋植菠萝，植株达到催花标准需要10～14个月。幼苗期刚恢复生势，对肥料的需求量少，养分的吸收能力弱，宜进行2次根外追肥，植后20～30 d种苗返青，用1%的尿素、0.5%的硫酸钾和1%的七水硫酸亚铁或0.2%～0.4%的一水硫酸亚铁混合肥液喷施，15～30 d后重复1次。由11月中旬至次年3月上旬，是由秋冬低温干旱季节转入初春低温阴雨季节的时期，菠萝的营养生长基本处于停顿状态，这段时间不需要施肥。3月中旬春暖后，植株逐渐恢复生长，3月下旬至10月中旬是秋植菠萝营养生长的主要时间，也是施攻苗壮株肥的最好时机，宜分3～5次将剩余的攻苗肥施下。施肥方法采用撒施、条施、滴灌施、施肥枪注施均可，后两种方法还可以起到抗旱促苗的作用。雷州半岛的果农还发明了高浓度肥液喷施的技术，用8%左右的高钾型复合肥或2.5%的尿素+3%的过磷酸钙（先浸泡过滤）+2.5%的氯化钾或硫酸钾快速喷施，这时需要特别注意，喷肥的速度要控制在水滴仅流到叶片顶端2/3处，千万不能让肥液水滴流到叶轴和株心，也不要在晴天午间喷施，以免产生肥害。

催蕾肥也是最后一次攻苗肥，占当造化肥用量的15%～20%。此时植株已经封行，施肥方法可以采用滴灌施肥。如果没有滴灌施肥的条件，可在雨后土壤湿润时或者下雨之前撒施。菠萝植株体内的营养积累，决定了花序分化小花的数量，影响果实的大小和重量。但是，如果植株生长过于旺盛，则不利于催花。一般而言，容易催花的皇后类品种，在催花之前30～40 d施攻蕾肥，难催花的卡因和台农16号、台农17号等品种应在催花前2～3个月施攻蕾肥，特别是难以催花的高温季节，需要在催花之前3个月停止施肥。

壮果肥一般在谢花之后施用，占当造化肥用量的10%～15%，可以采用滴灌施肥或者叶面喷施。果实发育期长的品种需重视壮果肥的施用。壮芽肥一般在果实收获之后施用，占当造化肥用量的5%，肥料可以直接撒在老叶基部。

第二节　果园土壤管理

一、我国菠萝园土壤肥力及其变化

因土壤母质、气候条件和施肥习惯不同，我国菠萝产区的土壤肥力各异。广东雷州半岛种植区的立地土壤为由玄武岩发育而成的砖红壤，其土壤质地为黏壤土和黏土，固磷能力较强，总体肥力较高。广西主要种植区是南宁、钦州、防城，土壤母质有由浅海沉积物发育而成的赤红壤，其土壤质地为沙壤土或沙土，养分贫瘠；也有由沙页岩、石灰岩、第四纪红土发育而成的赤红壤或红壤，其土壤质地为黏壤土和黏土，土壤肥力较高。福建主要种植区是漳州的龙海和漳浦，主要是丘陵坡地，其土壤质地大多为沙壤土或沙土，土壤肥力低。海南菠萝种植区主要分布在万宁、琼海、昌江，大多种植在丘陵上，土层浅薄，经过多年种植，土壤更加瘦瘠，保水保肥能力差。云南主要种植区在西双版纳与红河，主要是丘陵坡地，土壤母质大多为由沙页岩、花岗岩、千枚岩、红色黏土、石灰岩等母质发育而成的砖红壤、红壤，其土壤质地为黏土、黏壤土、壤土，土壤肥力差别较大。

我们对雷州半岛菠萝主产区雷州、徐闻的 57 个土壤样本(采样深度为 0～30 cm)的测试结果为(表 6-14)：土壤有机质含量在 2.71％～3.58％，平均值为 3.27％；全氮在 0.08％～0.15％，平均值为 0.13％；速效磷在 1.98～90.20 mg/kg,平均值为 33.06 mg/kg；速效钾在 15.00～203.00 mg/kg，平均值为 87.50 mg/kg；pH 值在 3.71～4.96，平均值为 4.36。中量元素钙的含量在 0.60～30.27 cmol/kg，镁的含量在 0.09～3.27 cmol/kg。微量元素中的有效铁最丰富，平均值达到 27.67 mg/kg，没有出现低铁土壤；有效锰的平均值为 12.00 mg/kg，有效锌的平均值为 1.48 mg/kg。雷州半岛菠萝园的土壤酸化严重，土壤养分特别是钾在大多数果园较为丰富，部分果园土壤中的钙和镁不足，应加强钙和镁的补充，调节钾与钙、镁的平衡。同时，在菠萝栽培管理中应该注重微量元素的合理使用。

表 6-14　雷州半岛菠萝园土壤养分状况

	最小值	最大值	平均值	标准差	变异系数
有机质/％	2.71	3.58	3.27	0.25	7.71
全氮/％	0.08	0.15	0.13	0.01	10.63
速效磷/(mg/kg)	1.98	90.20	33.06	22.35	67.59
速效钾/(mg/kg)	15.00	203.00	87.50	50.95	58.22
钙/(cmol/kg)	0.60	30.27	7.20	5.23	72.63
镁/(cmol/kg)	0.09	3.27	0.86	0.69	80.38
铜/(mg/kg)	1.33	5.18	2.43	0.74	30.46
锌/(mg/kg)	0.46	9.04	1.48	1.16	78.28
锰/(mg/kg)	2.12	35.93	12.00	6.76	56.35
铁/(mg/kg)	17.61	47.69	27.67	8.55	30.91
pH 值	3.71	4.97	4.36	0.28	6.44

根据刘长全的测定结果，福建漳州菠萝园的土壤有机质含量为 1.39％，pH 值为 4.80，全氮为 0.092％，速效磷为 8.1 mg/kg，速效钾为 9.1 mg/kg，代换性钙为 200 mg/kg，代换性镁为 120 mg/kg。土壤中的有机质、速效磷、

钾偏低，代换性钙、镁也都偏低。

周柳强（2003 年）的研究结果表明，广西菠萝产区由浅海沉积物发育而成的红沙土，其有机质为 2.15%，pH 值为 4.7，全氮为 0.089%，全五氧化二磷为 0.04%，全氧化钾为 0.234%，速效磷为 6.0 mg/kg，速效钾为 34 mg/kg，盐离子交换量为 12.7 cmol/kg；广西南宁红壤土的有机质为 0.62%～2.70%，pH 值为 4.6～5.9，全氮为 0.063%～0.10%，速效磷为 4.0～8.6 mg/kg，速效钾为 25.0～172.3 mg/kg。由浅海沉积物发育而成的土壤养分含量都较低，而红壤土氮、磷含量较低，速效钾含量的变化幅度较大。因此，对于由浅海沉积物发育而成的菠萝园，应加强氮、磷、钾肥的施用，对于红壤土，应针对具体菠萝园的氮、钾养分含量情况施肥。

陈明智报道了海南菠萝种植园土壤肥力状况，龙滚菠萝园 0～20 cm 土层中有机质为 1.56%，全氮为 0.06%，全磷为 0.05%，全钾为 0.53%，碱解氮为 69.8 mg/kg，速效磷为 4.6 mg/kg，速效钾为 30.2 mg/kg。海南菠萝园大都建在坡地、丘陵地带，大多为浅海沉积物发育土壤，沙粒含量较多，土壤较为瘦瘠，应增施有机肥，多施中、微量元素，特别是硼、锌元素。

云南西双版纳土壤的有机质含量较为丰富，达 3%～5%，pH 值为 4.2～6.0，全磷含量仅为 0.03%～0.175%，全钾为 0.9%～3.0%，阳离子交换量为 5～10 mEg/100 g，土壤中速效性养分含量较低。

有关我国菠萝园的土壤肥力变化少有研究。据陈明智等报道，次生林地开垦种植菠萝 0～20 cm 土层中有机质的含量第 1 年下降了 57.3%，第 2 年下降了 60.5%，第 4 年下降了 77.6%；全氮和碱解氮第 1 年分别下降了 32.8% 和 34.2%，第 2 年下降了 58.3% 和 49.2%，第 4 年下降了 75.8% 和 70.3%。由于所调查的菠萝园本身土壤磷含量很低，加上磷肥的使用，土壤全磷和速效磷含量没有表现出规律性衰退。开垦种植菠萝的土壤全钾第 1 年下降了 61.9%，但不同年限间没有表现出衰退的趋势。土壤速效钾第 1 年下降了 11.9%，第 2 年下降了 56.8%，第 4 年下降了 70.1%。开垦后土壤肥力急速下降的原因有两个：一是土壤养分分解加快，二是水土流失严重。因此，坡地种植菠萝时应该修筑梯田，尽量减少水土流失。

二、果园培肥技术

有机肥、生物有机肥的使用，残茬粉碎回田和合理轮作是菠萝园土壤培肥的主要途径。

刘传和等的研究结果表明，有机肥的施用可改变土壤酶活性和微生物群体结构。苗期施用花生麸，土壤中脲酶、转化酶、过氧化氢酶的活性较对照分别显著提高96.0%、410.3%和45.8%，但其蛋白酶显著低于对照；施用鸡粪，土壤中脲酶和蛋白酶显著低于对照，转化酶和过氧化氢酶分别比对照高32.3%和40.0%。抽蕾期施用花生麸，土壤中脲酶、转化酶、过氧化氢酶、蛋白酶的活性分别比对照提高133.3%、148.6%、45.8%和15.8%，除蛋白酶外都达到显著水平；施用鸡粪，土壤中脲酶和蛋白酶的活性分别比对照低33.3%和8.6%，其中脲酶与对照差异显著，转化酶和过氧化氢酶显著高于对照。细菌、真菌和放线菌是土壤中的三大类微生物，它们对土壤中有机物的分解、氮和磷等营养元素及其化合物的转化具有重要作用。在苗期施用花生麸和鸡粪都增加了土壤中细菌、真菌和放线菌的数量。其中，施用花生麸的土壤，细菌、真菌、放线菌分别比对照显著增加63.4%、537.9%和979.4%；施用鸡粪的土壤，分别比对照增加9.15%、285.2%和11761.8%，真菌、放线菌的数量与对照差异显著。在抽蕾期施用花生麸，土壤中的细菌、真菌、放线菌分别比对照增加3.4倍、35.4倍和2.7倍，均与对照差异显著；施用鸡粪的分别比对照增加3.5倍、1.5倍和1.8倍，其中细菌、放线菌数量与对照差异显著。以上结果表明，施用花生麸能提高土壤中脲酶、转化酶、过氧化氢酶和蛋白酶的活性；鸡粪虽提高了土壤中转化酶和过氧化氢酶的活性，却降低了土壤中脲酶和蛋白酶的活性。土壤中的细菌、真菌和放线菌的数量在花生麸和鸡粪处理中均能显著增加。

菠萝残体主要由叶、茎、根、果柄和芽5个部分组成，菠萝的叶和茎是菠萝残体的两个重要组分，这两部分占到全部残体的约87%，其中菠萝叶占72.75%。巴厘品种每生产1 t鲜果就会产生0.33 t的干残体。

通过对菠萝残体各组分养分含量的分析发现，以芽的氮、磷、钾养分含量最高，分别达到13.86 g/kg、1.88 g/kg、24.00g/kg，这可能与芽是菠萝成熟时的新的生长点有关。菠萝的残体总量（干重）平均为313.63 g/株，氮、磷和钾养分的含量分别为氮2.74 g/株、磷0.22 g/株和钾5.46 g/株，以钾的含量最高。

菠萝残体在土壤中的降解试验发现，随着腐解时间的延长，腐解物的残留量逐渐降低，在最初的45 d下降得较快。这是由于初始有机物料中含有的易分解物质多，容易被土壤中的微生物分解，故腐解较快。根据腐解残留量的变化，可将菠萝残体的腐解过程分为三个阶段：快速分解阶段（0～45 d），腐解物残留量迅速下降；中速分解阶段（45～90 d），菠萝残体的腐解速度有所降低；缓慢分解阶段（90～105 d），腐解物残留量再次开始下降，但没有第一阶段的腐解速度快，主要是因为腐解过程中不断释放养分，残留物中难分解的物质增多。Asghar M.和Kanehiro Y.研究了菠萝和甘蔗残渣回田腐烂过程中土壤的pH值和氧化还原电位的变化，前两周土壤的pH值下降，第4周恢复到原来水平，一周内氧化还原电位先下降后提高，而且从不低于 400 mV，不会引起土壤氮的损失。Hue 研究了残渣回田消除铝毒的作用，与对照比较，菠萝残渣回田可使火山灰土的 pH 值从 4.50 提高到 5.03，老成土的 pH 值从 4.60 提高到 5.01；火山灰土中的交换性铝由 2.20 cmol/kg 下降到 1.06 cmol/kg，老成土中的交换性铝由 2.78 cmol/kg 下降到 1.16 cmol/kg，从而可以消除土壤的酸性和铝毒，促进作物生长。

Purwito 等（2012 年）比较了毛蔓豆、距瓣豆、爪哇葛藤、大花田菁、象草、芝麻和千斤拔等覆盖植物对菠萝园的改土作用。种植 3 个月后切碎回田，象草的生物量最大，折合干重 43.2 t/hm²；回田 1 周后象草处理的有机碳最高，12 周后，大花田菁处理最高；土壤的胡敏酸含量以距瓣豆处理最高，富啡酸含量则是千斤拔处理最高。

习金根等研究了菠萝-甘蔗轮作对土壤肥力的影响。与菠萝-甘蔗轮作相比，菠萝连作地土壤的有机质、全氮、碱解氮、速效磷和速效钾的含量均有不同程度的下降。其中下降比较明显的是速效磷和速效钾含量，降幅分别为 282.23% 和 126.32%（表 6-15）。可见，菠萝连作不利于土壤有机质及其他养分含量的提高。轮作可以明显改善土壤的理化性状，对土壤速效养分的释放也有很大的促进作用。与菠萝或甘蔗连作相比，菠萝-甘蔗轮作可以提高土壤的有机质含量，降低土壤容重；有利于速效性养分的释放，特别是有利于磷和钾的释放。轮作还可以提高土壤的含水量。因此，菠萝-甘蔗轮作不仅可以促进菠萝的生长还可以提高菠萝的抗旱能力。

表 6-15　不同的耕作模式对土壤理化指标及养分含量的影响

处理	土壤容重 /(g/cm³)	pH 值	土壤含水量/%	有机质 /%	全氮 /%	碱解氮 /(mg/kg)	速效磷 /(mg/kg)	速效钾 /(mg/kg)
菠萝连作	1.32	4.23	22.84	3.20	0.11	121.40	11.65	38.00
甘蔗连作	1.35	4.80	24.05	3.07	0.11	109.98	11.74	24.00
菠萝-甘蔗轮作	1.26	4.75	25.26	3.55	0.12	127.20	44.53	86.00

土壤中的微生物是土壤中活的有机体，是最活跃的土壤肥力因子之一，土壤微生物种群与数量的大小可以作为表征土壤肥力状况的重要生物学指标。从表 6-16 可以看出，菠萝-甘蔗轮作地土壤中的细菌和放线菌分别为 5.36×10^6 个/g 和 0.34×10^5 个/g，均高于菠萝、甘蔗连作地，而菠萝-甘蔗轮作地土壤中的真菌数量则明显低于连作地。这说明菠萝-甘蔗轮作对土壤中的主要微生物总量有较大的影响。不同的耕作模式对土壤中特殊生理微生物的数量也有

较大的影响。与甘蔗连作地相比，菠萝-甘蔗轮作地 0～30 cm 土层的固氮菌、解磷菌和解钾菌的增幅分别达到 56.27％、81.85％和 154.10％，这可能是菠萝-甘蔗轮作能明显提高土壤速效磷和速效钾的最主要原因。郑超等也报道了菠萝-甘蔗轮作提高了土壤中小于 0.25 mm 团聚体的数量，使其形成良好的土壤结构，促进根系穿扎，提高了淀粉酶、酸性磷酸酶、过氧化氢酶和脲酶等土壤酶的活性，提高了氨化细菌、硝化细菌和好气性固氮菌的数量。

表 6-16　不同耕作模式对土壤微生物的影响

处理	细菌/ ($\times 10^6$ 个/g)	真菌/ ($\times 10^3$ 个/g)	放线菌/ ($\times 10^5$ 个/g)	固氮菌/ ($\times 10^5$ 个/g)	解磷菌/ ($\times 10^5$ 个/g)	解钾菌/ ($\times 10^5$ 个/g)
菠萝连作	4.20	0.42	0.29	0.10	0.88	0.87
甘蔗连作	0.88	0.37	0.16	1.48	1.57	4.51
菠萝-甘蔗轮作	5.36	0.30	0.34	2.31	2.86	11.46

第三节　菠萝水分管理

一、菠萝的水分需求

菠萝具有抗旱和水分高效利用的特性。茎短粗，簇生 60～80 片多汁叶子。叶片狭长，呈剑状，革质，叶片中部稍厚并凹陷，两边稍薄并向上弯曲呈槽状，螺旋状莲花形紧密相间排列，这种形态结构使其可以汇集雨水和露水流入叶腋基部，供叶基白色组织和叶基部的根吸收。菠萝叶片有高渗透势的薄壁组织和薄而具有弹性的细胞壁，拥有存储大量水分的能力，它们还有防止根部存储组织的水反向进入土壤的能力（Carr，2012 年）。菠萝是景天酸代谢（CAM）植物，气孔出现在菠萝叶子远轴的表面毛状体（蜡质保护膜）下面，相对密度较低（70～85 个/mm^2），气孔在晚上打开，黎明时气孔张开达到高峰，日出后关闭几小时，一直持续到下午 3 点以后再重新打开（Bartholo-mew 等，2003 年）。因此菠萝的蒸腾作用小，水分利用率是 C3 作物的 4～19 倍，C4 作物的 2～7 倍。

叶片的厚薄是反映菠萝水分状况的最简单直观的指标，缺水时叶片变薄。菠萝干旱胁迫的症状表现出来得比较缓慢，最早的可见迹象是下部叶片萎蔫，接着叶色由深绿变到浅绿，然后到黄色，最后到红色。随后叶边缘向下卷曲，叶片失水逐渐枯萎。在果实发育阶段，干旱胁迫下的小果数目和小果重量会减少。雨水过多且土壤排水和通透性又极差时，菠萝根系会因长时间积水缺氧而腐烂。在果实临近成熟前如果大量降雨，过多的水分容易导致裂果。

菠萝对降雨量要求不严格，在年降雨量为 510 mm 的半干旱区至年降雨量为 5 540 mm 的热带雨林地区，菠萝均能生长发育，每年 600 mm 均匀分布的降雨（或灌溉）已足够保证菠萝的最大生长量。年降雨量为 1 000～1 500 mm 时最适宜菠萝生长，适合商业性栽培。干旱季节"以水增果增产增收"是最经济有效的办法。进入旱季或月降雨量少于 50 mm 时，灌溉有利于植株生长和果实发育。

菠萝需水的关键时期是植后恢复期、花蕾抽生期、果实发育期及吸芽抽生期。Hanafi 等人的盆栽试验表明，种植初期（植后 30 d 内）需水量最大。在夏威夷，植后喷灌 5 cm 的水促进生根，以后每月灌水 2.5～5 cm。Asoegwu（1988 年）报道，无刺卡因在尼日利亚 3 d 灌溉 1 次植株生长最快，最早开花，3 d 灌溉 1 次和每周灌溉 1 次均可获得最高产量。Ojeda 等（2012 年）的试验结果表明，在半干旱气候条件下每周灌溉 1 次，灌水量为蒸发损失的 40% 时，可促进植株生长和开花。

二、高效水分管理

菠萝的高效水分管理技术主要有覆盖、滴灌和移动喷灌。早在 1914 年，Charles F. Eckart 发现覆盖可显著提高菠萝产量。如今，覆盖作物如美洲狼尾草、狗牙根已成为巴西菠萝综合生产体系的一部分。覆盖可控制杂草，同时能防止水土流失、涵养土壤水分，还可提高 1 500 g 以上大果的比例，覆盖狼尾草时果实更大（Matos 等，2009 年）。刘传和等发现秋冬季地膜覆盖对菠萝的生理指标有明显影响。秋季叶片细胞膜的透性比对照降低 12%，冬季降低 10.8%；秋季叶绿素 a 的含量提高 33%，叶绿素 b 含量提高 19.3%，冬季叶绿素 a 的含量提高 35.4%，叶绿素 b 的含量提高 14.6%；秋冬两季覆膜可使叶片的可溶性糖含量分别比对照提高 16.8% 和 14.9%，根系的可溶性糖含量分别比对照提高 39.7% 和 16.4%；叶片的可溶性蛋白含量分别比对照增加 2.2% 和 8.8%，根系的可溶性蛋白分别比对照增加 7.6% 和 9.1%；叶片的 MDA 含量分别比对照降低 9.7% 和 23%，根系的 MDA 含量分别比对照降低 7.7% 和 14.3%；叶片及根系的 SOD 活性高于对照，其中根系差异显著；叶片和根系的 CAT 活性显著提高。

菠萝园的土壤覆盖方法：一是将稻草、芒箕、绿肥秆等覆盖材料在菠萝定植后铺在大行间及株间。覆盖物离植株 5 cm 左右,厚度为 5 cm,大行间厚 10 cm;二是地膜覆盖,在种植时进行,先根据畦面大小确定地膜幅宽,然后在地膜上按株行距的要求打好直径约 10 cm 的圆孔。在施足基肥、平整好畦面后,将准备好的地膜平整铺于畦面上,四周用泥土压紧,菠萝苗从圆孔处种下。地膜覆盖应注意的事项是:①在覆盖前要有计划地按株行距起好定植畦,在膜上按小行距和株距打洞,然后盖在地面,将苗植入圆洞里。大苗偏深,小苗偏浅,苗务必要与土壤接触好才能早生根。②为了更好地保水保温,膜宽应足够覆盖畦面和畦的两边。③为了防止大风吹起薄膜,覆盖后用畦间土壤培压薄膜边上以固定。④使用铺膜机的时候要保证铺膜质量。

为了节约用水,有条件的地区可使用移动喷灌或者滴灌。由于菠萝一个生产周期需要灌溉的次数较少,采用移动喷灌可节省成本,但需要规划出工作通道,占用部分种植空间。滴灌可以和覆膜相结合,使用膜下滴灌,还可以结合施肥实行水肥一体化管理。

参 考 文 献

[1]陈菁,石伟琦,孙光明,等. 叶面喷施 Mg、Fe、Zn 对菠萝生长和产量的影响[J]. 热带农业科学,2012a,32(6):4-6.

[2]陈菁,孙光明,习金根,等. 菠萝不同品种氮、磷、钾养分积累差异性研究[J]. 广东农业科学,2010(6):87-88.

[3]陈菁,孙光明,臧小平,等. 巴厘菠萝干物质和 NPK 养分积累规律研究[J]. 果树学报,2010,27(4):547-550.

[4]陈菁,孙光明,臧小平,等. 卡因菠萝 N、P、K 养分积累规律的研究[J]. 热带作物学报,2010,31(6):930-934.

[5]陈明智. 菠萝园土壤肥力退化的调查[J]. 土壤肥料,2002(6):29-31.

[6]何应对. 生长后期施用氮、钾肥对菠萝矿质养分、产量和品质的影响[J]. 海口:海南大学,2008.

[7]何应对,习金根,魏长宾,等. 菠萝对不同营养元素反应差异研究[J]. 热带农业科学,2007(2):18-20,32.

[8]林新莲,宋勇强,曾梅娇. 不同施肥处理对菠萝采后贮藏品质的影响[J]. 吉林农业,2012(9):69-70.

[9]刘长全,谢金凤,等. 台农 4 号菠萝肥料试验研究初报[J]. 福建热作科技,1995,20(2):12-20.

[10]刘传和,刘岩,易干军,等. 地膜覆盖对菠萝植株有关生理指标的影响[J]. 热带作物学报,2008,29(5):546-550.

[11]刘传和,刘岩,易干军,等. 不同有机肥影响菠萝生长的生理生化机制[J]. 西北植

物学报，2009，29(12)：2527-2534.

[12]祁寒，习金根，臧小平，等. 不同硼浓度对菠萝幼苗生长及酶活性的影响[J]. 广东农业科学，2009(3)：65-68.

[13]魏长宾，陈菁，刘胜辉，等. 叶施肥料对菠萝香气影响研究初报[J]. 西南农业学报，2009，22(2)：382-384.

[14]习金根，陈菁，孙光明，等. 菠萝成熟期残体量及其养分含量分析研究[J]. 热带农业科学，2009，29(9)：7-8，13.

[15]习金根，孙光明，臧小平，等. 锌对菠萝幼苗生长发育及生理代谢的影响[J]. 热带作物学报，2007，28(4)：6-9.

[16]习金根，吴浩，王一承，等. 菠萝甘蔗轮作生产、生态效益分析研究[J]. 热带农业科学，2010，30(4)：12-14.

[17]习金根，曾洪立，祁寒，等. 硼素营养对菠萝根系和地上部生长的影响[J]. 热带作物学报，2009，30(10)：1417-1421.

[18]张秀梅，杜丽清，谢江辉，等. 硫酸钾不同施肥方法对菠萝果实发育过程中糖含量及相关酶活性的影响[J]. 热带作物学报，2011，32(2)：229-234.

[19]张钰乾. 菠萝芳香物质组成及其影响因子研究[D]. 南宁：广西大学，2013.

[20]郑超，廖宗文，谭中文，等. 菠萝甘蔗轮作的土壤生态效应[J]. 生态科学，2003，21(3)：248-249.

[21]周柳强，张肇元，黄美福，等. 菠萝的营养特性及平衡施肥研究[J]. 土壤，1994(1)：43-47.

[22]Abutiate W S, Eyeson K K. The Response of Pineapple (Ananas comosus L.)Merr. var. Smooth Cayenne to Nitrogen, Phosphorus and Potassium in The Forest Zone of Ghana[J]. Ghana Jnl aric. Sci., 1973, 6：155-159.

[23]Agbangba E C, Olodo G P, Dagbenonbakin G D, et al. Preliminary DRIS Model Parameterization to Access Pineapple Variety 'Perola' Nutrient Status in Benin (West Africa), 2011.

[24]Akali S, Maiti C S, Singh A K, et al. DRIS Nutrient Norms for Pineapple on Alfisols of India[J]. Journal of Plant Nutrition, 2010, 33：1384-1399.

[25]Angeles D E, Sumner M E, Barbour N W. Preliminary Nitrogen, Phosphorus and Potassium DRIS Norms for Pineapple[J]. Hortscience, 1990, 25(6)：652-655.

[26]Antonio G S, Luiz C T, Neide B. Reduction of Internal Browning of Pineapple Fruit (Ananas comusus L.) by Preharvest Soil Application of Potassium[J]. Postharvest Biology and Technology, 2005, 35：201-207.

[27]Asghar M, Kanehiro Y. Effects of Sugarcane Trash and Pineapple Residue Incorporation on Soil Nitrogen, pH and Redox Potehtial[J]. Plant and Soil, 1976, 44：209-218.

[28]Asoegwu S N. Nitrogen and potassium requirement of pineapple in relation to irrigation in Nigeria[J]. Fertilizer Research, 1988, 15：203-210.

[29]Bartholomew D P, Paull R E, Rohrbach K G. . The Pineapple: Botany, Production and Uses[J]. CAB International, 2003: 69-166.

[30]Beaufils E R. Diagnosis and Recommendation Integrated System(DRIS)[J]. Soil Science Bull. , 1973, No. 1, University of Natal, S. Africa.

[31]Bhugaloo R A. Effect of Different Levels of Nitrogen on Yield and Quality of Pineapple Variety Queen Victoria. AMAS 1998[J]. Food and Agricultural Research Council, Réduit, Mauritius, 1998: 75-80.

[32]Carr M K V. The Water Relations and Irrigation Requirements of Pineapple (*Ananas comosus var. comosus*): A Review[J]. Expl Agric. , 2012, 48(4): 488-501.

[33]Ganeshamurthy A N, Reddy Y T N, Anjaneyulu K, et al. Balanced Fertilisation for yield and Nutritional Quality in Fruit Crops[J]. Fertiliser News, 2004, 49(4): 71-80, 83-86, 114.

[34]Hanafi M M, Mohammed Selamat M, Husni M H A, et al. Dry Matter and Nutrient Partitioning of Selected Pineapple Cultivars Grown on Mineral and Tropical Peat Soils [J]. Communications in Soil Science and Plant Analysis, 2009, 40: 3263-3280.

[35]Hanafi M M, Shahidullah S M, Niazuddin M, et al. Crop Water Requirement at Different Growing Stages of Pineapple in BRIS Soil[J]. Journal of Food, Agriculture & Environment, 2010, 8(2): 914-918.

[36]Hartinee A, Zabedah M, Malip M. Effects of N and K on Plant Biomass, Yield and Quality of 'Maspine' Pineapple Fruit Grown on Rasau Soil[J]. Acta Hort, 2011(2): 269-274.

[37]Herath H M I. Effect of Different Calcium Fertilizers on Pineapple Fruit Quality[J]. In: Pineapple News, 2003(10): 12-13.

[38]Hue N V. 2011. Alleviating soil acidity with crop residues[J]. Soil Science, 2011, 176: 543-549.

[39]Jimenez J V, Carlos S. Some Thoughts and Recommendations On Nutritional Monitoring In'MD-2'With One Case Analysis[J]. In: Pineapple News, 2013, 20: 24-28.

[40]Langenegger W, Smith B L. An Evaluation of The DRIS System as Applied to Pineapple Leaf Analysis[C]/Ferguson A R, Bieleski R L, Ferguson I B, ed al. Proc. 8th Int. Colloq. Plant Anal. & Fert. Problems, Auckland, New Zealand, 1978: 263-273.

[41]Liu C H, Liu Y. Influences of organic manure addition on the maturity and quality of pineapple fruits ripened in winter[J]. Journal of Soil Science and Plant Nutrition, 2012, 12(2): 211-220.

[42]Matos A P de, Reinhardt D H. Pineapple in Brazil: Characteristics, Research and Perspectives[J]. Acta Hort, 2009, 822: 25-36.

[43]Matos A P de, Sanches N F, Souza L F da S, et al. Cover Crops on Weed Management in Integrated Pineapple Production Plantings[J]. Acta Hort, 2009, 822, ISHS: 155-160.

[44]Ojeda M, Pire R, Camacaro M P de, et al. 2012. Effects ofIrrigation on Growth, Flowering, and Fruit Quality of Pineapple 'Red Spanish'[J]. Acta Hort, 2012, 928: 171-178.

[45]Omotoso S O, Akinrinde E A. Effect of nitrogen fertilizer on some growth, yield and fruit quality parameters in pineapple (*Ananas comosus* L. Merr.) plant at Ado-Ekiti Southwestern, Nigeria[J]. International Research Journal of Agricultural Science and Soil Science, 2013, 3(1): 11-16.

[46]Purwito, Afandi, Sarno. Changes in Soil Organic Carbon after Application of Several Cover Crops Residues in Pineapple Field in Indonesia[J]. Pineapple News, 2012, 19: 36-39.

[47]Quaggio J A, Teixeira L A J, Cantarella H, et al. Post-Harvest Behaviour of Pineapple Affected by Soueces and Rates of Potassium[J]. Acta Hort, 822: 277-284.

[48]Spironello A, Quaggio J A, Teixeira L A J, et al. Pineapple Yield and Fruit Quality Effected by NPK Fertilization in A Tropical Soil[J]. Rev Bras Frutic. Jaboticabal-SP, 2004, 26(1): 155-159.

[49]Teixeira L A J, Quaggio J A, Zambrosi F C B. Preliminary DRIS norms for 'Smooth Cayenne' pineapple and derivation of Critical Levels of Leaf Nutrient Concentrations[J]. Acta Hort, 2009, 822: 131-138.

[50]Zang X P, He Y D, Sun G M, et al. Effects of Nitrogen and Potassium Fertigation on Yield and Quality of Pineapple during Late Growing Period[J]. Agricultural Science & Technology, 2013, 14(2): 298-301, 310.

第七章　病虫草害综合防治

　　病虫草害是影响我国菠萝生产的重要因素。菠萝在生长和贮运期会发生植株枯死、叶斑、果腐等症状，病原真菌是造成病害发生的主要原因。世界上已发现菠萝的真菌性病害约有50种，其次是由病毒和线虫引起的病害。在我国各菠萝产区为害最严重的侵染性病害有菠萝凋萎病、心腐病、黑腐病和线虫病等。菠萝的害虫有菠萝粉蚧、蛴螬、蟋蟀、大螟、白蚁、蝗虫、红蜘蛛等。菠萝粉蚧是生产中最严重的害虫，在我国广东、广西、福建、台湾等地的菠萝产区均有发生。蛴螬是金龟子幼虫的统称，是地下的重要害虫，在我国菠萝产区都有分布。

　　对菠萝病虫草害的防治应坚持"预防为主，综合防治"的植保方针，践行"公共植保、绿色植保"的理念，根据有害生物和环境之间的相互关系，充分发挥自然控制因子的作用，因地制宜地协调应用必要的措施，将有害生物控制在经济受害允许水平之下，以获得最佳的经济、生态和社会效益。这要求对关键防控技术进行组配，如将农业防治、物理防治、生物防治、化学防治进行有机组合。农业防治方面，要强化土壤处理、选用抗（耐）病虫品种、培育健康种苗及加强水肥管理。物理防治方面，要普及应用杀虫灯、黄板、性诱剂等诱杀技术。生物防治方面，要加强保护和利用天敌，大力推广生物防菌剂。在化学防治方面，应坚持科学用药。

第一节　菠萝主要病害及其防控

一、菠萝心腐病

1. 发生为害

菠萝心腐病是一种土壤传染病害，不仅为害幼苗，也为害成年植株和将要结果的植株，使菠萝的根茎腐烂。病害扩展蔓延迅速，所造成的损失巨大。在广东、广西、福建及台湾等菠萝产区都有发生，局部地区时有暴发，为害严重。

2. 症状

该病主要发生于幼苗期，侵害茎及叶片的幼嫩部分，造成植株心部奶酪状软腐，心叶极易拔起(图 7-1)。病叶色暗，无光泽，初期不易发现。受害部淡褐色，水渍状，逐渐向上发展，后期在病健交界处形成一条波浪形深褐色界纹，紧接其下为一条几毫米宽的灰色带。潮湿时受侵组织上覆盖白色霉层，后期病株叶色逐渐变黄或变红，叶尖变褐干枯，叶茎部发生淡褐色水渍状腐烂，组织软化，呈奶酪状。由于次生菌的侵入而发臭，最后整株枯死。

图 7-1　菠萝心腐病的症状(林壁润提供)

3. 病原

菠萝心腐病病原菌主要是疫霉属的疫霉菌，国内外报道了 6 个疫霉种可为害菠萝，造成心腐。日本报道为烟草疫霉(*P. nicotianae*)和樟疫霉(*P. cinnamomi*)(图 7-2)，美国夏威夷为樟疫霉和棕榈疫霉(*P. palmivora*)，澳大利亚为樟疫霉，另外还有柑橘褐腐疫霉(*P. citrophthora*)和掘氏疫霉(*P. drechsleri*)。以烟草疫霉和樟疫霉为害菠萝最为普遍。我国广东和海南均报道了烟草疫霉的为害。

烟草疫霉的生长温度为 9～37℃，最适温度为 26～30℃。樟疫霉的生长温度为 13～30℃，最适温度为 24～27℃，温度低于 9℃或高于 33℃时停止生长。

4. 发生流行规律

病菌以菌丝体或厚垣孢子在田间病株和病田土壤中存活和越冬。带菌的种苗是此病的主要来源，含菌土壤和其他寄主植物也能提供侵染菌源。田间传播主要借助风雨和流水。烟草疫霉和棕榈疫霉主要从植株根茎交界处的幼嫩组织侵入叶轴而引起心腐；樟疫霉由根尖侵入，经过根系到达茎部，引起根腐和心腐。在高湿条件下从病部产生孢子囊和游动孢子，借助风雨溅散和流水传播，使病害在田间迅速蔓延。再侵染厚垣孢子、孢子囊和游动孢子。

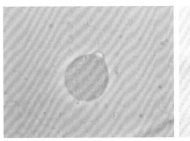

烟草疫霉的游动孢子囊（林壁润提供）

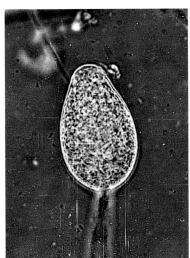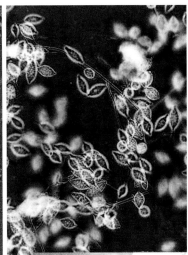

樟疫霉的游动孢子囊和游动孢子（引自http://www.images.com）

图7-2　两种菠萝心腐病原菌的形态

　　该病害的发生与土壤温度和降雨频率关系较大，在一定范围内温度与烟草疫霉病害的发生呈正相关，在19～36℃条件下，温度越高，病害发展越快。樟疫霉侵染引起的心腐病发展最适温度为19～25℃，30℃时发展减慢，36℃停止发展。病害发展程度与病株在适于病害发展条件下所处的时间相关。如果病株连续保持在19℃的土温下，根和心会全部腐烂，如果每天在30℃或36℃下保持12 h，然后转至19℃下12 h，则1月后约有50%的根腐烂。

　　年降雨量与病害发生的关系密切，在决定病害严重程度方面，一年中降雨量的分布比总降雨量重要。如病菌侵入后雨水多，使土壤水分保持饱和状态几星期则会造成严重为害。在我国菠萝种植区，在5～6月和8～9月高温多雨季节进行定植时田块发病严重。使用病苗、连作、土壤黏重或排水不良的田块一般发病早且较严重。

5. 防治策略

1)农业措施

（1）选用抗病品种。

（2）选种健壮的无病苗，种前经过一定时间的日晒、干燥，除去心部积水，然后种植。晒苗处理既能杀死病原菌，又可使伤口失水结疤从而防止土壤中病原菌的侵入。

（3）及时拔除并烧毁病株，病穴的土壤要清出并换上新土，然后补苗。

2)化学防治

甲霜灵和烯酰吗啉对病害均有较好的防治效果，可用于植前浸种苗和植后向植株喷药。种苗处理时，先剥去种苗茎部的几片叶片，然后用72％的甲霜灵锰锌可湿性粉剂600倍液浸种苗茎部10～15 min，倒置晾干后再种。

二、菠萝凋萎病

1. 发生为害

夏威夷在1910年首次报道了菠萝凋萎病（mealy bug wilt of pineapple，MWP），至今该病害已在世界各菠萝产区传播流行，对菠萝产业造成了严重影响。据统计，夏威夷菠萝园因该病每年减产30％～55％，该病还导致澳大利亚菠萝年产值减少10％左右、古巴菠萝减产40％。该病在中国的海南、广东、广西、福建及台湾等地的菠萝种植园均有发生，是菠萝生产最重的病害。在海南，凋萎病在田间的发病率从5％到80％不等，在有些菠萝园中，发病率高达50％～90％，成为菠萝生产中的一大障碍。

2. 症状

菠萝植株发病时先是根系停止生长，随后根腐烂或枯死，严重时几乎大部分的根群坏死。地上部叶尖表现失水、皱缩，叶片逐渐褪绿变黄，随后变红色，造成整株叶片凋萎，严重时全片菠萝田会呈现苹果红色，病株显著缩小，叶片边缘向下反卷、紧折，果实小、早熟，甚至整株枯死（图7-3）。生长旺盛或已坐果的植株比衰弱的植株发病更早，症状表现得更明显。染病植株的产量和单果重下降，在生长周期中，病症出现得越早减产幅度越大。

3. 病原

菠萝凋萎病自1910年发现后，对其病因的争议较大，开始认为是由菠萝粉蚧（*Dysmicoccus brevipes*）取食所致，后来认为是由菠萝粉蚧分泌的毒素引起的，现在普遍认为是由菠萝凋萎病病毒（Pineapple Mealy bug Wilt-associated Virus，PMWaV）所致，病毒为＋dsRNA结构，长杆状，被归于Closteroviridae科 *Ampelo* 属。至今已有5种血清类型的PMWaV报道。其中PM-

图 7-3 菠萝凋萎病田间症状(林壁润提供)

WaV-1 和 PMWaV-2 在哥斯达黎加、圭亚那、印度、澳大利亚、洪都拉斯、马来西亚等菠萝产区普遍存在。根据对上述地区的统计，PMWaV-1 的侵染率最高，达到 80% 左右，其后依次是 PMWaV-2、PMWaV-3、PMWaV-4(仅在夏威夷有鉴定报道)和 PMWaV-5(仅在澳大利亚有鉴定报道)。除了菠萝之外，未见其他的 PMWaVs 植物寄主。我国海南菠萝凋萎病毒株经鉴定为 PMWaV-1 和 PMWaV-3。

4. 传播机制和发生流行规律

菠萝粉蚧是菠萝凋萎病病毒的主要传播媒介。研究表明，菠萝粉蚧在无凋萎病毒的情况下不能引起凋萎病，菠萝凋萎病病毒在没有粉蚧的环境下也不能引起凋萎病。菠萝凋萎病病毒可随芽苗、植株组织传播，菠萝分株繁殖和组培繁殖都能传播病毒。PMWaV-1、PMWaV-2、PMWaV-3、PMWaV-4 均以菠萝粉蚧为媒进行传播，未发现机械性传播迹象。病毒在田间病株中越冬并成为初侵染源，菠萝粉蚧最初从感染了 PMWaVs 的菠萝植株或繁殖营养体上获毒，之后迁移至其他无感染植株，形成病毒的二次传播，与之共生的蚁类起到协助、加速传毒的作用。各个龄段的菠萝粉蚧虫体均可携带传播 PMWaVs，幼虫的传毒力较成虫强。粉蚧传染病毒后在潮湿条件下发病较慢，在干旱条件下表现症状较快，潜育期可达 15 d 至几个月。

在我国种植区，病害多在秋冬季高温干旱和春季低温阴雨的天气发生。秋季干旱期，粉蚧繁殖快，可借风吹到邻近植株取食，加大病情的严重性和加快扩散速度。春季阴雨期，土质黏湿，造成菠萝根系不易生长且腐烂，从而加重病情。广西多发生在 9～11 月和春季的 3～4 月，广州地区多发生在 10～12 月，海南多发生在 11 月至翌年 1～2 月。地下害虫如蛴螬、白蚁等为害菠萝地下根茎部，可加重凋萎病的发生。新开荒地发病少，熟地发病多。

5. 菠萝凋萎病病毒检测技术

1）间接酶联免疫法（ELISA）

夏威夷最早于 1996 年制得菠萝长线形病毒单克隆抗体，在各种 ELISA 法中，间接双抗体夹心式酶联免疫法（DAS-ELISA）结合应用单抗特异性与多抗的多位点结合特性，提高了检测灵敏度，效果最佳。

2）免疫电镜法（ISEM）

ISEM 是电镜检测抗体特异性结合于抗原的技术。至 2005 年，夏威夷大学已经开发出系列 PMWaVs 多抗和单抗，利用 ISEM 技术，可对 PMWaV-1、PMWaV-2、PMWaV-3、PMWaV-4 等进行检测。

3）组织印迹免疫法（tissue blot immunoassay，TBIA）

该检测方法具有信号清晰、功能稳定、样品需求数量小等特点。1997 年，夏威夷大学利用 MWP 相关线形病毒特异性单克隆抗体，每人每天可检测 400 份叶片样品。之后，又开发了 PMWaV-1 蛋白表面抗原特异性单克隆抗体 35-6-5 和 63-1-2，PMWaV-2 蛋白表面抗原特异性单克隆抗体 63-2-2 和 30。

4）核酸检测

提纯分析检测双链 RNA 分析在血清制备条件受限的情况下尤其实用，效果稳定，不受品种感病性的影响。该技术可用于简便、快速的大田检测。根据 dsRAN 谱带的分布情况，还可确定是否属于多种 PMWaVs 复合感染。

5）逆转录-聚合酶链式反应（RT-PCR）检测

RT-PCR 技术不需要制备抗体，检测所需的病毒量少。Sether 根据 *Ampelo* 属多个成员的 HSP-70 保守序列设计简并引物，用 RT-PCR 法发现了 PMWaV 新种 PMWaV-3、PMWaV-4。夏威夷大学设计了 PMWaV-1、PMWaV-2 和 PMWaV-3 的特异性引物对，并建立了多重引物 RT-PCR 检测技术，可同步检测 PMWaV-1、PMWaV-2 和 PMWaV-3。PMWaV-4 特异性 RT-PCR 检测技术也已开发成功。澳大利亚的 Gambley 以 ORF1 的 Helicase 和 RdRp 保守区域设计引物 PCVDF1 和 PCVDR1，对单型 PMWaV 或 PMWaVs 混合型感染，均获得类似的 350 bp 左右的 PCR 条带，结合采用微孔板杂交法以区别 PMWaV-1、PMWaV-2、PMWaV-3 和 PMWaV-5，可同步检测此 4 种 PMWaVs。李运合等成功应用 RT-PCR 法在大田菠萝苗中检测出凋萎病毒。

6. 防治策略

严格选用健康壮苗，尽量使用脱毒健康种苗，在既无抗性品种，又无特效药物的情况下，使用脱毒健康种苗是防治菠萝凋萎病的有效措施。对于芽苗繁殖，热处理和药物均不能脱毒，通过病毒检测剔除携毒芽是有效且经济的办法。

传播媒介控制：菠萝粉蚧是菠萝凋萎病病毒的主要传播媒介，因此，对菠萝粉蚧的防治是控制菠萝凋萎病的关键。种苗浸泡处理杀灭虫源对于菠萝粉蚧的防治具有事半功倍的效果，对于新植菠萝园效果更为明显。菠萝粉蚧的繁殖速度快，在防治过程中虫源的控制显得异常重要。在生产中以吡虫·噻嗪酮、吡虫啉等低毒化学农药代替氧化乐果等传统高毒化学农药，有利于对自然天敌的保护和利用。

三、菠萝黑腐病

1. 发生为害

菠萝黑腐病是菠萝常见病害之一，在田间及贮运期间均可发生，世界菠萝产区均有为害。在我国主要菠萝产区广东、海南、广西和福建等地是果实成熟及贮藏过程中的重要病害，严重时病果率可达$50\% \sim 60\%$，对菠萝的生长和加工为害较大。病菌也可侵害幼苗，引起苗腐。

2. 症状

该病主要为害果实及幼苗叶片，果实感病造成腐烂失去食用价值；为害幼苗、叶片，造成基腐和叶斑。绿果和成熟果都可发生黑腐病，但多发生于成熟果实。病菌主要是从采收果实时的机械伤及果柄切口侵入果心。病果果肉淡褐色，水渍状软腐；后期大量液体渗出，果皮、果肉和果心崩解，散发出芳香味(图7-4)。

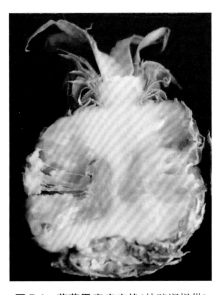

图7-4 菠萝黑腐病症状(林壁润提供)

3. 病原

该病由真菌奇异根串珠霉[*Thielaviopsis paradoxa*(deSeyn)V. Hohn.]侵染引起，其有性世代是奇异长喙壳(*Ceratocystis paradoxa*)，子囊壳长颈外露，即肉眼所见的刺毛状物。病菌生长温度 12～38℃，适温 25～30℃，最适温度28℃，在 38℃时孢子虽可萌发但不能形成正常菌落，芽管伸长受到明显抑制，但可形成分生孢子(图 7-5)。高于 40℃时病菌容易死亡。高温加速分生孢子后熟，低温则抑制其后熟，在 8℃的培养基中分生孢子基本上不能后熟，但在28℃或 33℃条件下培养 18 h，其后熟率达到高峰约占 98%。适生 pH 值 3～8。

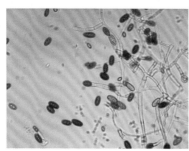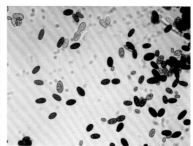

图 7-5　奇异根串珠霉无性孢子(沈会芳提供)

4. 发生流行规律

病菌以菌丝体或厚壁孢子在土壤或病组织中越冬，厚垣孢子在土壤中可存活 4 年。侵害途径主要借雨水溅射或气流、昆虫传播，病菌从伤口侵入致病。在潮湿的情况下，有伤口的种苗易感染发病；雨天摘除顶芽时病菌易从伤口侵入，摘除顶芽太迟时伤口很难愈合，则果实受害机会多。如果气温变化大，易导致菠萝表皮裂口，真菌则由裂口进入内部导致发病。鲜果在运输、贮藏期间，若造成机械伤口，则病菌可通过伤口接触传染而蔓延扩展。

5. 防治策略

1)农业措施

菠萝黑腐病病菌自伤口侵入，因而防治措施应以避免产生伤口为原则。采前不要打顶，果实打顶会在发育果实上留下伤口，为病菌入侵提供了途径，是采后菠萝黑腐病发生为害的重要原因。采收、搬运及贮藏期间避免机械损伤、尽量缩短运输时间等均可收到较好的预防效果。低温可抑制病菌发展，贮藏运输过程中控制温度，使病菌不易生长，可减少发病率。

2)化学防治

收获果实后，可用有效成分为 500 mg/L 的咪鲜胺药液浸泡果实 1～5 min后取出、晾干(图 7-6)。

咪鲜胺处理

对照

图 7-6　咪鲜胺对菠萝黑腐病的防治效果（林壁润提供）

四、菠萝线虫病

1. 发生为害

菠萝寄生性线虫是菠萝生产的重要限制因素，主要为害菠萝地下根系，使根系生长不正常，严重时导致坏死和腐烂，从而影响菠萝的生长和发育。菠萝线虫会对菠萝生产产生极大的破坏。据统计，美国夏威夷由于受线虫为害而减产 40%～60%，印度为 30%～40%，巴西为 30%～50%。

2. 为害线虫种类

主要有伤残短体线虫（*Paratylenchus brachyurus*）（图 7-7）、爪哇根结线虫（*Meloidogyne javanica*）和肾状线虫（*Rotylenchulus reniformis*）（图 7-8）。巴西和象牙海岸最重要的线虫是伤残短体线虫，南非的主要线虫是伤残短体线虫和爪哇根结线虫，澳大利亚为害最严重的线虫是爪哇根结线虫，美国夏威夷的为害优势种群是爪哇根结线虫和肾状线虫。这 3 种线虫在我国菠萝种植区均有发生。

3. 为害特点

伤残短体线虫在世界各地菠萝产区均为害严重，该类线虫在皮层薄壁细胞取食，造成浅褐色斑点，严重时使根尖坏死。爪哇根结线虫在夏威夷是菠萝生产的严重问题，在菠萝初生根定植芽发生不久，线虫便侵染根尖形成小瘤，其后又侵染侧根形成小瘤，严重时，根系明显缩短，限制根系对水分和养分的吸收。如果遇到旱害，植物的生长和产量都会受到明显的影响，且不能再生出第2造的吸芽。肾状线虫是夏威夷菠萝种植中为害最严重的线虫。

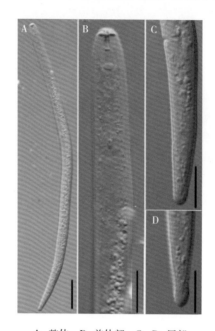

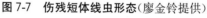

A. 整体；B. 前体部；C、D. 尾部

标尺：A＝50μm，B、C、D＝20μm

图 7-7　伤残短体线虫形态（廖金铃提供）

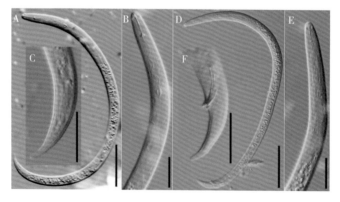

A～C. 雌虫：A. 整体，B. 前体部，C. 尾部；D～F. 雄虫：D. 整体，E. 前体部，F. 尾部

标尺：A、D＝50μm，B、C、E、F＝20μm

图 7-8　肾状线虫形态（廖金铃提供）

至今，在夏威夷的所有岛屿均发现该线虫为害，线虫取食侧生根的皮层组织。

4. 发生流行规律
在高温多雨、土壤偏酸及土壤积水潮湿时容易发生流行。

5. 防治策略
以轮作、抗病品种等农业措施为主，必要时采用与化学防控相结合的策略。

1）农业措施

（1）抗病育种。抗病育种是防治线虫病最经济有效的措施，选栽抗性品种不仅能减轻线虫的侵染程度，也可降低线虫密度。然而由于我国抗病性种质资源缺乏，生产上应用得并不多。

（2）轮作。利用根结线虫的寄生范围的局限性进行合理轮作能有效地防治根结线虫。在作物种植过程中与根结线虫不易繁殖的禾本科作物轮作，轮作年限越长效果越好。有条件的地区可实施水旱轮作。

（3）土壤暴晒。暴晒土壤可有效降低虫口。

2）生物防治

利用生物菌剂防治根结线虫是近年来发展较迅速的一种防治方法，可施用淡紫拟青霉颗粒剂和蜡质芽孢杆菌悬浮剂。

3）化学防治

可用阿维菌素、噻唑磷等低毒化学杀线剂防治菠萝根际线虫。

五、菠萝叶斑病

1. 发生为害
菠萝叶斑类病害在世界各菠萝产区普遍发生，局部为害严重。

2. 病原菌
病原菌种类较多，绝大多数为真菌，关于菠萝叶斑类病害大多只有简单的症状和病原菌描述。常见的有刺杯毛孢状痕裂盘孢（*Annellolacinia dinemasporioides*）、斑点弯孢霉（*Curvularia eragrostidis*）、炭疽病（*Colletotrichum gloeosporioides*）、拟茎点霉（*Phomopsis ananassae*）等真菌引起的病害，见表 7-1。

3. 发生流行规律
病原菌多以菌丝体或分生孢子盘或分生孢子器在病残株上越冬，条件适宜时产生分生孢子，通过风雨传播侵染发病，病叶上新形成的分生孢子进行多次再侵染。高温多雨，植株生长较弱有利于病害的发生，病斑较多时叶片枯死（图 7-9）。

表7-1　几种常见的菠萝叶斑类病害

病名	病原菌	症状特点
菠萝灰斑病	*Annellolacinia dinemasporioides*	下部叶病斑近圆形或长椭圆形，中央灰白色，斑边深褐色，有黄晕。上有黑色刺毛状分子孢子盘
菠萝叶斑病	*Curvularia eragrostidis*	叶片上生浅黄色椭圆形或长椭圆形病斑，边缘深褐色，中央淡褐色，凹陷，斑上生黑色霉层
菠萝炭疽病	*Colletotrichum gloeosporioides*	病斑椭圆形、浅褐色，凹陷、中央偶尔生有突破表皮的黑色小点，为病菌分生孢子盘
菠萝黄斑病	*Phomopsis ananassae*	成株及幼苗叶片中部，病斑不定形或矩圆形，中央蜜黄色，斑边浅棕色，分生孢子器埋生

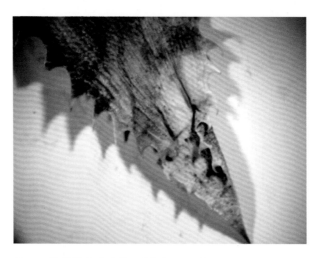

图7-9　菠萝黄斑病症状（引自 http：//www．images．com）

4. 防治策略

加强栽培管理，及时剪除基部病叶，必要时可用多菌灵、百菌清和咪鲜胺等杀菌剂进行防治。

178

第二节　菠萝主要害虫及其防控

一、菠萝粉蚧

1. 发生为害

菠萝粉蚧在非洲、澳大利亚、中美和南美洲、印度和太平洋地区等菠萝产区均有分布，其中在美国的夏威夷、佛罗里达等地区发生严重。在我国广东、广西、福建、台湾等地的菠萝产区均有为害。

2. 种类及为害特点

属于半翅目（Hemiptera）、介壳虫总科（Coccoidea）、粉介壳虫科（Pseudococcidae），包括菠萝洁粉蚧（*Dysmicoccus brevipes*）（图 7-10）、菠萝灰粉蚧（*Dysmicoccus neobrevipes*）（图 7-11）和长尾粉蚧（*Pseudococcus longispinus*）等。其中为害我国菠萝的粉蚧主要是菠萝洁粉蚧，个别果园发现有菠萝灰粉蚧为害。

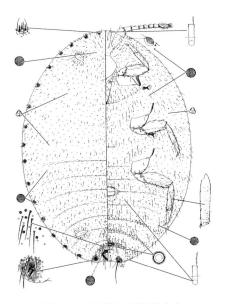

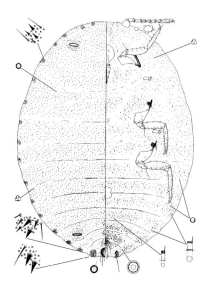

图 7-10　菠萝洁粉蚧雌成虫
（Williams 等，1988 年）

图 7-11　菠萝灰粉蚧雌成虫
（Williams 等，1988 年）

3. 生活史及繁殖

菠萝洁粉蚧主要以孤雌生殖为主，若虫 3 龄，初产若虫无粉状附属物并藏身于母体下，取食期主要集中在 1 龄和 2 龄。若虫的粉状附属物有助于其借风传播，长距离传播主要靠人为携带。该虫一年发生 5～7 代，生活周期为 78～111 d，其中若虫期为 26～55 d，发育为成虫 27 d 后开始生殖后代，生殖期约为 25 d。虫产期不一致，个体发育的差异使田间世代重叠现象严重。

图 7-12　菠萝洁粉蚧为害状（何衍彪提供）

4. 习性及为害特点

菠萝洁粉蚧有群集的特性，1 龄若虫多聚集在成虫腹下，很多菠萝洁粉蚧在原处发育成熟至生殖后代。但 2～3 龄若虫较活跃，可扩散至菠萝植株其他较隐蔽的部位及芽苗、果实上，成虫的迁移活动性较弱。菠萝洁粉蚧主要在植株的根及地下茎部位群集。根部多集中在距头茎 5～15 cm 的根段、地下茎及中老叶腋内，成蚧较多，地上叶腋内以若虫为主。

菠萝洁粉蚧刺吸汁液，使菠萝植株衰弱及导致果实发育不良，分泌的蜜露容易引起菠萝煤烟病。而菠萝灰粉蚧则在植株上位叶、轮生叶及发育中果实为害。菠萝洁粉蚧和菠萝灰粉蚧也是菠萝凋萎病病毒（PMWaV）的主要传播媒介。

菠萝洁粉蚧对菠萝不同品种的为害差异较大，其中泰国卡因、台农 4 号和墨西哥 1 号等品种受害较重，而云南浅眼、黄金、57-236、57-306、夏威夷 1 号、神湾、本地卡因和巴厘等品种受害较轻。

5. 发生流行特点

菠萝洁粉蚧在华南地区一年四季都有发生，其田间种群数量受到虫源、气温、降雨量的影响。24～29℃是菠萝洁粉蚧的最适发育温度，约 30～40 d 可完成 1 个世代；低于 22℃或高于 30℃时发育历期延长，约 60～80 d 完成 1 个世代。连续降雨或暴雨对粉蚧有冲刷作用，低温（4～10℃）天气粉蚧的存活率降低，种群数量均大幅减少。广东湛江地区菠萝洁粉蚧每年有 2 个高峰期：3 月下旬～5 月及 9～11 月。

6. 菠萝粉蚧和凋萎病的相互关系

菠萝洁粉蚧和菠萝灰粉蚧均是菠萝凋萎病病毒（PMWaV）的传播媒介。

1986 年夏威夷大学的 Gunasinghe 首次从病株分离物中发现病毒 RNA，Sether D M 等(2002 年)通过试验发现菠萝凋萎病是菠萝凋萎病病毒和菠萝粉蚧共同为害的结果。菠萝粉蚧在没有凋萎病病毒时不能引起凋萎病，菠萝凋萎病病毒在没有粉蚧的环境下也不能引起凋萎病；在有菠萝粉蚧发生的环境下，菠萝凋萎病病毒侵染 2 个月后开始表现症状，幼苗和新移植植株易发病。

7. 粉蚧与蚂蚁的关系

在长期进化过程中，蚂蚁与粉蚧间建立了良好的互利共生关系，粉蚧吸食植物的汁液，排出蜜露，蜜露中含有多种氨基酸、蛋白质、矿物质及维生素等营养物质，是蚂蚁的重要食物。有些蚂蚁以其大颚搬运介壳虫来加速粉蚧族群的扩散与发展，菠萝地里的蚂蚁数量与粉蚧对菠萝的为害程度密切相关。美国学者研究发现，热带大头蚁、红火蚁、阿根廷蚁等与菠萝粉蚧具有共生关系，热带大头蚁等对菠萝粉蚧具有保护作用，使自然天敌无法对菠萝粉蚧实施有效的攻击。菠萝地中若无热带大头蚁存在，将使菠萝粉蚧失去保护，导致其种群数量大大降低。

8. 防治策略

1)植物检疫

菠萝粉蚧行动缓慢，长距离传播主要靠人携带。因此，植物检疫是防止菠萝粉蚧传播扩散的有效途径。

2)农业措施

深耕和田间清园等农业措施可有效降低菠萝粉蚧的种群密度。

3)生物防治

粉蚧自然天敌资源丰富，主要有瓢虫、寄生蜂和草蛉等。1935—1937 年美国从巴西引进寄生蜂(*Anagyrus ananatis*)，该蜂对菠萝粉蚧的自然寄生性较高。我国食蚧瓢虫种类非常丰富，在应用澳洲瓢虫防治吹绵蚧，孟氏隐唇瓢虫防治柑橘粉蚧、湿地松粉蚧，东氏花角蚜小蜂防治松突圆蚧等方面取得了巨大的成就，但在菠萝粉蚧生物防治方面尚有待研究。另外，我国在生物防治菠萝粉蚧用菌株如绿僵菌的筛选方面也开展了研究。

4)化学防治

美国使用蒽油(或汽油)隔离及灭蚁灵毒饵诱杀等措施控制蚂蚁来防治菠萝粉蚧和菠萝凋萎病。

可以用吡虫·噻嗪酮、吡虫啉等低毒化学农药防控。介壳虫体外被有介壳、蜡质或蜡粉，喷施化学农药对菠萝粉蚧的防治效果不是很理想。种苗浸泡处理过程中，药液可以与菠萝粉蚧虫体充分接触，且可以根据药剂特点调节浸泡时间。菠萝粉蚧的迁徙能力比较弱，种苗浸泡处理杀灭虫源对于菠萝粉蚧的防治具有事半功倍的效果，对于新植菠萝园效果更为明显。

二、蛴螬

1. 种类

蛴螬(图 7-13)是金龟子幼虫的统称，是重要的菠萝地下害虫。全国各菠萝产区都有为害，其种类繁多，为害甚广。广西调查发现为害菠萝的金龟子有 12 种，隶属 4 科，其中双结菠萝鳃金龟(*Asactopholis bituberculata*)的虫口数量占 93.7%，是菠萝金龟子的优势种。中华褐色金龟也是为害菠萝的重要金龟子种类。

图 7-13　蛴螬的形态(何衍彪提供)

2. 习性及为害特点

以幼虫为害菠萝，幼虫分布于土壤中活动，特别是有机质、腐殖质丰富的土壤，啃食菠萝植株的根和茎，阻碍其正常吸收水分和养分，初期叶片退绿，生长缓慢，后期叶片失水变黄，狭小卷曲，无光泽，叶尖收缩干枯，植株易倒伏，为害轻的根部尚有几条根，重的则被吃光，地下茎被咬成不规则大小缺刻洞口，开花结果后果小，可减产 50% 以上。

3. 生活史及发生流行规律

一年发生 1 代。中华褐金龟 1 龄幼虫在 5 月上旬出现，延续到 6 月下旬，历期约 60 d。2 龄幼虫在 6 月下旬出现，一直到 8 月下旬，历期约 65 d。3 龄幼虫在 8 月下旬开始出现，翌年 3～4 月下旬停止活动，历期约 230 d。1 龄幼虫在 15 cm 土层内分散活动，湿度为 70%～80% 时，幼虫孵化率高达 80% 以上。1～2 龄幼虫食量较少，对菠萝生长的影响不大，当转入 3 龄幼虫后食量大增，爬行能力强，啃食一株菠萝根系后又转移到另一株菠萝，同时从分散型转入集中型，在地下生活时间长，为害严重，一年中 8～11 月是为害高峰期。地温 20℃、有机质多和土壤疏松肥沃的新植区有利于金龟子产卵和幼虫的生长发育，适于幼虫生长。

4. 防治措施

1)农业措施

每年 3 月中旬幼虫开始化蛹时，深翻犁地或更新种植菠萝或轮作种植其他作物，破坏土层中的蛹室，可有效杀死大量的蛹。

2）物理防治

每年6～8月是金龟子成虫交尾产卵期，可用黑光灯诱杀或人工捕捉。

3）化学防治

施基肥时，可混合化学农药拌匀后撒施。发现有金龟子幼虫为害时，可用甲基毒死蜱等药剂淋在菠萝基部。目前使用毒死蜱毒杀金龟子幼虫效果较好，但坐果期一般不使用。

三、其他菠萝害虫

我国菠萝常见害虫的种类较多，除菠萝粉蚧、蛴螬外，还有蟋蟀、黄蜂、蝗虫、蓑蛾、白蚁、蝼蛄、金针虫、红蜘蛛等（图7-14）。其他有害动物有老鼠、蜗牛、蛞蝓等。

A. 蟋蟀；B. 白蚁；C. 蝗虫；D. 金针虫；E. 蓑蛾幼虫；F. 蝼蛄

图7-14　其他菠萝常见害虫（何衍彪提供）

这些害虫和有害动物对菠萝的为害相对较轻，可以在防治菠萝粉蚧、蛴螬的过程中一并加以控制，一般不用采取专门的措施。

第三节　菠萝园主要草害及其防控

一、发生为害

菠萝产区高温多雨，杂草一年四季都可生长，当株行距较大、通风透光良好、生态环境稳定时，除适宜菠萝生长外也适合杂草生长，因而杂草的发生量大、种类多、生长速度快。果园受杂草为害可使产量减少 10%～20%，草荒严重的果园，菠萝植株的长势衰弱，寿命缩短，果小、色差、质次，病虫多、商品率低，效益差。

二、杂草种类

菠萝园的杂草种类主要是禾本科、莎草科、菊科等，如牛筋草、狗牙根、马唐、马齿苋、莎草、狗尾草、稗草、看麦娘、苍耳、龙葵、苦荬菜等(图7-15)。

铁苋菜　　　　　　　　狗尾草　　　　　　　　马唐

图 7-15　几种菠萝园杂草(林壁润提供)

三、为害特点

新建菠萝园以多年生杂草为主，老园以 1 年生杂草和阔叶杂草占优。其中禾本科杂草是菠萝园杂草的优势草种，而莎草科杂草生长繁殖快、生命力强，是为害性较大的恶性杂草。这些杂草在菠萝的整个生长过程中都可能出现，而且大多生命力强、适应性强、繁殖快。

杂草根系发达，与菠萝植株争夺土壤中的水分、养分。特别是在干旱季节，杂草要保证其自身的生长发育，吸收消耗了大量的水分、养分，导致菠萝植株严重缺水、缺肥，植株衰弱、果实小、品质差。1 年生的双子叶杂草密度为 $100\sim200$ 株/m^2 时，每年每公顷要吸收氮 $60\sim140$ kg、磷 $20\sim30$ kg、钾 $99\sim140$ kg。当园中的藜、稗草、鸭跖草的密度达到 1.2 万～1.5 万株/hm^2 时，其在开花结果期要从土壤中夺取 $30\sim45$ kg/hm^2 的养料。杂草还会增加果园内的湿度，为病菌的繁殖、孢子的萌发和传播、侵入提供有利的环境条件，加重病害的蔓延和为害，尤其是炭疽病、腐烂病等病害。杂草也是许多害虫的中间寄主，易于造成菠萝发生虫害。如为害菠萝的红蜘蛛可在多种杂草上寄生，冬季草根丛中潜藏的金龟子幼虫是为害菠萝的越冬虫源。园中植株较大的杂草还可影响菠萝植株的光合作用，从而影响有机营养的积累及果实品质，降低商品果率和经济效益。杂草丛生会加大菠萝的生产成本，增加农事操作的难度，特别是一些多年生的恶性杂草，如莎草，人工很难防除，用机械防除难度也大。

四、草害防控

对于菠萝园中杂草的防治，主要有农业、人工、化学的方法等，可有效控制园内的杂草，保证稳产、丰产，并维持良好的生态环境。

1. 农业措施

农业措施主要有培育壮苗、加强栽培管理、深翻土地、清洁果园、人工除草、覆盖地膜、施用腐熟的有机肥、轮作换茬、间作套种等。

1）深翻土地

在不伤及菠萝根系的情况下，通过深翻土壤能把土表的杂草种子埋入深层土壤中，改变杂草的光照、水分、温度等生存条件，使之不能正常萌发，从而减少 2 年生或越年生杂草的发生数量。特别是对于有些多年生宿根性杂草，如莎草等，通过深翻土地，可以破坏它们的根系，部分地下根状茎被翻至地表，会因得不到足够水分而干枯。

2）人工除草

人工除草安全、方便，是目前生产上常用的除草方法。人工除草必须及时，一般应在杂草出土后 3～5 叶时锄草，既省工又省力。

3）覆盖地膜

覆盖地膜可以提高土壤温度，对 1 年生杂草、多年生杂草的抑制效果都很好。覆盖地膜防治杂草在甘蔗、花生等作物上已取得成功，在菠萝栽培中可选用有除草效果的地膜（药膜、深色膜等）来防治田间杂草。除草药膜是在普通地膜生产过程中加入灭生性或选择性化学除草剂制成，可更有效地防止杂草种子的萌发。

2. 生物防治

利用生物除草剂进行杂草防治，是将工厂化生产的病原微生物制剂大面积地进行喷洒来防除杂草。澳大利亚利用锈菌防治麦田杂草灯芯草是国际上首例利用引进病原微生物开展杂草生防的成功例证。我国云南省农科院进行了应用拉宾黑粉菌(Ustilago robenorstana)防治旱田杂草马唐的初步试验，该菌为专性寄生菌，可有效控制马唐的大量发生。江西宜春在稗草上发现了专性寄生的团粒黑粉菌，江苏建湖在狗牙根上发现了一种专性寄生的锈菌。生物防治方法开展杂草防除的前期投资较大，限制了其在发展中国家的应用。

3. 化学防治

使用化学除草剂是目前菠萝园除草的主要措施。优点是除草效果好，不但可以防除1年生、2年生杂草，多年生杂草也可根除。杂草防除一般选用灭生性除草剂，常用的有草甘膦、百草枯、茅草枯、西玛津、阿特拉津、拿扑净、除草醚、恶草灵、盖草能、敌草隆、利谷隆、氟乐灵等。

杂草化学防除主要采用以下两种方式：

1）土壤处理

在杂草大量萌发前，将已出苗的杂草锄掉，然后采用喷雾、撒毒土、灌溉等方法将除草剂施到土壤中，形成一定厚度的药层，使杂草的幼根、幼芽、幼鞘等部位接触和吸收药剂后死亡。土壤处理时，可用适量氟乐灵乳油兑水或拌潮细土均匀喷雾或撒施在土地表面，然后耙入5~10 cm深的土层内，可有效防除1年生禾本科杂草，对阔叶杂草防效相对较差。在单、双子叶杂草混生的菠萝园，用氟乐灵乳油加阿特拉津胶悬剂混合均匀后加水喷洒，可有效地防除马唐、狗尾草、稗草等多种杂草，并对多年生宿根性杂草有较强的抑制作用。

2）茎叶喷雾

茎叶喷雾是将药剂用水稀释成药液喷洒于杂草茎叶上，使药剂渗透到杂草体内杀死或抑制杂草生长。茎叶喷雾时，对1年生和多年生杂草可用草甘膦水剂，对1年生或多年生单、双子叶杂草可用克无踪水剂。

化学防除杂草应注意：①对草用药。应根据菠萝园杂草的种类、除草剂的性能选择除草剂和除草方法，做到对草下药、药到草除。②严控用量。除草剂用量不得随意增加或减少，增加易产生药害，减少达不到防治效果。根据气候状况严格掌握用药浓度。③选择适期。喷药应选无风、晴朗天气，以下午4时后最好，防止施药后下雨影响药效及药雾飘移到附近作物上造成药害。④科学喷药。应尽量喷到杂草上，喷雾要均匀。对宿根性杂草，茎叶喷雾时一定要达到滴水为止。在使用茎叶喷雾剂如克无踪或草甘膦时，应定向喷雾，禁止药液喷到菠萝植株叶片上或飘洒到其他作物上，以防产生药害。

参 考 文 献

[1] 白勇，王晓燕，胡光. 非化学方法在农田杂草防治中的应用[J]. 农业机械学报，2007，38(4)：191-196.

[2] 陈兵，韩佩娥，朱凤香，等. 生物农药阿维菌素防治果蔬根结线虫病试验[J]. 浙江农业科学，2003(2)：87-89.

[3] 成家壮，韦小燕. 菠萝心腐病原疫霉种的鉴定[J]. 云南农业大学学报，2013，18(2)：134-135.

[4] 冯荣扬，周畅. 日晒菠萝苗防治菠萝心腐病[J]. 中国南方果树，1998，27(3)：35-36.

[5] 冯荣扬，梁恩义. 菠萝粉蚧发生规律及防治[J]. 中国南方果树，1998，27(5)：28-29.

[6] 何衍彪，詹儒林，赵艳龙. 蚧虫预测预报及综合防治[J]. 安徽农业科学，2007，35(13)：3895-3897.

[7] 何衍彪，詹儒林，赵艳龙. 菠萝粉蚧及菠萝凋萎病研究进展[J]. 广东农业科学，2007(2)：47-50.

[8] 何衍彪，陈兴龙，詹儒林. 菠萝粉蚧化学防治技术研究[J]. 广东农业科学，2010(8)：144-145.

[9] 何衍彪，詹儒林，孙光明. 菠萝洁粉蚧防治药剂筛选及安全间隔期分析[J]. 热带作物学报，2011，32(5)：937-940.

[10] 黄思良，黄福新，林明生，等. 菠萝黑腐病菌生物学特性研究[J]. 西南农业学报，1990(3)：59-64.

[11] 黄隆军. 中华褐金龟在菠萝地的生活习性及防治技术[J]. 广西园艺，2004，15(2)：23-24.

[12] 李土荣. 菠萝粉蚧的生物学特性及防治[J]. 昆虫知识，1997，34(3)：149-152.

[13] 李运合，莫忆伟，习金根，等. 应用 RT-PCR 方法检测菠萝凋萎病毒[J]. 热带作物学报，2012，31(6)：1003-1008.

[14] 黎少梅，冯志新. 广东省为害菠萝和菠萝根际线虫的种类调查和鉴定[J]. 华南农业大学学报(自然科学版)，1995，16(2)：44-51.

[15] 刘丽屏，陈文胜，廖燕娟. 南方果园草情调查及化学除草的研究[J]. 佛山科学技术学院学报(自然科学版)，2001，19(4)：75-77.

[16] 伦志磊，张德安，袁俊云，等. 果园杂草的防除及其对果园的综合效应[J]. 山东林业科技，2006，910：78-79.

[17] 罗文文，范鸿雁，李向宏，等. 海南菠萝几种叶部真菌病害研究[J]. 西南农业学报，2012，25(5)：1703-1707.

[18]欧阳红军，李国平，何衍彪. 我南方地下害虫的种类及防治方法[J]. 安徽农业科学，2012，40(34)：16655-16656，16732.

[19]邱化义，赵红霞. 浅析果园杂草的危害与综合防除技术[J]. 现代农业科技，2005(11)：26.

[20]谭仕东. 菠萝金龟子发生规律的研究[J]. 广西热作科技，1991(4)：1-5.

[21]谭仕东. 双结菠萝鳃金龟的生物学特性及防治[J]. 昆虫知识，1991，28(1)：22-23.

[22]陶玫，陈国华，杨本立. 介壳虫天敌昆虫的利用及展望[J]. 云南农业大学学报，1999，14(4)：416-420.

[23]唐友林，周玉婵，周永成，等. 采后菠萝黑腐病的发生及防治[J]. 植物保护，1997(4)：13-15.

[24]向梅梅，戚佩坤. 广东省菠萝真菌病害鉴定[J]. 贵州农学院学报，1988(2)：53-62.

[25]谢琼. 国外菠萝线虫研究概况[J]. 广西热作科技，1990(2)：30-31.

[26]徐迟默. 菠萝凋萎病毒研究进展[J]. 热带作物学报，2009，30(5)：718-724.

[27]杨广东，熊桂莲，张文辉. 三种常见地下害虫的发生规律及综合防治方法[J]. 现代园艺，2010(4)：32-33.

[28]姚庆学，张勇，丁岩. 金龟子防治研究的回顾与展望[J]. 东北林业大学学报，2003，31(3)：64-66.

[29]张希福. 杂草病原菌资源调查及其在杂草生防上的应用前景[C]/全国生物防治学术讨论会论文集，1995.

[30]张建国，王森. 果园杂草的危害与综合控制[J]. 植物医生，2003，16(6)：6-9.

[31]张小冬，陈泽坦，钟义海，等. 新菠萝灰粉蚧生活习性初探[J]. 华东昆虫学报，2008，17(1)：22-25.

[32]张妮，陈泽坦，张小冬，等. 我国菠萝病虫害及其防治[J]. 中国南方果树，2009，38(3)：52-55.

[33]Buckley R，Gullan P. More aggressive ant species (Hymenoptera：Formicidae) provide better protection for soft scales and mealy bugs (Hymenoptera：Coccidae，Pseudococcidae)[J]. Biotropica，1991，23：282-286.

[34]Carter W. Geographic distribution of mealybug wilt with some other insect pests of pineapple[J]. J. Econ. Entomol，1942，(35)：10-15.

[35]Caswell E P，Apt W J. Pineapple nematode research in Hawaii：past，present，and future[J]. J. Nematology，1989，21(2)：147-157.

[36]Eduviges G B，Mayra Cintra，Justo Gonzalez，et al. First Report of a Closterovirus-Like Particle Associated with Pineapple Plants[J]. Plant Disease，1998，82(2)：263.

[37]Gambley C F，Steele V，Geering A，et al. The genetic diversity of ampeloviruses in Australian pineapples and their association with mealybug wilt disease[J]. Australasian Plant Pathology，2008，37(2)：95-105.

[38]Godfrey G h. A destructive root disease of pineapples and other plants due to *Tylenchus brachyurus*，n. sp[J]. Phytopathology，1929，20：323-329.

[39]Godfrey G H，J M Oliveira. The development of the root-knot nematode in relation to

root tissues of pineapple and cowpea[J]. Phytopathology, 1932, 22: 326-348.

[40]Godfrey G H. The pineapple root system as affected by the root-knot nematode[J]. Phytopathology, 1936, 26: 408-428.

[41]Gonzalez-Hernandez H, Reimer N J, Johnson M W. Survey of the natural enemies of Dysmicoccus mealybugs on pineapple in Hawaii[J]. Bio Control, 1999, 44: 47-58.

[42]Gunasinghe U B, German T L. Association of virus particles with mealybug-wilt of pineapple[J]. Phytopathology, 1986, 76: 1073.

[43]Hagan H R. Hawaiian pineapple field soil temperatures in relation to the nematode *Heterodera radicicola* (Greef) Muller[J]. Soil Science, 1933, 36: 83-95.

[44]Hine R B, Cesar A, Klemmer H. Influence of soil temperature on root and heart rot of pineapple caused by *Phytophthora cinnamomi* and *P. parasitia*[J]. Phytopathology, 1964, 54(10): 1287-1289.

[45]Hu J S, Sether D M, Ullman D E. Detection of pineapple closterovirus in pineapple plants and mealybugs using monoclonal antibodies[J]. Plant Pathology, 1996, 45(5): 829-836.

[46]Hu J S, Sether D M, Liu X P, et al. Use of a tissue blotting immunoassay to examine the distribution of pineapple closterovirus in Hawaii[J]. Plant Disease, 1997, 81: 1150-1154.

[47]Jamaluddin. Changes in ascorbic acid contents of pineapple(*Aananas comosus*) fruit by *Ceratocystis paradaxa*[J]. Current Science, 1979, 48(140): 641-642.

[48]Klemmer H W, Nakano R Y. Distribution and pathogenicity of *Phytophora* and *Phythium* in pineapple soils in Hawaii[J]. Plant Disease Report, 1964, 48: 848-852.

[49]Linford M B. Stimulated activity of natural enemies of nematodes[J]. Science, 1937, 85: 123-124.

[50]Liu L J, Hewajulige I G. Sexual compatibility, morphology, physiology, pathogenicity and vitro sensitivity to fungicides of *Thielaviopsis paradoxa* infecting sugarcane and pineapple in Puerto Rico[J]. Journal of Agriculture of the University of Puerto Rico, 1973, 42(2): 117-127.

[51]Reimer N J, Beardsley Jr J W. Effectiveness of hydramethylnonand fenoxycarb for control of bigheaded ant (Hymenoptera: Formicidae), an ant associated with mealybug wilt of pineapple in Hawaii[J]. J. Econ. Entomol, 1990, 83: 74-80.

[52]Reyes M E Q, Rohrbach K G, Paull R E. Microbial antagonists control postharvest black rot of pineapple fruit [J]. Postharvest Biol Tech, 2004, 33(2): 193-203.

[53]Reimer N J, Beardsley J R. Effectiveness of hydramethyl-non and fenoxy carb for control of bigheaded ant (Hymenoptera: Formicidae), an ant associated with mealybug wilt of pineapple in Hawaii[J]. J. Econ. Entomol, 1990, 83: 74-80.

[54]Rrohrbach K G, Apt W J. Nematode and disease problems of pineapple[J]. Plant Disease, 1986, 70(1): 81-83.

[55]Sether D M, Ullman D E, Hu J S. Transmission of pineapple mealybug wilt-associated

virus by two species of mealybug (*Dysmicoccus* spp.) [J]. Phytopathology, 1998, 88: 1224-1230.

[56] Sether D M, Karasev A V, Okumura C, et al. Differentiation, distribution, and elimination of two different pineapple mealybug wilt associated viruses found in pineapple [J]. Plant Disease, 2001, 85(8): 856-864.

[57] Sether D M, Hu J S. Closterovirus infection and mealybug exposure are necessary for the development of early bug wilt of pineapple disease[J]. Phytopathology, 2002, 92 (9): 928-936.

[58] Sether D M, Hu J S. Yield impact and spread of pineapple mealybug wilt associated virus-2 and mealybug wilt of pineapple in Hawaii[J]. Plant Disease, 2002, 86(8): 867-874.

[59] Sether D M, Melzer M J, Busto J L, et al. Diversity of pineapple mealybug wilt associated viruses in pineapple[J]. Phytopathology, 2004, (94): 1031.

[60] Sether D M, Melzer M J, Busto J, et al. Diversity and mealybug transmissibility of ampeloviruses in pineapple[J]. Plant Disease, 2005, 89(5): 450-457.

[61] Williams D J, Watson G W. The scale insects of the Tropical South Pacific Region. Part. 2: The mealybugas (Pseudococcidae)[M]. C. A. B. International Institute of Entomology, Wallingford, Reino Unido, 1988.

第八章　采后处理

　　菠萝果实含水量大（81.2%～86.2%），可溶性固形物含量高（13%～19%），组织松软，不耐贮藏。菠萝的贮运保鲜和加工技术，对于提高菠萝的异地消费比例，减少采后损失，提高附加值，促进菠萝产业的持续健康发展具有重要意义。研究表明，水果的采后寿命长短，既与采前因素有关，又与采后处理措施和贮运条件有关，对于作为热带水果的菠萝来说尤其如此。要有效延长菠萝的贮运时间和货架期，提高其加工品质，就要求有标准化的采前管理措施和一定的采后处理设施和设备条件。我国菠萝以农户分散种植为主，主栽品种巴厘的商品价值较低，农户和企业投入的动力不足，导致菠萝产业的栽培管理标准化程度较低，且基本没有为菠萝提供分选包装、预冷、冷藏处理和鲜切加工的设备条件。本章介绍菠萝采后处理技术，其中许多内容系作者的最新研究进展。

第一节　采前管理与果实采收

　　菠萝的保鲜寿命和加工品质受采前因素的影响很大。甚至可以这样说，菠萝的采后寿命长短和食用、加工品质的优劣早在田间生长期就决定了。因此菠萝的保鲜技术，以及提高菠萝加工产品品质的工艺应开始于田间。只有充分考虑采前因素对采后贮藏及加工特性的影响，将采前技术与采后技术有机结合，才能最大限度地延长菠萝保鲜寿命，保持菠萝的采后品质。

一、采前因素对菠萝采后保鲜寿命的影响

　　菠萝分为卡因类、皇后类和西班牙类三大品种群，不同品种的贮藏寿命差异很大。现有品种大多不耐贮藏，仅有皇后类的巴厘、西班牙类的武鸣和

云南、台湾土种等较耐贮藏。

菠萝果实的生长季节、生长期气候条件对采后品质和保鲜寿命具有重要的影响。比如，我国目前主栽品种巴厘的秋、冬季果实极易发生黑心病，不耐贮运，而春季果的贮藏寿命较长。

栽培技术对菠萝的贮藏寿命影响很大。氮磷钾及微量元素的含量均影响菠萝的贮藏寿命。含氮量过高，果实不耐贮藏；含钙量不足，也会缩短保鲜寿命。在我国海南菠萝产区，夏季菠萝果实生长期光照过强容易造成日烧病，影响商品价值，采后容易腐烂。因此，我国台湾地区南部的菠萝要戴"帽子"遮阴，防止阳光过强对菠萝造成的伤害。在我国的巴厘菠萝产区，果农为提高产量，通常在果实膨大期喷施"九二零"（赤霉素）壮果，在采前 1 周喷施乙烯利催熟，这些做法都会降低耐贮性。

因此，选择耐贮运的品种、根据品种特性安排产期、加强土肥水管理、采用防晒措施、少用或不用生长调节剂催大、催熟，均有助于提高菠萝品质、延长保鲜寿命。

二、影响菠萝贮藏性的因素

1. 菠萝品质和耐贮性密切相关

果实外观状况是判断菠萝品质和耐贮性的初始指标。高品质的菠萝大小适中、充分成熟，新鲜、干净、有光泽，外形好、果眼正，无日灼斑、病虫害和机械伤，基部切口平顺、冠芽颜色一致、直立、与果实结合紧实、长度不超过 10 cm。当然，判断菠萝是否达到采收成熟度，内在品质是最重要的标准。首先，果肉质地均一、颜色金黄，无腐烂、无裂口、无虫害、无褐变。同时，菠萝必须甜度高、香气浓、水分足、口感好、纤维少、无异味。外观和内在品质均较差的菠萝，可能与生长期水肥管理较差、营养不足有关，其耐贮性也较差。

2. 菠萝成熟度和耐贮性密切相关

成熟度越高，菠萝的耐贮性越差。菠萝是非呼吸跃变型果实，采收后没有后熟过程。采收过早，成熟度低，肉质坚硬而脆，果实糖分含量少，香气不足或缺乏果实固有的风味，色泽淡，商品价值低。采收过迟，成熟度过高，虽然可溶性固形物高，但菠萝会有酒精味，品质下降，而且耐贮性差、容易腐烂，不适于贮藏和远途运输。因此，适时采收，对于保证菠萝的品质和耐贮性具有重要的作用。一般认为，八成熟左右的菠萝可兼顾品质和耐贮性，既具有足够的糖度和香气，又最适于贮藏和远运。

判断菠萝成熟度的方法有多种。随着成熟和衰老，菠萝果实叶绿素分解，果皮和果肉的胡萝卜素含量增加。因此，果皮颜色是判断菠萝果实成熟度的主要依据。但是，生产上采收菠萝不能等到果皮全黄时才采收。特别是远程销售的菠萝果实应在青熟期采摘，此时的菠萝白粉脱落，果皮由青绿色变为黄绿色、小果间隙（果缝）浅黄有光泽、果肉开始软化、果汁渐多，成熟度在七八成；而对于鲜销果宜在黄熟期采摘，此时果实基部 2～3 层的小果显黄色，果肉为橙黄色、汁多、糖分高、香味浓、风味最好，成熟度为九成熟；而当果实全果为深黄色，果皮失去光泽，基部果肉暗黄，组织开始脱水时，已为过熟期，果实失去了食用价值。在我国雷州半岛，农民采用 800～1 000 mg/L 的乙烯利溶液均匀喷布果面，可使果实较快成熟且成熟度一致，并可提早 7～10 d 采收，但果实的可溶性固形物含量较低、风味稍差。虽然这项技术已在巴厘菠萝上较普遍地使用，但其不足之处是会在一定程度上加重黑心病的发生。为了保证果实的品质，可以根据可溶性固形物含量和含酸量来判断是否达到食用成熟度，当可溶性固形物含量达到 12％、最高含酸量不超过 1％或固酸比达到 12 时，口感较好，适宜采收。

3. 多种客观因素均影响耐贮性

（1）采收时间和天气。采收时间以早晨露水干后为宜，雨天不宜采收，以免发生腐烂病。因为露水、雨水被果皮吸收后，会增大细胞膨压，容易导致机械伤。同时，果皮表面的水分有利于病原菌的传播和入侵，导致腐烂增加。

（2）转运速度。菠萝的贮藏寿命在常温条件下一般只有 1～2 周，采收后应尽快转运到包装厂，并立即包装，快速配送到终端消费市场。菠萝园的地理位置、果园内的道路状况、果园道路与交通要道的衔接等因素，均不同程度地影响着采后菠萝的转运速度，因此，在规划菠萝种植园时要予以考虑。此外，菠萝采收后从果园转运至包装地点的运输方式、运输工具都会影响菠萝的保鲜寿命。

（3）包装箱的质量。我国菠萝园内的道路、果园与主路连接的通道等条件一般较差，容易造成颠簸，导致振动伤。因此，用于转运的包装箱内最好有柔软的衬垫以减少机械伤。采收、包装和转运的用具要提前消毒，保持卫生，避免成为病原菌的传染源。散装运输时，最好在车厢地板上垫上柔软的植物材料，可以同时起到隔热和减轻振动伤的效果。

（4）包装车间的条件。在田间修建具有遮阴和隔热条件的包装场，在菠萝装卸过程中避免太阳直射，避免果实升温，这些对于减少运输过程中因田间热积累导致的损耗特别有效。菠萝包装房最好加盖双层屋顶，以增强隔热性能，四周最好安装可以滑动的帘子，以保持装卸过程中的温度恒定。

（5）采后处理。在菠萝采后处理的整个过程中，要轻拿轻放，避免机械损伤，并及时剔除病伤果，减少病原菌的传播源。

4. 冠芽对耐贮性的影响

在对待冠芽的问题上，不同的国家有不同的做法。我国的鲜销菠萝，均为带冠芽采收，因为带冠芽的菠萝比切除冠芽的菠萝售价略高。而在澳大利亚和一些非洲国家，市售菠萝大多不带冠芽——冠芽在采收时就被切掉了。切下来的冠芽，可用于繁殖。同时，若远距离运销，切除冠芽还可以节省包装、贮藏和运输等物流环节的费用。但是，冠芽与菠萝的耐贮性密切相关。我们的最新研究表明，切除冠芽会显著增加贮藏过程中巴厘菠萝的黑心病发病率（图 8-1，朱世江提供）。同时，切除冠芽还影响菠萝的风味品质，因为降低了固酸比（SSC/TA）（图 8-2，朱世江提供）。这个研究结果为我国菠萝的消费习惯提供了科学依据。

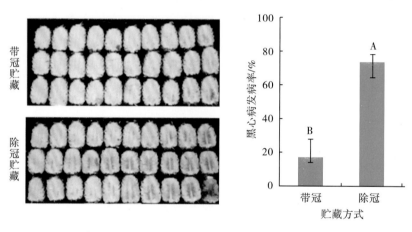

采收时间为 2014 年 6 月上旬，在 20℃ 的条件下贮藏 9 d

图 8-1　切除冠芽对采后巴厘菠萝黑心病的影响

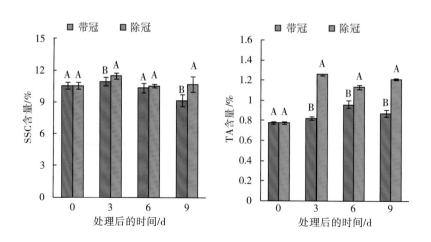

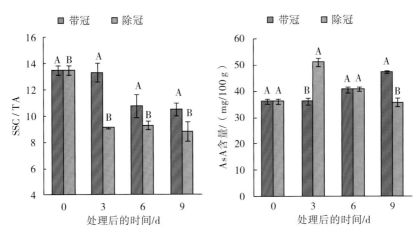

图 8-2 切除冠芽对巴厘菠萝品质的影响

第二节 贮藏与物流技术

一、菠萝采后生理及贮藏保鲜的环境条件

采后的菠萝生理生化活动仍很活跃，各种品质和营养指标处于动态变化之中，但不同成分的变化动态不同。低温贮藏的菠萝，果皮的叶绿素含量一直呈下降趋势，贮后 3 周其含量比贮前减少 68%。可溶性固形物、可溶性糖及果皮类胡萝卜素含量在贮藏 1 周后达到高峰，分别比贮前增加 15%、32%、23.6%。可滴定酸及抗坏血酸含量在贮藏 2 周后达到高峰，分别比贮前增加25% 和 13.3%。贮后 3 周，上述营养成分的含量已明显下降，商品价值也大大降低。在贮藏期间，构成果实细胞壁的结构多糖(如果胶、纤维素和半纤维素等)也发生了显著变化，多聚半乳糖醛酸酶(PG)、果胶酯酶(PME)的活性有明显升高，并促进细胞壁降解，低温可抑制这些酶的活性。我们的研究表明，在常温贮藏条件下，贮藏 3 d 菠萝的可溶性固形物含量达到最高。

温度是影响菠萝贮藏保鲜寿命的最重要因素之一。在温度为 25℃、相对湿度为 80%~90% 的条件下，贮藏 1 周后菠萝的食用品质开始下降，贮藏 3 周后有明显的异味、不适于食用。常温下用普通篷车装载，菠萝可作 4~5 d短途运输。常温下菠萝的货架期一般只有 1 周左右。较长时间贮运应采用冷库或冷藏车将菠萝保持在低温环境中。低温贮藏通过降低菠萝的呼吸速率来延长寿命，并通过降低病原菌的活力来减少腐烂，以保持菠萝的品质。

值得注意的是，关于低温对菠萝保鲜的作用，学术界有不同的认识。有人认为，在22～25℃以下的低温环境易引起菠萝果实的冷害。有人认为，菠萝与杧果、香蕉一样，对低温较敏感，在7℃以下即有冷害的危险。我们的研究表明，菠萝适宜在5～8℃的温度贮藏。

二、菠萝采后处理工艺和贮运条件

1. 采后处理

菠萝采后处理流程包括预选、清洗、预冷、药剂处理、分级、包装等环节。这里重点介绍清洗、预冷、分级和包装环节。

1）清洗

菠萝采收后用自来水清洗果实表面的污垢可提高商品性。可在水中加入0.5%～1%的漂白粉，清除表面病原菌。

2）预冷

菠萝最好在采后12 h内预冷到贮藏温度，除去田间热。根据我们的研究，菠萝如能及时预冷到5℃，然后在该温度下贮运，则采后寿命可达30 d（表8-1，数据由朱世江提供）。目前我国菠萝产业由于条件所限，基本上略去了这个过程，但预冷对于长期贮藏和远程运输是必要的。

表8-1　不同贮藏温度对贮藏时间及黑心病发生的影响（巴厘菠萝，6月采收）

贮藏温度/℃	贮藏时间/d	黑心病指数
0	30	0（有冷害症状）
5	30	0
10	22	1.389±0.272
15	14	1.016±0.328
20	14	1.508±0.129
25	14	0.999±0.362

3）分级

分级是提高菠萝商品性的重要环节，它是在预选、清洗、药剂处理之后和包装之前的一个环节。分级可以由人工完成，有条件的地方也可以用菠萝专用分级包装生产线进行分级。剔除有机械伤的果实或任何不符合商品果要求的果实，然后根据果实的大小、颜色，甚至形状分成不同等级。同一个包装箱中的菠萝果实的大小、颜色和形状应尽可能保持一致。

4）包装

好的包装可实现多重目标：避免菠萝香气散失，避免沾染上异味，延长贮藏寿命，避免发汗和失水，避免受到挤压伤和振动伤等。包装箱要洁净，要留有通气孔，以便排除呼吸热。包装时，最好将菠萝的基部朝下垂直放入果箱中，果间要有隔板，防止摩擦和移动。如果不放隔板，可将菠萝交错平放。在装有 2 层时，层间要垫垫板。根据包装箱的大小和市场的需求，一般每箱可装菠萝的标准净重为 10 kg 或 20 kg。因此，每箱装 6 个果的果箱，单果重 1.75 kg；每箱装 12 个果的果箱，单果重可为 1.25 kg；每箱装 20 个果的果箱，单果重可为 0.75 kg。当然，上述标准也可以根据具体情况调整。比如，对高附加值的小果菠萝，每箱可以装 6 kg，对于有些大果型的菠萝，也可以每箱装 20 kg。包装箱的上下面、侧面都应有通气孔。

由于菠萝果肉的组织结构疏松、质地脆弱，所以采后很容易受到机械损伤和发生腐烂变质，影响贮藏寿命和品质，给远途运输造成困难。因此，远途销售的菠萝，包装箱要具有足够的强度，以防挤压。菠萝的包装容器可用纤维板箱或双层套叠的纸板箱，也可用纤维板与木材混合制成的板箱。贮运时的包装箱要堆码，以木箱较为牢固，一般堆 6～7 层适合远途运输。

2. 冷链贮运条件

我国的菠萝产地集中分布于广东和海南，价格随季节的变动很大。主要原因是为了节约成本大都采用常温贮运，这样贮藏的菠萝寿命短，必须尽快出手，因此只好压低价格销售。另外，我国的菠萝鲜果没有出口或出口量极少，当市场饱和时，菠萝的价格就会很低。要增加菠萝远程销售的比例，就一定要推广使用延长菠萝保鲜期的低温贮运技术。

贮运过程中的温度、空气湿度对菠萝的贮运寿命影响很大。研究表明，菠萝在 0℃ 的条件下容易发生冷害；温度超过 10℃ 时菠萝冠芽的小叶容易松动脱落，影响菠萝的新鲜度；温度超过 15℃ 时容易发生黑心病（见表 8-1）。湿度太高时病原菌滋生迅速，菠萝容易腐烂；湿度太低时菠萝容易失水，导致失重。菠萝最适合的贮藏温度是 5～8℃，空气相对湿度以 85%～95% 为宜。

菠萝采用冷链运输可有效延长其采后寿命，减少采后损失。冷链要求从预冷开始到终端市场的各个环节，菠萝果实的温度都保持在 5～8℃。这就要求配套使用现代物流设施，以提高冷链的效率和质量。特别是在运输过程中，要采用冷冻集装箱。每个集装箱可以装载 20 kg 装的菠萝 1 500 箱，或 10 kg 装的菠萝 3 000 箱。集装箱要安装控温设施和乙烯过滤装置。如果不具备冷链条件，只能采用常温运输时，应先预冷再装车，并用棉被和稻草等覆盖进行保温。同时，为了避免果实过度升温，货车应尽量在夜间行驶。

第三节　主要贮藏病害

一、黑心病

黑心病(blackheart)是菠萝贮藏过程中最普遍发生的生理病害，是严重制约鲜果运销的菠萝贮藏病害。发病果的外部无感病症状，但剖开后会发现紧靠中轴的果肉变褐，故又称内部褐变病(internal browning)。病斑初期呈半透明状的小水泡，以后颜色变暗，范围扩大，变干变黑。发病严重时，甚至全部的果肉和果心损坏变黑。秋、冬季菠萝在田间受到低温影响，可诱导该病发生，而夏季菠萝相对较少发生。同时，发病果实不能完全后熟，果皮颜色变黑变暗，风味差，冠芽萎蔫或容易脱落。

由于黑心病症状发生在果肉里面，果实表面没有症状，难以从完整菠萝的外观判断是否发病，因此，一个菠萝是否有黑心病只有在食用时才能发现，如果有黑心病将会给产品的声誉带来负面影响。例如，2016 年 4 月徐闻的菠萝价格暴跌，价格低至 0.24 元/kg 都无人问津。有企业在 5 月 8 日主动搭建电商销售平台，一天之内卖了 30 万 kg。但大量用户却投诉收到腐烂变质的菠萝。有网友指责果农坑害帮助他们的好心人，其实果农也不知道菠萝到了消费者手里会变坏，实际上这很可能是黑心病在让果农"背黑锅"。

我们注意到，关于菠萝在什么温度下容易发生黑心病存在不同观点。有人认为低温导致黑心病，采前、采后的低温都能诱发菠萝果实黑心病的发生。贮藏温度低于 6℃ 就容易发生黑心病。唐友林等(1995 年)的研究也证实采后低温贮藏以及长途运输也是黑心病产生的诱因。但也有研究表明，采后菠萝的低温贮藏可有效控制黑心病的发生。反而是常温条件容易诱发黑心病。Smith 等(1986 年)认为，菠萝采收后在 5~21℃ 的条件下贮放 3 d 即有黑心病发生，9 d 达到最高水平，以后又有所下降。可是，在 25℃ 的条件下贮放 15 d 也未见黑心病发生。Stewart 等(2002 年)的研究表明，菠萝在 10℃ 的条件下贮藏 7 d 后观察到黑心病，而在 0℃ 时没有观察到。我们认为，菠萝在高于 15℃ 条件下贮运容易发生黑心病，一般秋、冬季采收的巴厘菠萝在 20℃ 时贮藏 1 周内就开始发生黑心病，夏收菠萝贮藏不到 2 周就发病。而在温度低于 10℃ 时，菠萝可延迟发生黑心病(表 8-1)。低温控制菠萝黑心病的效果与菠萝的生长季节和品种有关。菠萝的低温贮运在澳大利亚得到了普遍应用。我们参观的澳大利亚菠萝包装厂的菠萝贮运温度为 8~10℃。

二、冷害

上面提到，低温可以有效地控制黑心病。但是，温度过低又会导致冷害。冷害既可以在采前发生，也可以在采后发生。我国的菠萝产区采前冷害不是大问题，但在个别年份冷害的危害也较严重。比如2016年1月24～25日，广东大部分地方大幅降温，雷州半岛的菠萝遭受了严重的冷害，受害的菠萝幼果长大后成了畸形果。采后冷害对于我国的菠萝产业目前也不是问题，因为我国的菠萝产区尚无低温贮运条件，几乎所有的菠萝都是常温贮运的。我们的研究表明，贮藏温度低于5℃，菠萝容易发生冷害。果实遭受冷害的症状是：果色变暗，没有光泽，果皮下有褐色至黑色条纹，果肉呈水渍状（图8-3，朱世江提供）。当果实从贮藏库中移出时特别易受病菌的侵染而腐烂，放在常温下一段时间，果肉的受害部位会发黑。这可能就是有人认为低温导致菠萝黑心病的原因吧。我们认为，常温导致的果肉变黑是典型的黑心病，低温导致的果肉变黑是冷害症状的后期表现。

发生冷害的菠萝

正常菠萝

图 8-3　菠萝冷害症状

三、黑腐病

菠萝采收后由病菌引起的病害以黑腐病（*T. paradoxa*）最常见。黑腐病又称软腐病、水腐病、心腐病等，其病菌可从果实的冠芽切割口、果皮伤口入侵果肉，或在收获期从果柄上的切割口入侵果实，或在贮运装卸的损伤伤口处发生感染，感染 48 h 后即可出现症状。发病初期，病菌侵染部位产生暗淡或微褐色的水渍状斑，严重时极易导致腐烂。防治该病一方面要避免机械损伤，轻拿轻放，采后防止日晒；另一方面，采收时每割一个菠萝，割刀应先在消毒液中浸一下。研究表明（根据中国热带农业科学院南亚热带作物研究所谷会提供的研究数据），在市售的多种杀菌剂中，咪鲜胺（施保克）对黑腐病的毒力最强（表 8-2）。采后用咪鲜胺浸泡菠萝可有效控制黑腐病。用 500 mg/L 的咪鲜胺浸泡 1 min 控制黑腐病发病的效果与浸泡 5 min 相当（图 8-4，图片和数

表 8-2　不同杀菌剂对菠萝黑腐病菌丝生长的毒力

杀菌剂	毒力方程	相关系数 r	ES_{50}
咪鲜胺	$y=8.677\,2+1.880\,1x$	0.981 5	0.011 1
苯醚甲环唑	$y=7.855\,0+1.504\,1x$	0.974 4	0.012 6
多菌灵	$y=10.667\,1+5.184\,7x$	0.927 7	0.080 7
戊唑醇	$y=6.915\,3+2.154\,0x$	0.996 4	0.129 1
异菌脲	$y=5.003\,8+2.022\,8x$	0.990 6	0.995 6
甲基托布津	$y=3.557\,1+2.124\,5x$	0.991 9	4.777 1
嘧菌酯	$y=2.102\,0+1.262\,0x$	0.996 0	197.819 6

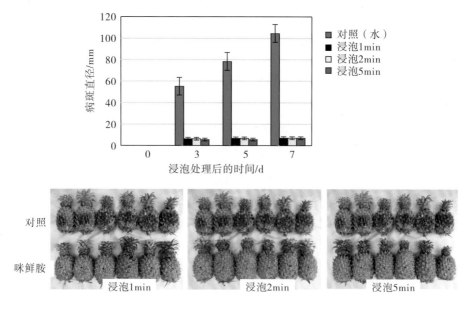

图 8-4　不同浸泡时间对咪鲜胺控制接种黑腐病的菠萝病斑的影响

据由谷会提供）。关于药剂处理在采后什么时间实施的问题，国内外均认为，最好在采后 24 h 内进行。图 8-5（数据由谷会提供）表明，接种后 30 h 用咪鲜胺处理，病斑直径是接种后 15 h 处理的 2 倍。而且，接种后 30 h 进行杀菌处理的菠萝，病原菌入侵深度和范围远远大于 15 h 处理的（图 8-6，图片由谷会提供）。表明药剂处理时间延迟越多，防腐效果越差。

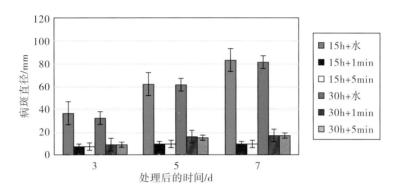

图 8-5　接种后不同时间用咪鲜胺处理对黑腐病发病的影响

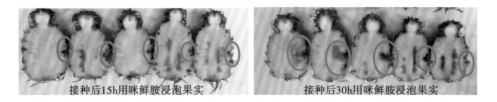

蓝色椭圆标记显示发病区域大小

图 8-6　接种后延迟处理对黑腐病菌入侵果肉深度和范围的影响

第四节　质量安全保鲜新技术研发进展

一、热处理保鲜技术

热处理以其无化学残留、安全高效、简便易行、耗能低、无污染等优点，被认为是一种有前途的贮前处理措施。热处理是指将果实置于热水、热空气或热蒸汽等高温环境中处理一段时间，以延长果蔬保鲜期的一种采后处理方法。通常用 30～45℃ 的热空气处理数小时至数天，或者用 40～60℃ 的热水处理数分钟。进行短暂的热处理作为采后防腐的一种非化学手段已经广受关注，在杧果上应用对防治采后炭疽病有较好的效果。此外，热处理还可以防止或减轻某些果蔬的低温伤害。然而，热处理也是一种有潜在破坏性的物理方法，使用不当会造成变色、失水等伤害。并且，由于影响热处理效果的因素很多，不同种类、品种和不同成熟度的果蔬，热处理的条件均有不同，处理方法、温度与时间的配合也不尽相同。热处理与其他物理、化学方法结合对延长果实贮藏期会产生更好的效果。热处理与浸钙结合处理苹果，可改善品质，结合处理比两者之中任何单一处理的效果都好。

我们的研究表明，用55℃的热水浸泡菠萝3～7 min可获得较好的保鲜效果，可推迟转黄（见图8-7，朱世江提供）、减少腐烂（见图8-8，朱世江提供）、减少失重（见图8-9，朱世江提供）。以失重为例，贮藏9 d后，对照的失重率是热处理的2倍。

图 8-7　热处理控制菠萝转黄的效果

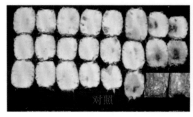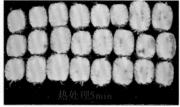

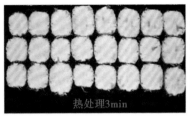

图 8-8　热处理控制菠萝采后病害的效果

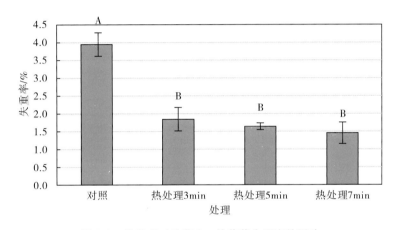

图 8-9　热处理对贮藏 9 d 的菠萝失重率的影响

二、黑心病防控技术

菠萝黑心病又称内部褐变，因发病菠萝的果心和果肉组织变褐或变黑而得名。国内外的研究已经表明，黑心病是一种生理病害，主要在菠萝贮运期间发生。该病为害面广，几乎所有的菠萝主栽品种均易感病，巴厘菠萝感病尤重。由于在我国菠萝产业中，巴厘的种植面积占种植总面积的 80％以上，因此，黑心病常常给果农带来严重的经济损失，该病的为害已经成为制约我国菠萝产业健康发展的重要因素。多年来，国内外学者在控制菠萝黑心病方面提出了很多办法，包括采前施用钾和钙，采后用氯化钙、氯化锶、1-MCP处理或打蜡、热处理等，以及气调贮藏和 MAP 包装等方法，但由于控制黑心病的效果不稳定，因此，到目前为止，上述方法中还没有一种在生产上具有推广应用价值。以研究较多的钙处理为例，就存在不少相互矛盾的研究报道。比如，有人报道采前施钙对控制黑心病有效，有人提出采后施钙有效。但也有人认为施钙对控制菠萝黑心病无效。我们注意到，泰国的 Youryon 等(2012年，2013 年)先后发表了相互矛盾的观点。同时，也有研究认为，施钙的效果不能得到证实。作者也多次用氯化钙处理菠萝，均不能有效控制菠萝黑心病。经过多年研究，我们提出了两项有效控制菠萝黑心病的技术：低温控制黑心病技术和 ABA 控制常温贮藏菠萝黑心病技术。

(一)低温控制黑心病技术

前已述及，菠萝黑心病是一个复杂的问题，因为采后菠萝既可在低温(10℃或以下)下发病，又可在常温(20℃或以上)下发病。我们认为，低温导致的黑心病可能与冷害有关，常温条件下发生的黑心病可能是衰老的表现。研究表明，5~8℃的低温贮藏可有效控制菠萝黑心病。5℃(低温)条件下，菠萝贮藏 30 d 未发生黑心病，也无冷害症状。5℃条件下贮藏的菠萝组织中赤霉素(GAs)代谢基因 *AcGA2ox* 的表达量高于 20℃条件下(对照)的，而内源赤霉素(GA_4)含量低于 20℃的。表明低温贮藏控制菠萝黑心病的机理在于抑制内源活性赤霉素的生物合成(图 8-10；Zhang 等，2016 年)。低温控制黑心病的关键有两个：一是及时预冷至 5℃，二是贮运过程中温度持续保持在 5~8℃。

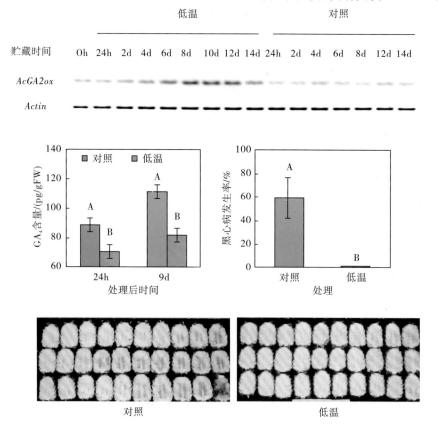

图 8-10　低温控制菠萝黑心病的效果及与内源赤霉素的关系

(二)ABA 常温贮藏菠萝黑心病防控技术

虽然如上所述的低温控制黑心病很有效，但因我国菠萝产业严重缺乏冷链物流条件，菠萝主要还是在常温下运输和销售。常温条件下菠萝的货架期较短，秋、冬季菠萝的最长货架期仅为 1 周或更短，春、夏季菠萝的货架期一般短于 2 周。俄罗斯和中东等国家和地区对我国的菠萝很感兴趣，市场潜力巨大，但限于贮运条件和货架寿命，我国的鲜果菠萝至今难以走出国门。因此，研究常温贮运条件下控制菠萝黑心病的技术具有重要意义。

1. ABA 控制菠萝黑心病的效果

虽然菠萝黑心病的发病机制目前尚无定论，但国内外的研究均认为外源赤霉素可诱发黑心病，无论对低温贮藏的菠萝还是对常温贮藏的菠萝均是如此。而且，内源赤霉素含量与黑心病发生的严重程度成正比。据此，我们提出了通过抑制内源赤霉素的生物合成来控制菠萝黑心病的思路。首先，我们用赤霉素生物合成抑制剂多效唑(PP_{333})处理菠萝，但多次试验均未能有效减轻黑心病。接着，我们用与赤霉素存在相互拮抗关系的 ABA 做试验。结果表明，ABA 可以有效控制常温贮藏菠萝的黑心病。在首次试验中，虽然使用的 ABA 浓度差异很大(95 μmol/L 和 380 μmol/L)，但控制黑心病的效果均很明显(图 8-11；Zhang 等，2015 年)。由于 380 μmol/L 的 ABA 控制效果更显著，我们用该浓度的 ABA 在不同年份和季节进行了试验，结果表明，ABA 处理可使黑心病发病率降低 23.4%～86.3%(图 8-12；Zhang 等，2015 年)。

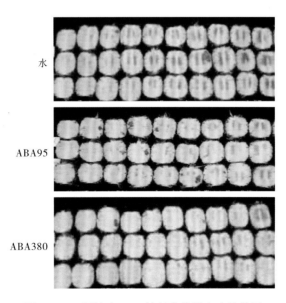

图 8-11 不同浓度 ABA 控制菠萝黑心病的效果

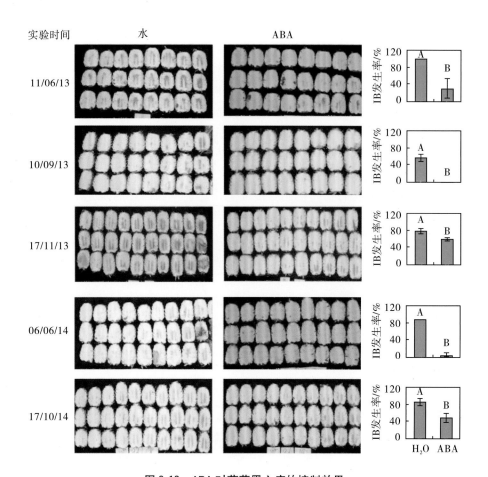

实验时间　　　　水　　　　　　　ABA

图 8-12　ABA 对菠萝黑心病的控制效果

2. ABA 抑制了酚类物质的合成和氧化

ABA 降低了菠萝果肉总酚的含量、降低了苯丙氨酸解氨酶（PAL）和多酚氧化酶（PPO）的活性（图 8-13；Zhang 等，2015 年）。由于 PAL 是酚类物质合成关键酶，PPO 是多酚氧化关键酶，因此可以认为，ABA 控制菠萝黑心病的机理在于抑制了酚类物质的合成和氧化。

3. ABA 增强了清除自由基的能力

ABA 处理过的菠萝过氧化氢酶（CAT）和过氧化物酶（POD）的活性高于对照，超氧阴离子（O_2^-）和过氧化氢（H_2O_2）的含量低于对照，丙二醛（MDA）的含量也低于对照（图 8-14；Zhang 等，2015 年）。这些结果表明，ABA 通过激活抗氧化防御系统，增强了细胞清除自由基的能力，减轻了自由基对细胞膜的伤害，从而保护了细胞膜。

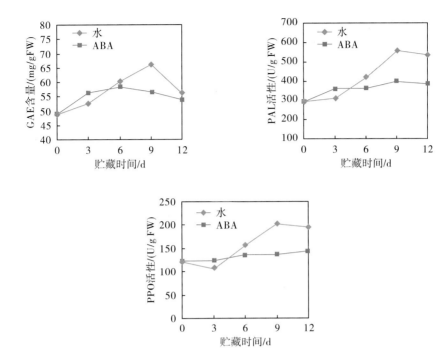

图 8-13　ABA 处理对菠萝果肉总酚含量、PAL 和 PPO 酶活性的影响

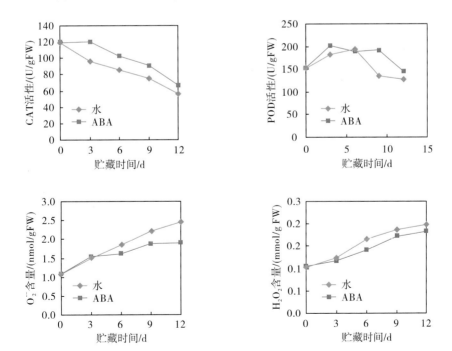

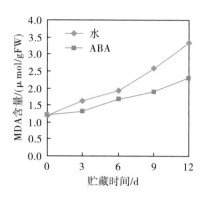

图 8-14　ABA 处理对菠萝抗氧化防御体系的作用

4. ABA 诱导菠萝对黑心病的抗性不需要 H_2O_2 的介导

H_2O_2 在植物生理活动中有双重作用。一方面，其作为主要的活性氧分子破坏核酸结构、氧化蛋白分子、导致膜脂过氧化，从而损害细胞功能。另一方面，H_2O_2 作为一种信号分子介导 ABA 诱导的生理活动，如叶片气孔关闭。比如，用 NADPH 氧化酶抑制剂（diphenylene iodonium，DPI）抑制 H_2O_2 的合成，ABA 不能诱导拟南芥的气孔关闭，说明 ABA 的一些生理功能离不开 H_2O_2 这个信号物质。ABA 控制菠萝黑心病是否需要 H_2O_2 介导呢？图 8-15（引自 Zhang 等，2015 年）显示，DPI 处理后再用 ABA 处理，菠萝的黑心病发病率与 ABA 单独处理没有明显的差异。这表明，ABA 控制菠萝黑心病不需要 H_2O_2 作为信号分子参与。

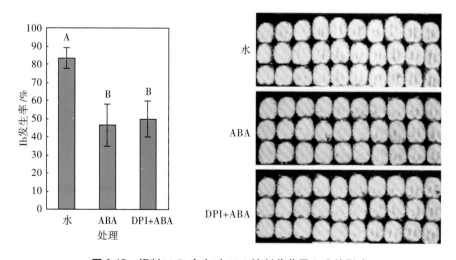

图 8-15　抑制 H_2O_2 产生对 ABA 控制菠萝黑心病的影响

5. ABA 诱导菠萝对黑心病的抗性不需要胞内钙（$[Ca^{2+}]_{cyt}$）的介导

胞内钙（$[Ca^{2+}]_{cyt}$）作为植物细胞的第二信使参与了 ABA 介导的对非生物胁迫（如低温、高温胁迫）的反应。同时，ABA 可以激活钙离子通道。ABA 导致的 $[Ca^{2+}]_{cyt}$ 浓度提高是通过促进跨膜钙离子的流动［Ca^{2+} influx through plasma membrane Ca^{2+}-permeable（I_{Ca}）channels］和胞内贮存钙离子的释放（Ca^{2+} release from internal stores）而实现的。那么，如果阻断钙通道，ABA 能否控制菠萝黑心病呢？我们用钙通道阻断剂 $LaCl_3$ 处理菠萝或与 ABA 结合处理，然后观察对黑心病发生的影响。从图 8-16（Zhang 等，2015 年）可以看出，$LaCl_3$ 单独处理菠萝黑心病发病率甚至比对照还高一点，表明阻断钙通道不利于黑心病的控制。但 $LaCl_3$＋ABA 处理后，黑心病的发病率比 $LaCl_3$ 单独处理低 33.4％，表明 ABA 可以重新激活被 $LaCl_3$ 阻断的钙通道。也就是说，ABA 控制菠萝黑心病与其激活钙离子通道的重要功能有关。

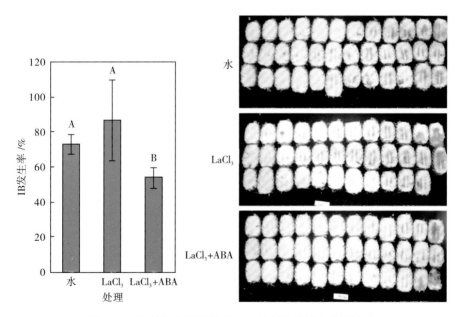

图 8-16　抑制钙离子通道对 ABA 控制菠萝黑心病的影响

6. 外源 ABA 不需要通过内源 ABA 起作用

为了研究内源 ABA 的作用，我们用 ABA 合成抑制剂钨酸钠（Tungstate，TS）处理菠萝。结果显示，单独用钨酸钠处理的，黑心病比对照略重，而钨酸钠与 ABA 结合处理有效地抑制了黑心病的发生（图 8-17；Zhang 等，2015年）。这个结果表明，外源 ABA 本身就足以控制菠萝黑心病，并不依赖于内源 ABA 的浓度，或不通过激活内源 ABA 的合成。同时，贮藏过程中导致的内源 ABA 缺乏或降解的因素可加重菠萝黑心病的发生。

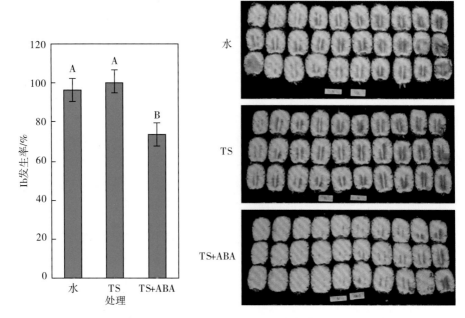

图 8-17　抑制内源 ABA 合成对外源 ABA 控制菠萝黑心病效果的影响

7. 外源 ABA 对赤霉素的拮抗作用

前面已述，菠萝内源 ABA 的含量与黑心病的严重程度呈正比。ABA 与赤霉素之间相互拮抗。那么，ABA 只是通过与赤霉素的生理拮抗作用控制黑心病吗？ABA 处理对菠萝组织内源活性赤霉素（GA_1 和 GA_4）的含量是否有影响？我们的研究表明，ABA 处理后，内源赤霉素含量降低了（图 8-18，数据由朱世江提供）。这表明，ABA 可能抑制了内源赤霉素的合成。另外，我们的研究还显示，外源赤霉素（GA_{4+7}）显著加重了菠萝黑心病，而赤霉素与ABA 结合处理有效地控制了菠萝黑心病的发生（图 8-19，朱世江提供）。这个结果表明，ABA 对外源赤霉素产生了很强的拮抗作用，可以有效地抵消赤霉素诱导黑心病发生的效果。

8. 热处理对 ABA 控制菠萝黑心病效果的影响

国内外对热处理控制菠萝黑心病的效果进行了大量的研究，但效果很不稳定。我们的研究显示，单独热处理（HWD）对控制菠萝黑心病没有作用。但是热处理与 ABA 结合（HWD＋ABA）控制黑心病的效果略好于单独 ABA 处理（图 8-20，朱世江提供）。这个结果表明，热处理对 ABA 控制黑心病有一定的增效作用。此外，我们的研究表明，热处理可有效控制菠萝黑腐病（图 8-

8)，因此，热处理与 ABA 结合具有双重功效，在有条件的地方可以推广。

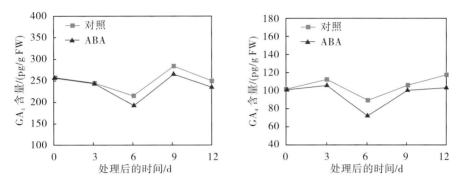

图 8-18　外源 ABA 对菠萝果肉内源赤霉素含量的影响

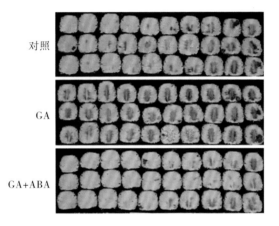

图 8-19　赤霉素处理对 ABA 控制黑心病效果的影响

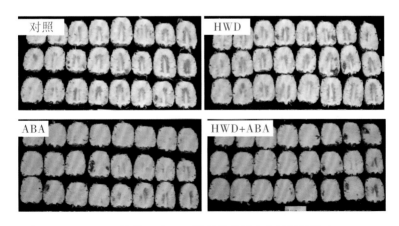

图 8-20　热处理对 ABA 控制菠萝黑心病效果的影响

9. ABA 可消除乙烯的不利影响

随着菠萝的果皮变黄，其商品性提高。但完全黄熟的菠萝货架期短，不耐贮藏。因此，外运菠萝一般七八成熟就采收，可这时菠萝果皮还是绿色的。于是，在广东雷州半岛和海南，果农想出了采前"催熟"的办法：在采前 7～10 d 用乙烯利喷布菠萝果实，采收时菠萝虽然仍未完熟，但果皮已经转黄。这项措施的副作用就是加重了黑心病的发生。我们的研究显示，施用乙烯利的菠萝采后黑心病发病率显著高于对照。但是施用乙烯利后再用 ABA 处理，菠萝几乎不发生黑心病(图 8-21，朱世江提供)。这个结果表明，ABA 可有效消除乙烯催熟处理的副作用。也就是说，乙烯催熟这项措施并不影响 ABA 控制黑心病的效果。

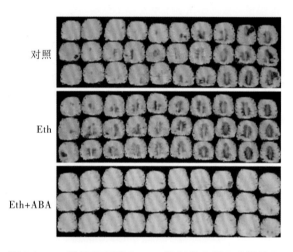

图 8-21　乙烯催熟不影响 ABA 控制菠萝黑心病的效果

10. 冠芽对 ABA 控制菠萝黑心病效果的影响

前已述及，切除冠芽会加重菠萝的黑心病(图 8-1)。为了研究冠芽对 ABA 控制菠萝黑心病效果的影响，我们将带冠芽和去掉冠芽的菠萝分别用 ABA 溶液喷布。结果显示，用 ABA 处理带冠芽的菠萝显著控制了黑心病的发病率，用 ABA 处理不带冠芽的菠萝对控制发病率有一定效果，但与不施用 ABA 且不带冠芽的菠萝相比，差异未达显著水平(图 8-22；Liu 等，2017 年)。这个结果表明，菠萝冠芽对 ABA 控制菠萝黑心病有明显的促进作用。也就是说，保留冠芽有利于 ABA 控制菠萝黑心病。该结果也暗示，冠芽可能是菠萝内源 ABA 的主要来源和外源 ABA 的有效吸收部位。

11. 用 ABA 只处理冠芽可有效控制黑心病

如果上述关于冠芽是 ABA 的主要吸收部位的推测是正确的，那么，这是

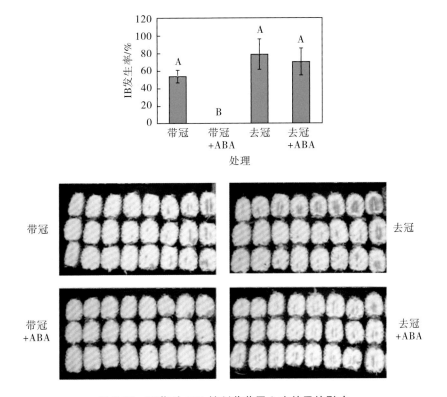

图 8-22　冠芽对 ABA 控制菠萝黑心病效果的影响

否意味着要达到用 ABA 控制黑心病的效果，不用处理全果，只处理冠芽就可以了呢？研究结果证实了这个判断。图 8-23（Liu 等，2017 年）显示，用 ABA处理冠芽控制黑心病的效果和用 ABA 处理全果的效果相当。而不处理冠芽，只处理果实的菠萝黑心病的发病率显著高于只处理冠芽的菠萝。这个结果对于推广 ABA 防控菠萝黑心病的技术具有重要意义，因为这意味着用药成本的大幅下降和工作效率的大大提高。

12. 在贮藏期间切除 ABA 处理过的冠芽不利于控制黑心病

由于冠芽所占的空间较大，带冠芽菠萝的物流成本显著高于不带冠芽的菠萝，因此，研究用 ABA 处理冠芽后，何时切除冠芽不影响控制黑心病的效果具有一定的意义，特别是对用于加工的菠萝降低贮运成本具有一定的价值。我们的研究显示，在用 ABA 处理冠芽后分别于 1 d、3 d 和 6 d（1 d AAT、2 dAAT、3 d AAT）切除冠芽的菠萝，黑心病的发病率显著高于一直保留冠芽的菠萝（图 8-24；Liu 等，2017 年）。这个发现表明，菠萝黑心病的控制需要来自冠芽的 ABA 持续不断的供应。这个结果还意味着，即使经过了 ABA 的处理，菠萝在贮运过程中也不能去除冠芽，否则会发生严重的黑心病。

213

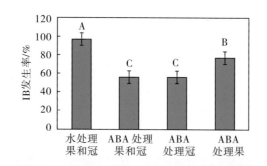

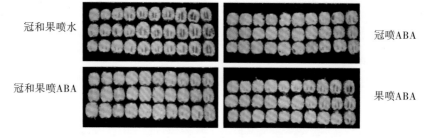

图 8-23　用 ABA 处理冠芽控制菠萝黑心病的效果

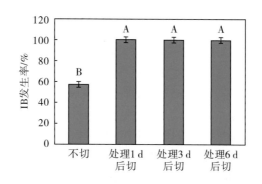

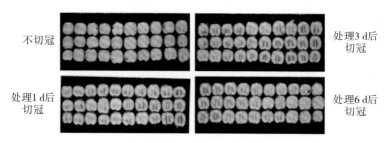

图 8-24　ABA 处理冠芽后切除冠芽对菠萝黑心病的影响

第五节 展望

菠萝是我国华南热带地区的特色水果，菠萝产业是这些地区农业经济的支柱产业之一。虽然世界菠萝总量中仅有40％进入国际市场，但其仍是国际贸易量最大的热带水果。我国是世界菠萝生产大国，但我国的菠萝鲜果几乎没有出口。这除了与我国菠萝品种结构不能满足国际市场的消费需求有关外，也与我国菠萝产业缺乏必要的采后商品化和保鲜处理有关。全球菠萝总量的60％以鲜果形式在产地消费。尽管菠萝是我国加工比例最高的大宗热带水果，但鲜销的菠萝仍高达总产量的70％。这些数据表明，无论是国外还是国内，菠萝的鲜果销量大约是加工量的2倍，这对菠萝保鲜技术的研究和推广提出了严峻的挑战。面对这样的局面，必须多管齐下，才能解决鲜食菠萝的保鲜问题。

首先，要加大力度培育和推广耐贮藏的新品种，特别是抗黑心病的品种。我国的菠萝品种长期以易感黑心病的巴厘为主栽品种，占菠萝栽培面积的80％以上，品种结构严重不合理。在通过调整品种结构解决保鲜问题方面，澳大利亚的经验值得借鉴。以前澳大利亚的菠萝产业也受黑心病的严重困扰。10多年前，每年因黑心病导致的损失达130万澳元。但近年通过推广金菠萝(MD-2)，黑心病已经不再是影响鲜食菠萝的主要问题。我国已经成功引种金菠萝，现已在海南小规模种植，并已在其他省区试种。通过大力发展金菠萝和其他抗黑心病的品种，可望有效减轻黑心病给菠萝产业带来的危害。

第二，要大力建设保鲜基础设施，推广保鲜技术。目前，我国菠萝产业形势严峻，春夏季菠萝黑腐病严重，秋冬季菠萝黑心病严重，采后商品化处理和冷链物流设施条件差是主要原因。由于商品化处理所需的生产线、冷库、冷藏车等设施、设备需要较高的投入，果农难以承担，而我国菠萝主要以果农分散种植为主，因此，需要总体规划、合理建设菠萝和其他热带水果的保鲜贮运基础设施，鼓励龙头企业牵头建立，并为果农提供采后处理服务。同时，要加大力度推广菠萝保鲜技术，特别是黑心病和黑腐病防治技术。"十二五"期间，在国家公益性行业科研专项经费的支持下，我国成功研发了有效控制菠萝黑心病和黑腐病的技术。"十三五"期间的重要任务就是要加大力度推广这些技术。一方面要通过推广低温冷藏技术控制黑心病，另一方面要推广控制常温贮运菠萝的黑心病和黑腐病的绿色安全保鲜技术。

第三，要加强研发和推广鲜切保鲜技术。菠萝与苹果、柑橘等水果不一

215

样。苹果、柑橘的大小一般不超过 250 g，大小适中，而且容易削皮，食用方便。菠萝果实小的超过 500 g，大的甚至达到了 1 500～2 000 g，一般都在 1 000 g 左右，1 个人一次很难吃完 1 个。同时，由于个头较大，菠萝削皮较难，特别是女性和小孩。鲜切菠萝正好可以解决这些"难题"，为消费者的食用提供方便。因此，鲜切菠萝可望成为我国鲜食菠萝消费新的增长点，但需要研究解决两个关键问题：一是研究消费者最喜欢的鲜切菠萝块的形状和大小，从审美和食用方便的角度满足消费者的需求。二是研发和推广绿色安全的鲜切菠萝保鲜和包装技术，最大限度地保存鲜切菠萝的外观品质、风味品质和营养品质。期望在"十三五"期间，能够通过龙头企业的带动，研发并生产出高质量的鲜切菠萝产品，引导消费，扩大鲜切菠萝在鲜食菠萝中的市场份额，做大做强鲜切菠萝市场，促进菠萝产业健康发展。

参 考 文 献

[1]徐一菲，周灿芳，万忠，等. 2009 年广东菠萝产业发展现状分析[J]. 广东农业科学，2010，11：214-214.

[2]李丽. 菠萝黑心病的几种控制方法及相关生理机制探讨[D]. 广州：华南农业大学，2010.

[3]王南周. 采后菠萝黑心病与内源赤霉素含量的关系[D]. 广州：华南农业大学，2013.

[4]弓德强，谢江辉，张鲁斌，等. 菠萝低温贮藏对控制黑心病和保持品质的影响[J]. 农业工程学报，2010，26(1)：365-369.

[5]陆新华，孙德权，吴青松，等. 菠萝种质资源有机酸含量的比较研究[J]. 热带作物学报，2013，5：915-920.

[6]刘玉龙. 钙对 ABA 和热处理调控采后菠萝品质效果的影响[D]. 广州：华南农业大学，2014.

[7]唐友林. 低温贮藏对菠萝果实外观和采后病害的影响[J]. 热带作物研究，1995，(2)：28-32.

[8]Mhatre M. Micropropagation of pineapple，*Ananas comosus*(L.) Merr.，In：Jain，S. M.，Häggman，H. (Eds.)，Protocols for Micropropagation of Woody Trees and Fruits [M]. Springer Netherlands，2007：499-508.

[9]Agogbua J U, Osuji J O. Split crown technique for mass propagation of smooth Cayenne pineapple in South-South Nigeria[J]. Afri. J. Plant Sci. 2011，5(10)：591-598.

[10]Salami A E. Effect of detachment time of pineapple (*Ananas comosus* L.) crown on its early growth[J]. J. Agric. Soc. Res.，2013，13(2)：106-110.

[11]Youryon P，Wongs-Aree C，McGlasson WB，et al. Alleviation of internal browning in

pineapple fruit by peduncle infiltration with solutions of calcium chloride or strontium chloride under mild chilling storage[J]. Int. Food Res. J., 2013, 20(1): 239-246.

[12]Youryon P, Wongs-Aree C, McGlasson W B, et al. Response of internal browning in pineapple fruit vacuum infiltrated with solutions of calcium chloride or strontium chloride [J]. Acta Hortic, 2012, (943): 149-154.

[13]Ko HL, Campbell P R, Jobin-Decor M P, et al. The introduction of transgenes to control blackheart in pineapple (Ananas comosus L.) cv. Smooth cayenne by microprojectile bombardment[J]. Euphytica, 2006, 150(3): 387-395.

[14]Herath H M I, Bandara D C, Banda DMGA. Effect of pre-harvest calcium fertilizer application on the control of internal browning development during the cold storage of pineapple "Mauritius" (*Ananas comosus* L. Merr.)[J]. J. Hortic. Sci. Biotechnol., 2003, 78(6): 762-767.

[15]Herath H M I, Bandara D C, Banda D M. Effect of pre-harvest calcium application level for the post-harvest keeping quality in Mauritius pineapple[J]. Tropical Agric. Res., 2000, 12: 408-411.

[16]Pusittigul I, Siriphanich J, Juntee C. Role of calcium on internal browning of pineapples[J]. Acta Hortic, 2014, (1024): 329-338.

[17]Zhang Q, Liu Y, He C, et al. Postharvest exogenous application of abscisic acid reduces internal browning in pineapple[J]. Journal of Agricultural and Food Chemistry, 2015, 63(22): 5313-5320.

[18]Zhang Q, Rao X W, Zhang L B, et al. Mechanism of internal browning of pineapple: The role of gibberellins catabolism gene (AcGA2ox) and GAs[J]. Scientific Reports, 2016, 6: 33344; DOI: 10. 1038/srep33344.

[19]Liu J, He C, Shen F, et al. The crown plays an important role in maintaining quality of harvested pineapple[J]. Postharvest Biology and Technology, 2017, 124: 18-24.

[20]Pimpimol J, Siriphanich J. Factors affecting internal browning disorder in pineapples and its control measures[J]. Kasetsart J Natural Sci, 1993, 27(4): 421-430.

[21]Stewart R J, Sawyer B J B, Robinson S P. Blackheart development following chilling in fruit of susceptible and resistant pineapple cultivars[J]. Australian Journal of Experimental Agriculture, 2002, 42(2): 195-199.

[22]Smith L G, Glennie J D. Blackheart development in growing pineapples[J]. Tropical Agriculture, 1987, 64(1): 7-12.

[23]Stewart R J, Sawyer B, Robinson S P. Blackheart development following chilling in fruit of susceptible and resistant pineapple cultivars[J]. Animal Production Science, 2002, 42(2): 195-199.

[24]Pusittigul I, Kondo S, Siriphanich J. Internal browning of pineapple(Ananas comosus L.) fruit and endogenous concentrations of abscisic acid and gibberellins during low tem-

perature storage[J]. Sci Hortic，2012，146：45-51.

[25]Rohrbach K G，Paull R E. Incidence and severity of chilling induced browning of waxed 'Smooth Cayenne' pineapple[J]. J Amer Soc Hortic Sci，1982，107：453-457.

[26]Smith L G. Cause and development of blackheart in pineapple[J]. Trop Agric，1983，60(1)：31-35.

第九章　菠萝叶综合利用

我国菠萝叶资源非常丰富，年废弃菠萝叶总量达 1 000 万 t。1 t 菠萝叶片可提取干纤维约 15 kg，同时产生 900 kg 左右的叶渣。菠萝叶纤维可以用来制作袜子、毛巾、服装等纺织品，菠萝叶渣可以用来制作饲料、有机肥以及生产沼气，具有良好的综合利用效益。

第一节　菠萝叶纤维利用

菠萝叶中含有较丰富的纤维，除具备了普通麻纤维的性能和品质外，还具有优异的天然抑菌、杀菌、除异味、驱螨虫等特性。菲律宾、印度、日本等国均进行了菠萝叶纤维的纺织开发利用，我国也开展了相关研究并取得了突出成果，基本解决了从纤维提取、脱胶处理、精细加工、纺织染整、功能开发等加工生产全程中的关键技术工艺和设备问题，开发了菠萝叶纤维功能纺织品，实现了工业化生产。

一、纤维性能

1. 结构与特点
1) 外观形态结构

菠萝叶纤维的外观类似于麻纤维。从图 9-1 可看到，菠萝叶纤维的表面比较粗糙，有纵向缝隙和孔洞，横向有枝节，无天然扭曲。纤维截面见图 9-2，截面呈圆形，内有胞腔，明显可见多孔中空。菠萝叶纤维以束纤维的形式存在于叶片中，是多细胞纤维，每根束纤维中约有 10~20 根单纤维，单纤维长 3~8 mm、宽 7~18 μm，外层微纤与纤维轴交角为 60° 左右，内层为 20°。碱处理后，菠萝叶纤维表面的粗糙物被溶解，变得较为光滑，同时，纤维产生了一定的扭曲或弯曲。随着碱处理程度的不同，纤维外观形态的变化也呈现一定的差异。

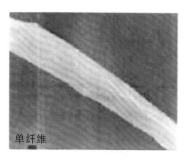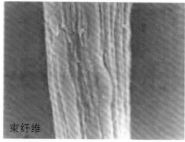

单纤维 　　束纤维

图 9-1　菠萝叶纤维的纵向形态图

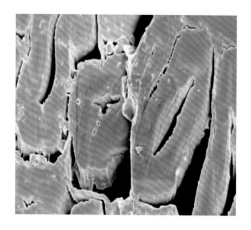

图 9-2　菠萝叶纤维的截面图

2）微细结构

从表 9-1 中可看出，菠萝叶纤维的结晶度和取向度均较亚麻纤维、黄麻纤维高，这说明其纤维中无定型区较小，大分子排列整齐密实，这也是其密度比亚麻、黄麻高的原因之一。同时，较高的结晶度和取向度，使菠萝叶纤维的强度大、刚度大而断裂伸长率小。

表 9-1　菠萝叶纤维和亚麻、黄麻纤维的微细结构比较

	结晶度	取向因子	双折射率
菠萝叶纤维	0.727	0.972	0.058
亚麻纤维	0.662	0.934	0.066
黄麻纤维	0.621	0.906	0.044

2. 基本性能

菠萝叶纤维的机械物理性能见表 9-2。

表 9-2　菠萝叶纤维与其他麻纤维的物理性能比较

	束纤维		单纤维	
	纤维细度/tex	断裂强度/(cN/dtex)	长度/mm	宽度/μm
菠萝叶纤维	2.00～3.33	39.60	3～8	7～18
苎麻纤维	0.45～0.91	67.30	60.30	29
亚麻纤维	0.33	47.79	21	25
黄麻纤维	1.67～3.33	26.01	2.32	23
大麻纤维	0.34～0.45	48.40	86.34	22

1）细度

细度对纺纱质量的影响最大，其他条件不变时，纤维越细，细纱截面上的纤维根数越多，纤维条干越均匀，品质越好，强度也越高。菠萝叶纤维细度在 2.00～3.33 tex，接近于黄麻而次于苎麻、亚麻。菠萝叶纤维是束纤维，如果脱胶处理得当，可得到较高的支数，目前批量处理的细度在 1.43～1.67 tex。

2）长度

纤维的长度与纱线的质量关系十分密切，在其他条件相同时，纤维越长，纱线中纤维间的接触长度越大，受力后越不易滑脱，纱线强度越高。纤维长度不同，纺纱工艺和设备参数也不同。菠萝叶纤维的长度与叶片长度基本一致，短的有 100 mm，长的可达 1 000 mm 以上，用机械方法提取的纤维长度一般在 600 mm 以上。菠萝叶纤维的单纤维长度仅有 3～8 mm，不能满足纺纱的要求，因此采用半脱胶方式，再通过梳理等工艺制成工艺纤维。

3）强度

纤维在纺纱及织造过程中不断受到外力的作用，因此纤维必须具有一定强度才能满足纺纱要求。菠萝叶纤维的强度在 30～40 cN/dtex，原纤维强度大，但处理后的精干麻干强大、湿强弱。

4）断裂伸长率

表示纤维在外力的作用下直接断裂时伸长量的大小。断裂伸长率是纤维最重要的机械物理指标之一。断裂伸长率高则承受外力冲击的能力大，纤维不易断裂，其织物的使用寿命亦长，菠萝叶纤维的断裂伸长率在 3%～8%。

5）初始模量

表示纤维在小负荷下变形的难易程度，初始模量大时，在小负荷下纤维不易变形，刚性大。菠萝叶纤维的初始模量为 $9.99 \times 10^7 \mathrm{Pa}$。

6）吸湿性与放湿性

纤维的吸湿性和放湿性是影响纺纱加工及织物性能的重要因素之一。在温度 18.5℃、相对湿度 78.2% 的条件下，菠萝叶纤维的回潮率为 13.3%。菠萝叶纤维含有较多的亲水基团，单纤维之间有大量缝隙和孔洞，可以吸收大量的水分，这是其吸湿性好的一个重要原因。菠萝叶纤维的单纤维细，比表面积大，这是吸湿性好的又一个重要因素。此外，菠萝叶纤维中的半纤维素和果胶含量高，也是形成菠萝叶纤维吸湿、放湿快的主要原因。

综上所述，菠萝叶纤维的长度长、强度大、吸湿放湿性能好，与亚麻纤维相似。但菠萝叶纤维的支数低、伸长率小、压缩性及回弹性差，加工时有一定困难。因此，为了合理地利用菠萝叶资源，充分发挥菠萝叶纤维的优点，必须解决纤维提取及脱胶精细化处理等关键技术难题，以改善其纺织性能。

3. 特殊性能

菠萝叶纤维具有优良的抑菌、杀菌、防螨、除异味、防静电和传热快等特殊性能。

1）抗菌性能

依据日本标准 JIS L 1902—2008 规定，抑菌值大于 2.0 即表示测试试样有抑菌效果，杀菌值大于 0 即表示测试试样有杀菌效果。菠萝叶含有天然的抑菌、杀菌物质，具有很强的抗菌作用，可有效杀灭细菌、抑制细菌和微生物的生长。经检验证明，菠萝叶纤维对金黄色葡萄球菌和大肠杆菌的杀菌值均达到了 2.9，抑菌值分别为 4.5 和 5.7（见表 9-3）。

表 9-3 菠萝叶纤维杀菌抑菌检验结果

检测方法	检测项目	杀菌标准值	杀菌实测值	抑菌标准值	抑菌实测值
JIS L 1902-2008	金黄色葡萄球菌	>0	2.9	>2	4.5
	大肠杆菌	>0	2.9	>2	5.7

2）防螨性能

测试结果表明，菠萝叶纤维具有显著的防螨性能，无须添加任何化学物质，无须进行任何化学防螨处理，天然环保。以菠萝叶纤维为原料制作凉席，驱螨率达到了 80% 以上，具有较强的驱螨、防螨效果（见表 9-4）。

3）除异味性能

菠萝叶纤维具有良好的去除异味性能，表 9-5 和表 9-6 分别为菠萝叶纤维条和菠萝麻袜子除异味性能的检测结果。

表 9-4　菠萝叶纤维条和凉席驱螨、抑螨检测结果

样品名称	检测依据	驱螨率/%	备注
菠萝叶纤维条	FZ/T 01100-2008	78.69	驱避率≥95%，样品具有极强的防螨效果；驱避率≥80%，样品具有较强的防螨效果；驱避率≥60%，样品具有防螨效果
菠萝麻凉席	农业部农药检定所：农药检(生测)函〔2003〕45 号	82.55	

表 9-5　菠萝叶纤维条除异味检测结果

检测项目	检测方法	试验条件下的下降率/%	备注
氨气	GB/T 18204.25-2000	93.1	在 60 L 封闭玻璃瓶中加入一定量的甲醛、氨、苯、乙酸、乙醛和 TVOC（以苯、二甲苯、苯乙烯及十一烷浓度总和计），经样品(300 g)处理 72 h 后，测定浓度变化
乙酸	HPLC(JY/T 024-1996)	>97.7	
乙醛	HPLC(USP EPA TO-5-1984)	59.2	
甲醛	HPLC(USP EPA TO-5-1984)	97.5	
苯	GC/MS(JY/T 003-1996)	69.1	
TVOC	GC/MS(JY/T 003-1996)	78.8	

表 9-6　菠萝麻袜子除异味检测结果

检测项目	检测方法	试验条件下的下降率/%	备注
氨气	GB/T 18204.25-2000	89.7	在 60 L 封闭玻璃箱中放入样品，注入一定量的乙酸、乙醛及氨气，作用一定时间，乙醛浓度变化按 HPLC(EPA TO-5)，乙酸浓度按 HPLC(JY/T 024-1996)测定，氨气按 GB/T 18204.25-2000 测定
乙酸	HPLC(JY/T 024-1996)	>97.5	
乙醛	HPLC(USP EPA TO-5-1984)	94.5	

4. 化学成分

菠萝叶纤维的纤维素含量比苎麻、亚麻低，略高于黄麻，木质素和半纤维素的含量较高。菠萝叶纤维中脂蜡质的含量较高，光泽较好。经过碱处理后，纤维中的相当一部分半纤维素、木质素、果胶等胶质被溶解去除，从而大大提高了纤维素的含量，有助于纤维性能的改善。菠萝叶纤维及苎麻、亚麻、黄麻的化学成分对比见表9-7。

表9-7　菠萝叶纤维及苎麻、亚麻、黄麻纤维的化学成分比较　　（单位：%）

	纤维素	半纤维素	木质素	果胶物质	水溶物	脂蜡质	灰分
菠萝叶纤维	56～62	16～19	9～13	2.0～2.5	1.0～1.5	3.0～7.2	2～3
苎麻纤维	65～75	14～16	0.8～1.5	4～5	4～8	0.5～1.0	2～5
亚麻纤维	70～80	8～11	1.5～7.0	1～4	1～2	2～4	0.5～2.5
黄麻纤维	50～60	12～18	10～15	0.5～1.0	1.5～2.5	0.3～1.0	0.5～1.0

二、纤维提取

1. 菠萝叶纤维的提取方式

1）水浸提取

用水浸法脱胶提取菠萝叶纤维是国内外早期使用的土方法。将菠萝叶片放入30℃左右的流水或封闭的发酵池中，经7～10 d浸泡使叶片发酵，此时纤维周围的组织结构遭到破坏失去稳定，再经人工取出粗（束）纤维，洗净后干燥，即得原纤维成品。

2）生物化学提取

用生物或化学溶液浸泡叶片，破坏纤维周围组织，再经人工刮取、清洗、干燥获得原纤维。例如，将叶片浸入含有1%的纤维酶或其他酶液中，酶液的pH值为4～6，在40℃下处理5 h即可取纤。

3）机械提取

机械提取纤维是依据叶片组织中的纤维强度比表皮和叶肉高的物理性质，施以适当的机械力破坏菠萝叶片表皮和叶肉，以提取纤维。机械提取设备主要是刮麻机。叶片以一定的速度进入刮麻机，在刀片机械力的适度打击下，其表皮和叶肉组织受到破坏成为碎渣而与纤维分离，叶片在空气动力、动刀打击力和定刀反弹力的共同作用下产生强烈的波浪式振动，抖出夹在纤维中间的麻渣，最终提取出菠萝叶纤维。

2. 菠萝叶纤维干燥工艺

从新鲜菠萝叶中提取的纤维，其表面含有大量的胶质和杂质，需经过水洗加以去除。洗涤后的湿纤维经过机械式压水后仍含有相当于干纤维本身1倍以上的水分，即含水率一般大于50％。如不及时干燥，纤维很容易发霉变黑，从而影响纤维的质量。为了保证菠萝叶纤维的品质，按照有关标准的要求，纤维的含水率应不大于13％，这样才能长期贮存、运输和使用。因此必须对湿纤维进行及时干燥。

1) 自然干燥

利用日晒对菠萝叶纤维进行干燥是目前分散加工主要采取的一种自然干燥方法。利用太阳能的热量对湿纤维表面加热，使其水分扩散到表面，汽化后由空气带走，以达到对纤维干燥的目的。用这种方法一般需晒4~6 h，但干燥程度不好判定。

2) 设备干燥

设备干燥是指利用干燥机对流传热的原理，对菠萝叶纤维进行干燥，其干燥过程实质上就是湿纤维中自由水分汽化蒸发的过程。干燥机产生的热空气接触湿纤维，使纤维表面的水分不断受热蒸发，此时纤维内部与表面产生了湿度差，内部水分借助扩散的作用向其表面移动。因为纤维水分蒸发所产生的水汽压大于干燥介质中的水汽分压，使得纤维内部的水分能连续不断向外部流动并被汽化。汽化后的水分又被干燥介质不断带走，使干燥介质的水汽分压始终保持小于纤维水分汽化的压力，保证了纤维干燥的必要条件，从而达到干燥纤维的目的。根据传热载体的不同，目前纤维干燥机的加热方式主要有水蒸气和热油式两种。

三、纤维脱胶

1. 化学脱胶

化学脱胶就是用化学方法脱除菠萝叶纤维的胶质。菠萝叶纤维素的分子是葡萄糖聚合的长链分子。经过化学处理后，有很多分子长链中断而产生短节，这种短节在酸性处理时最容易产生。它不溶于酸液，但可溶于碱液，因此菠萝叶纤维用碱液煮练时虽然同样会发生短节问题，但短节可溶于碱，故经碱处理的纤维分子长度较一致。较短的分子短节，不利于纺织纤维的抗张强度。所以菠萝叶纤维脱胶时以碱煮为主，所得产品不仅纯度较高，物理性能也较好。化学脱胶技术成熟、简便有效，但容易污染环境。

2. 微生物脱胶

用经分离获得的具有高效能脱胶能力的菌种制成菌液，或采用现有工业化生产的生物脱胶制剂，将菠萝叶纤维浸渍而进行脱胶的方法即为微生物脱胶。国内的有关研究已经开展，但还没有取得用于工业化生产的成果，即使在实验室也仍需化学药剂的辅助才能完成脱胶。

3. 生化联合脱胶

此法兼有生物和化学两种方法的优点，以优化设计的脱胶工艺进行脱胶，从而达到提高产品质量、减少化学药剂的目的，但会增加生产工序，而实现工业化生产仍有大量的技术工艺和设备问题需要研究。

4. 机械脱胶

机械脱胶是通过将菠萝叶纤维经机械搓揉、轧软或拉扯等作用，将纤维表面的胶杂质薄膜轧破，部分杂质因破碎而落下，或经机械力将纤维互相拉扯而将部分胶质除去。机械脱胶方法的主要作用是除去表面的胶质，其对纤维内部的杂质则难以除去，但可减轻化学作用的负担或弥补化学作用的不足。机械脱胶所得的工艺纤维，可用于制作特定目的的纱线，但其支数较低，如需纺制高支细纱，目前仍须采用化学脱胶方法。

5. 碱液煮炼

碱液煮炼是菠萝叶纤维脱胶的最主要手段。菠萝叶纤维经煮前准备后，按一定的量与形式装入碱液锅中进行煮炼，在碱煮过程中除去大部分的胶质，煮炼质量好坏直接影响脱胶的效果以及成纱的质量。

按压力和温度可将碱液煮炼分为常压煮炼和高压煮炼。常压煮炼是在普通大气压力下进行煮炼，碱液温度不超过 100℃，不受蒸汽压力的作用，设备简单，有利于连续生产，但煮炼不均匀，易产生夹生、并条和硬条；高压煮炼则是在密闭的高压蒸煮锅里进行煮炼，使用的压力为 2.0 kg/cm^2，煮炼的压力直接影响煮液的温度，压力越大，温度越高。目前菠萝叶纤维的煮炼均采用苎麻蒸煮设备，压力控制比苎麻低。

按工艺分有一煮法和一煮一炼法。一煮法是将菠萝叶纤维用碱液一次性完成煮炼任务，工艺简单，化学试剂用量少、耗能少，但脱胶质量较差；一煮一炼法又称精炼，就是在煮炼前或煮炼后增加一次精炼或浸碱的工序，完成脱胶任务，一煮一炼法的工艺增多，化学试剂用量大，但脱胶质量好。目前的研究结果表明，菠萝叶纤维因湿强低，不能打纤，因此需增加精炼才能制得较好的精干麻。

四、纤维梳理

利用梳针对纤维进行开松与梳理，将纤维从混乱状态下理顺，除去其中的杂质，切断超长纤维、排除短纤维和麻粒，使纤维的各种性质尽可能地均匀一致，以满足纺纱的要求。

1. 梳理前的准备

菠萝叶精干麻纤维并结不松散、粗硬、水分散失回潮率低，不能直接进行梳理和纺纱，否则会导致纤维损伤、效率低下、产品质量差。因此梳理前的准备是必要的。梳理前准备的目的是：使纤维松散，改变并结现象；使纤维柔软，改善粗硬状况；补充油水，提高纤维的回潮率、伸长，改善纤维的机械物理性能；清除纤维中的部分杂质，提高纤维的纯净度。

梳前准备工序的主要环节：精干麻→机械软麻→给湿加油→分磅→堆仓。

2. 工艺类型

1）毛式平型精梳

精干麻→软麻→开松→粗梳→预并理条→精梳→制条→并条→工艺纤维（麻条）。

采用毛式平型精梳系统梳理生产效率高，既可用菠萝叶纤维经加油给湿和养生后直接进行梳理，也可用经脱胶梳理后的精干麻进行梳理。梳理的麻条纤维较短，主要用于与其他天然纤维或合成纤维采用短纺路线混纺，其纱线主要用于功能型产品的开发，特别是袜子、T恤衫等针织产品的生产。其不足是：梳理的麻条长度短，难以与毛、绢丝混纺高档产品及进行纯纺。

2）绢式圆型精梳

精干麻→机械软麻→给湿加油→养生→大切→头道圆梳→拣麻→分磅→延展→制条→并条→工艺纤维（麻条、麻绒）。

菠萝叶纤维经脱胶后的精干麻由于呈束纤维状态，并丝甚多，尚未分离成可用的工艺纤维，纤维仍保持着自然的长度状态与分布，不适应纺纱的要求，精干麻上还残留有一些杂质等。绢式梳理的工艺就是为了改变精干麻的上述状态，其梳理出的麻条用于纯纺，也可与毛、绢丝、棉等混纺，可开发出高档菠萝叶纤维纯纺产品和混纺产品；落麻清弹开松后与棉混纺，用于织袜。该工艺基本可满足菠萝叶纤维的梳理要求。

五、菠萝叶纤维纺织产品开发

在经适当的工艺技术脱胶、精细化加工处理后，菠萝叶纤维可与毛、绢丝、棉、化纤等其他纤维混纺，也可进行菠萝叶纤维纯纺，其织物具有很好的抗菌、除臭、驱螨等特殊功能，并具有吸湿、透气、凉爽、抗皱、挺括等优越性能。

1. 袜子

利用菠萝叶纤维抗菌、杀菌、驱螨、防臭的特性开发出的袜子产品，长期穿着可有效杀灭或抑制细菌和真菌的生长、繁殖，对治疗、预防和减轻脚气症状有明显的效果。菠萝叶纤维袜还具有良好的吸湿放湿和透气性能，可快速吸收并蒸发足部分泌的汗液，保持足部皮肤干爽，形成不利于细菌和真菌滋生、繁殖的环境，减少臭味的产生。

2. T恤

利用菠萝叶纤维柔软舒适、吸汗快干、飘逸凉爽、平滑防皱等特性开发出的 T 恤衫，可快速吸收人体产生的汗液和热量并迅速使其挥发，穿着干爽、不黏身，质地柔软，透气舒适，织物表面具有犷雅兼具的独特风格。由于菠萝叶纤维的杀菌作用，可大大减少因出汗引起的异常体味和体臭，给人以清新的感觉，还克服了普通麻类 T 恤硬扎、刺痒和易皱的缺点。

3. 毛巾

菠萝叶纤维毛巾可快速吸收皮肤多余的水分和油脂，给皮肤清爽的感觉，质地松柔而不滑腻，能有效地按摩面部肌肤，同时具有除螨的效果，有利于减少螨虫对脸部皮肤的侵害。由于菠萝叶纤维的抗菌作用，久用而无异味，还克服了普通毛巾滑腻、发硬、易臭的缺点。

4. 内裤

菠萝叶纤维内裤吸湿透气性好，可防止因出汗引起的潮湿环境而滋生杂菌、危害健康，质地柔滑软暖，穿着舒服，易洗快干。由于菠萝叶纤维的杀菌作用，可有效减轻因出汗或体液等引起的异常味道，并能克服普通内裤吸湿性差、闷热、易污渍等缺点。

5. 保健凉席

利用菠萝叶纤维和亚麻纤维混纺制做的凉席，除具独特的抗菌防虫功能外，其吸湿放湿性、透气性、导热性、舒适性居各种凉席之首。它可以自由地吸收并蒸发水分，能抑制皮肤及汗液中的病菌和螨虫，减少睡眠时有害细菌对人体的侵害，还具有无污染、抗静电、不起球、易洗涤等特点。

第二节　菠萝叶渣利用

菠萝叶渣是菠萝叶提取纤维后的废弃物，利用菠萝叶渣来制作饲料、有机肥以及生产沼气，具有良好的经济效益。菠萝叶渣的利用为菠萝产业的综合利用增加了一条新的途径，对延长菠萝产业的产业链、促进果农增收都具有积极的作用。

一、饲料化利用

提取纤维后剩余的菠萝叶渣，含有丰富的蛋白质、维生素、钙和磷等成分，鲜嫩多汁，适口性好、容易消化。鲜菠萝叶渣与常规青绿饲料象草的含水量差不多，干物质含量都在11%左右，虽然菠萝叶渣的粗蛋白、粗脂肪含量比象草低，但其粗纤维比象草少，无氮浸出物和灰分含量比象草高（表9-8），其富含的菠萝蛋白酶有助于消化吸收。利用菠萝叶渣可制作适于饲喂牲畜的青绿饲料、叶渣干粉、青贮饲料和发酵饲料。

表9-8 鲜菠萝叶渣与鲜象草营养成分比较

	水分/%	占干物质的比重/%						
		粗蛋白	粗脂肪	粗纤维	无氮浸出物	粗灰分	钙	磷
鲜叶渣	88.10	9.10	1.60	23.60	60.80	4.90	0.52	0.07
鲜象草	88.98	11.70	2.20	36.70	49.50	—	0.10	0.09

1. 用菠萝叶渣青贮饲料喂养奶牛

将提取纤维后的菠萝叶渣装入密封的塑料桶中，边装边压实，放置于室内阴凉处，贮存4周以上，待叶渣青贮饲料呈黄绿色、气味酸香、质地松散、不黏手时，便得到了青贮饲料。

在长期以甘蔗、橡草饲养奶牛为主的青饲料中添加20%的菠萝叶渣青贮饲料，不仅可以替代部分青饲料，且青贮后的菠萝叶渣中含有大量乳酸等营养物质，能更好地帮助奶牛对饲料的消化吸收，可以提高奶牛的产奶量和牛乳品质，高产优质高效。

每日每头奶牛喂菠萝叶渣青贮饲料6 kg，与精饲料混合搭配，每日挤奶两次，每日每头奶牛的产奶量可增加0.225 kg，牛乳比重可提高到26.8度以上。菠萝叶渣制成的青贮饲料成本为220元/t，比450元/t的甘蔗和300元/t的象草便宜很多。

2. 用菠萝叶渣微贮饲料饲喂育肥猪

将提取纤维后的菠萝叶渣适当风干，以含水量控制在70%～75%为宜。均匀喷洒微贮用微生物菌剂，混合均匀后装入密封的塑料桶中，装满压实，置于阴凉处发酵30 d即可用于饲喂。

在热区，育肥猪容易因天气炎热而食欲减退，因菠萝叶性微寒，具有一定的清热解暑功能，适合用于3～11月的育肥猪养殖。将菠萝叶渣微贮饲料以干物质含量占4%的比例代替育肥猪的精饲料，对育肥猪的增重没有明显的影响，但是会明显提亮育肥猪的体表光泽度和毛色，且有利于猪摄食、消化吸收和体征健康，有利于改善肉质。菠萝叶渣微贮饲料须与精饲料掺在一起混合饲喂，以防止因单独饲喂菠萝叶渣而引起的腹泻。

添加菠萝叶渣微贮饲料饲喂的育肥猪与全部采用精饲料饲喂的育肥猪相比，屠宰后肉色提高了 0.34，失水率降低了 4.22%，肌内脂肪含量增加了 0.1g/100g。屠宰后 10~24 h，pH 值下降 0.05，下降速度缓慢，有利于肉质保持，提高系水力，减少贮藏损失。

用菠萝叶渣微贮饲料代替部分精饲料可降低饲喂成本、节省开支，具有较好的经济效益。

3. 鲜叶渣直接饲喂家禽

菠萝叶渣液汁多、风味好、营养丰富，是良好的多汁饲料资源。直接饲喂家禽，可增加采食量，有效促进生长，提高禽肉品质。

二、肥料化利用

菠萝叶提取纤维后，叶肉组织被破坏，可缩短叶渣的腐熟时间，是一种良好的有机肥原料。菠萝叶渣可以自然直接堆沤，也可以添加其他有机物质混合堆沤。

1. 直接堆沤

菠萝叶提取纤维后，从机底清出的叶渣呈粉碎状，水分含量高，本身具有良好的发酵条件。采用直接堆沤的方法生产有机肥，不需要其他条件，简单实用。

将收集的叶渣堆放于夯好的平整地面上，周围设置用以防止雨水冲淋流失的排水沟，排水沟还有利于排走肥堆腐熟过程中产生的水分。堆放的叶渣体积最好在 5 m³ 以上，以保证一定的堆温，有利于加快腐熟进程；堆上要铺放一定厚度的干稻草或甘蔗叶，也可覆盖塑料薄膜，以避免雨水冲淋，同时也有利于提高堆温。在堆沤过程中，需检查堆中心的温度，并注意经常翻堆以保证腐熟均匀并避免堆温过高反而抑制腐熟过程。经过一定时间的腐熟后，叶渣堆的体积缩小，堆温较低时，即可用作基肥。

直接堆沤腐熟后的菠萝叶渣有机肥成分为：有机质 828.7 g/kg，全氮 17 g/kg，有效磷 0.2 g/kg，速效钾 42 g/kg，pH 值 8.4。具有良好的肥效和易于作物吸收。

2. 添加其他有机物质混合堆沤

利用菠萝种植区域内丰富的甘蔗叶、鸡粪等资源，加上由多种有益微生物复合而成的生物发酵剂与菠萝叶渣混合后堆沤生产生物有机肥，可使混合堆料总体水分含量调节到有利于腐熟的水平，多种有益微生物在发酵过程中协同作用，通过大量繁殖过程中的强大生化反应而完成对叶渣的无害化处理，微生物在繁殖过程中产生大量的特效代谢物质，如抗生素、激素等，抗生素能明显抑制土传病菌的传播、提高作物的抗病能力，激素能刺激作物快速生长发育。

利用菠萝叶渣制作生物有机肥的方法：堆沤前先降低叶渣的总体水分含量，最好是添加一定比例的粉碎状干物质(5 份叶渣拌 2 份干物质)，如甘蔗叶粉、鸡粪干、木糠、谷糠等，充分混合后总体水分控制在 65% 左右，以充分发挥微生物的活性；由于菠萝叶渣呈酸性，不利于微生物的活动，混合时可同时加入一定量的石灰粉，以使堆料的 pH 值大致呈中性。

三、能源化利用

菠萝叶渣在能源化利用方面主要有两条途径：一是通过生物酶技术把叶渣转化为乙醇，但目前生物酶的大规模生产还存在难度，叶渣在这方面应用的研究较少；二是通过厌氧发酵，将叶渣消化分解为沼气，这项技术日趋成熟。

常温下，以叶渣为主要发酵原料，加入少量的人尿或草木灰等碱性原料，调节发酵液酸碱度至中性或微碱性，可长期正常生产沼气。这项沼气发酵技术尤其适合缺乏猪粪、牛粪等沼气发酵原料的农户应用。菠萝叶渣沼气发酵情况见表 9-9。

表 9-9　菠萝叶渣沼气发酵情况

进料负荷/g	产气周期/d	产气高峰出现日期	总产气量/L	每克干物质产气量/L
1 400	22	进料的当天	509.4	0.364

菠萝叶渣沼气发酵产气速率快、气量足，发酵残余物较多。以叶渣为发酵原料的沼气池，选用水压式沼气池较适宜。菠萝产区属热带和亚热带气候，年均气温高，沼气池不需采取保温措施即可长年正常产气。

第三节　菠萝叶综合利用展望

近年来，菠萝叶在材料化、饲料化、能源化和肥料化利用上取得了显著的成效，通过综合利用，把菠萝叶废弃物资源变"废"为"宝"，可以减少环境污染、促进生态新农村建设，对菠萝种植区全面建设小康社会和实现农业可持续发展具有重大的意义。除了现有技术和装备升级之外，探寻菠萝叶综合利用的新途径也是近年来研究的一个热点。

一、综合利用效益

我国年废弃菠萝叶总量约 1 000 万 t，如果全部进行开发利用，可以获得较高的经济、社会和环境效益。

1. 对菠萝产业发展的影响

菠萝叶提取纤维的比率按 1 125 kg/hm² 计算，以全国约 7 万 hm² 计，菠萝纤维的年总产量近 8 万 t，价值达 20 多亿元。提取纤维后的菠萝叶渣可生产青贮饲料 300 万 t 或有机肥 400 万 t，或生产沼气 2.16 亿 m³，可满足 200 多万人的生活用气。因此，充分开发利用菠萝叶，对延长菠萝产业链、提升产业科技水平、实现农业增效、农民增收具有重要的意义。

2. 对相关行业发展的影响

菠萝叶纤维为纺织行业提供了一种具有优异特性的天然纺织原料，为纺织行业开发新产品、提高企业竞争力创造了条件。如果将菠萝叶全部利用，从叶片收获、纤维处理、叶渣利用、纤维脱胶加工、精细化处理、纺纱到纺织制品，可形成一个新的功能性天然纤维产业链，带动农业、机械装备、生物化工、纺纱等多个相关行业的发展，年产值可达 100 亿元以上。

3. 节省土地资源

目前世界菠萝收获面积约为 100 万 hm²，如将菠萝叶全部利用，可提供菠萝叶纤维 110 万～220 万 t。在不新增农业用地的情况下，目前我国每年可提供菠萝叶纤维 7.5 万 t，相当于 13.3 万 hm² 亚麻或 6.7 万 hm² 棉田的纤维产量。

二、技术发展展望

虽然菠萝叶的综合利用取得了较好的成效，但是在开发利用过程中还存在一些问题。如原料品质难以保证，技术装备有待提高，宣传推广力度不够，政策法规缺位等。今后，需要从政策上引导、在技术升级方面提供支撑、确保资金投入等方面继续推进，建立一套适合我国生产实际的菠萝叶资源化利用技术体系和保障体系及发展战略，使对菠萝叶资源的利用向无害化、高效化、高质化和工业化方向发展。

1. 原料保障

目前我国菠萝种植户大都采用人工方式收割菠萝叶，然后利用小型菠萝叶刮麻机提取纤维，劳动强度大、人工成本高，直接导致菠萝叶纤维原料价格与其他麻类纤维原料价格相比偏高。菠萝叶机械化收割设备和全自动刮麻设备是下一步研发的重点，其对降低菠萝叶纤维产品成本、减轻劳动强度具有十分重要的作用。

2. 纤维精细化处理

菠萝叶纤维精细化处理的关键步骤之一是脱胶，脱胶技术的好坏决定了菠萝叶纤维的品质。目前菠萝叶纤维批量处理后细度可达 1.43～1.67 tex，但是在试验室中菠萝叶纤维脱胶处理后的细度可达 1.11 tex，细度更高、物理性能更好。如何将试验室的成果运用到规模化生产中，是目前菠萝叶纤维精细化处理面临的难点。

3. 产业化发展

虽然菠萝叶纤维纺织品已经实现了工业化生产，但目前尚没有一条专业的、完整的菠萝叶纤维纺织品生产线，脱胶、纺纱、印染等环节均需依靠其他麻类产品生产线完成，技术和设备匹配度差，产品效果跟预期有一定的差距，产业化道路任重而道远。建立一条集纤维提取、干燥、脱胶、梳理、纺纱、印染、织造于一体的菠萝叶纤维功能纺织品专用技术生产线，是未来实现产业化发展的关键。

4. 新技术研发

西班牙皮革专家利用菠萝叶纤维研发了一种可以替代皮革的无纺布材料专利产品。这种无纺布材料柔软、结实、轻薄、透气，也很容易印染，可以加工成鞋、包、汽车和飞机座椅材料等。和真皮或人造皮相比，这种无纺布材料的制作不需要宰杀动物，也不会产生废料，是一种有机循环式的农业副产品。此外，利用菠萝叶纤维开发的一种满足超级电容器使用的超级电容纸也广泛应用于军工、民用通讯、控制电器及电子仪表等领域。澳大利亚和我国研究人员发现菠萝叶片中的菠萝叶酚具有抗癌作用。这些新用途、新技术的研发，为菠萝叶的综合利用开拓了新的途径。

参 考 文 献

[1]陈金科，林琳. 菠萝更新种植中茎叶还田试验[J]. 广西热作科技，1996(4)：3-6.

[2]邓干然，张劲，李明福，等. 我国菠萝叶纤维发展前景分析[J]. 中国麻业科学，2009，31(4)：274-277.

[3]邓干然，张劲，连文伟，等. 菠萝叶渣生产有机肥技术初探[J]. 中国热带农业，2007(1)：55-56.

[4]董定超，李玉萍，梁伟红，等. 中国菠萝产业发展现状[J]. 热带农业工程，2009，33(4)：13-17.

[5]郭爱莲. 菠萝叶纤维的性能及应用[J]. 山东纺织科技，2005(6)：49-51.

[6]黄小华，沈鼎权. 菠萝叶纤维脱胶工艺及染色性能[J]. 纺织学报，2006，27(1)：75-77.

[7]李明福，张劲，欧忠庆，等. 小型菠萝叶刮麻机刮麻特性的试验研究[J]. 热带农业工程，2001(4)：12-14.

[8]李明福，张劲，姚欣茂，等. 菠萝叶纤维的研究动态及发展对策[J]. 麻纺织技术，1999(1)：17-22.

[9]李淑喜，黎新明. 菠萝蛋白酶的提取及其在医药中的应用[J]. 广州化工，2009，37(2)：52-53，57.

[10]李银环，黄茂芳，谭海生. 菠萝叶纤维的化学表面改性及其应用[J]. 华南热带农业大学学报，2004，10(2)：21-23.

[11]连文伟，张劲，李明福，等. 菠萝叶渣青贮饲料饲喂牛对比试验[J]. 广东奶业，2003(3)：11-13.

[12]连文伟，张劲，李明福，等. 菠萝叶渣青贮饲料饲喂奶牛对比试验[J]. 热带农业工程，2003(4)：23-25.

[13]林草. 菠萝叶提取腐殖酸的工艺改进研究[J]. 世界热带农业信息，2005(4)：25.

[14]刘恩平，郭安平，郭运玲，等. 菠萝叶纤维的开发与应用现状及前景[J]. 纺织导报，2006(2)：32-35.

[15]欧忠庆，张劲，邓干然，等. 菠萝叶渣厌氧处理制作沼气试验[J]. 广西热带农业，2003(4)：11-12.

[16]尚华. 世界菠萝产业发展形势[J]. 中国热带农业，2006(1)：20-21.

[17]邵松生. 菠萝叶纤维纺织研究的现状[J]. 麻纺织技术，1998(5-6)：22-26.

[18]王德骥. 苎麻纤维素化学与工艺学—脱胶与改性[M]. 北京：科学出版社，2001.

[19]文尚华. 我国菠萝产业发展现状与对策探讨[J]. 中国热带农业，2006(1)：9-11.

[20]翁婷婷，张春尧. 超声波辅助从菠萝皮中提取果胶的研究[J]. 广东化工，2009，36(9)：154-155.

[21]吴立明，钮光. 菠萝叶纤维的开发利用项目技术研究报告[J]. 广西纺织科技，1992，(1)：8-13.

[22]邢声远. 纺织新材料及其识别[M]. 北京：中国纺织出版社，2002.

[23]熊刚，高金花. 菠萝叶纤维的性能研究及其发展现状[J]. 新纺织，2005(9-10)：22-25.

[24]许符节. 苎麻脱胶与纺纱(3版)[M]. 湖南：株洲苎麻纺织印染厂子弟学校印刷厂，1990.

[25]许开绍，王双飞，杨崎峰，等. 菠萝叶碱法制浆及漂白工艺的研究[J]. 广西民族学

院学报，1998，4(3)：26-28.

[26]徐一菲，周灿芳，万忠，等. 2008年广东省菠萝产业发展现状分析[J]. 广东农业科学，2009(5)：191-194.

[27]薛金爱，毛雪，李润植. 生物技术与植物纤维性废弃资源的综合利用[J]. 自然资源学报，2005，20(6)：938-942.

[28]杨礼富，谢贵水. 菠萝加工废料—果皮渣的综合利用[J]. 热带农业科学，2008，22(4)：67-71.

[29]姚光裕. 菠萝叶是制浆造纸潜在的纤维原料[J]. 福建纸业信息，2006(19)：13.

[30]姚穆. 纺织材料学(2版)[M]. 北京：中国纺织出版社，2000.

[31]苑艳辉. 菠萝皮综合利用的研究动态[J]. 热带农业科技，2005，28(1)：26-29.

[32]苑艳辉. 菠萝皮的综合利用[J]. 食品与发酵工业，2005，31(2)：145-147.

[33]郁崇文，张元明，姜繁昌，等. 菠萝纤维的纺纱工艺研究[J]. 纺织学报，2000，21(6)：352-354.

[34]张劲. 菠萝叶综合开发利用[M]. 海口：南海出版公司，2006.

[35]张劲，姚欣茂，李明福，等. 菠萝叶纤维提取与工艺设备的研究[J]. 农业工程学报，2000，16(6)：99-103.

[36]Arib R M N，Sapuan S M，Ahmad M M H M，et al. Mechanical properties of pineapple leaf fibre reinforced polypropylene composites[J]. Materials & Design，2006，27(5)：391-396.

[37]Cherian B M，Leão A L，Souza S F D，et al. Isolation of nanocellulose from pineapple leaf fibres by steam explosion[J]. Carbohydrate Polymers，2010，81(3)：720-725.

[38]Cherian B M，Leão A L，Souza S F D，et al. Cellulose nanocomposites with nanofibres isolated from pineapple leaf fibers for medical applications[J]. Carbohydrate Polymers，2011，86(4)：790-1798.

[39]Costa L M M，Olyveira G M D，Cherian B M，et al. Bionanocomposites from electrospun PVA/pineapple nanofibers/ Stryphnodendron adstringens bark extract for medical applications[J]. Industrial Crops & Products，2013，41：198-202.

[40]George Jayamol，Bhagawan S S，Thomas Sabu. Effects of environment on the properties of low-density polyethylene composites reinforced with pineapple-leaf fibre[J]. Composites Science & Technology，1998，58(9)：1471-1485.

[41]Hu J，Lin H，Shen J，et al. Developmental toxicity of orally administered

[42]Liu W，Misra M，Askeland P，et al. 'Green' composites from soy based plastic and pineapple leaf fiber：fabrication and properties evaluation[J]. Polymer，2005，46(8)：2710-2721.

[43]Mangal R，Saxena N S，Sreekala M S，et al. Thermal properties of pineapple leaf fiber reinforced composites[J]. Materials Science and Engineering：A，2003，339(1-2)：281-285.

[44]Mohamed A R，Sapuan S M，Shahjahan M，et al. Characterization of pineapple leaf fi-

bers from selected Malaysian cultivars[J]. Journal of Food Agriculture & Environment, 2009, 7(1): 235-240.

[45]Nanthaya Kengkhetkit, Taweechai Amornsakchai. Utilisation of pineapple leaf waste for plastic reinforcement: 1. A novel extraction method for short pineapple leaf fiber [J]. Industrial Crops & Products, 2012, 40(11): 55-61.

[46]Neto A R S, Araujo M A M, Souza F V D, et al. Characterization and comparative evaluation of thermal, structural, chemical, mechanical and morphological properties of six pineapple leaf fiber varieties for use in composites[J]. Industrial Crops and Products, 2013, 43(2): 529-537.

[47]Threepopnatkul P, Kaerkitcha N, Athipongarporn N. Effect of surface treatment on performance of pineapple leaf fiber-polycarbonate composites[J]. Composites Part B: Engineering, 2009, 40(7): 628-632.

索　引

（按汉语拼音排序）

239